肉牛规模健康养殖综合技术

昝林森　主编

西北农林科技大学出版社

图书在版编目（CIP）数据

肉牛规模健康养殖综合技术／昝林森主编． — 杨凌：
西北农林科技大学出版社，2021.4（2022.10重印）
ISBN 978 - 7 - 5683 - 0947 - 9

Ⅰ．①肉… Ⅱ．①昝… Ⅲ．①肉牛—饲养管理 Ⅳ．
①S823.9

中国版本图书馆 CIP 数据核字（2021）第 079915 号

肉牛规模健康养殖综合技术

昝林森　主编

出版发行	西北农林科技大学出版社			
地　　址	陕西杨凌杨武路 3 号		**邮　　编**	712100
电　　话	总编室：029 - 87093195		**发 行 部**	029 - 87093302
电子邮箱	press0809@163.com			
印　　刷	陕西天地印刷有限公司			
版　　次	2021 年 4 月第 1 版			
印　　次	2022 年 10 月第 2 次印刷			
开　　本	850 mm×1 168 mm　1/32			
印　　张	11			
字　　数	328 千字			

ISBN 978 - 7 - 5683 - 0947 - 9

定价:48.00 元
本书如有印装质量问题,请与本社联系

《肉牛规模健康养殖综合技术》
编写人员

主　编：昝林森

副主编：辛亚平　田万强　张成图　杨武才

参　编：梅楚刚　林　清　刘　超　吴　英

　　　　陈永忠　孟　茹　张国坪　谢建亮

　　　　李毓华　史学涛　王　东

一 目 录 一

第一章 概论

第一节 肉牛规模健康养殖的概念

肉牛是一年一胎的草食大家畜,在畜牧业发达的国家,肉牛业是畜牧业的主导产业。发展肉牛业,可以有效地将大量粗饲料、农作物秸秆和食品加工副产品转化为高品质的牛肉食品及其副产品。肉牛是反刍动物,大力发展肉牛规模健康养殖,对农副产品进行"过腹还田",对减少环境污染,促进生态农业持续发展,综合高效利用农作物秸秆资源,有着重要的现实意义。

对全国或一个地区而言,现阶段规模肉牛育肥场肉牛的存栏量一般在 300~500 头,是肉牛规模健康养殖的一个重要特征。但是,仅仅有数量还不能称之为肉牛规模健康养殖。肉牛规模健康养殖,应该体现在肉牛生产的各个环节,如肉牛的杂交改良与繁育、饲料加工与配合、肉牛的饲养管理、肉牛育肥等环节,即根据各地的气候地理特点和饲料资源状况,研制适合不同地区特点的肉牛绿色无公害专用系列饲料,开发粗饲料营养平衡技术、肉牛营养调控技术、营养成分调控技术、科学饲养管理技术、疫病综合防控技术、药物残留控制技术、牛舍环境控制技术和粪污无害化综合处理技术。除了肉牛场的牛头数多外,如果没有反映出上述内容,均不能称之为肉牛规模健康养殖。

综上所述,肉牛规模健康养殖与传统意义上的肉牛饲养有很大的区别,与现代化、科学化、专业化、标准化、机械化、设施化、绿色化、信息化、健康化肉牛养殖相辅相成,是根据肉牛的生物学特性,运用生理学、生态学、营养学原理来指导肉牛生产,也就是说要为养殖对象营造一个良好的、有利于快速生长的生态环境,提供充足的全价饲料,使其在生长发育期间最大限度地发挥其生产性能,减少疾病的发生,使肉牛无污染、个体健康,生产的牛肉质量安全、肉质鲜嫩、营养丰富,对人类健康没有危害,具有较高经济效益、生态效益和社会效益。

第二节 肉牛规模健康养殖的意义

牛肉是一种高蛋白、低脂肪、低胆固醇,富含人体所需各种氨基酸和维生素的高档保健肉食品。在国际市场上,高档优质牛肉一直供不应求。据报道,1996—2006 年 10 年间美国、欧盟牛肉产量变化不大,中国牛肉产量年均增长 5.7%。2007 年欧盟牛肉产量略有增长,达788 万吨,但消费也增长到 822 万吨。2019 年,牛肉产销量前两位分别是美国和巴西,分别生产牛肉 1 229 万吨、1 021 万吨,消费牛肉1 224 万吨、800 万吨。中国牛肉消费量已保持 9 年正增速,牛肉消费总量已达到全球第二。从 2005 年到 2019 年,中国牛肉消费量已由561.4 万吨增加至 923.3 万吨,增长幅度达到 78.8%,2019 年牛肉缺口达到 238 万吨。目前,美国、巴西和中国是世界上 3 个最大的牛肉生产国和消费;巴西、澳大利亚和美国是世界上 3 个最大的牛肉出口国;中国、美国和日本是世界上最大的牛肉进口国。

目前,在世界范围内高档牛肉占牛肉比重的 10%,而产值却占总产值的 38.8%,优质牛肉占牛肉比重的 25%,产值为总产值的24.3%,即占牛肉量 35% 的高档优质牛肉,其产值可占牛肉总产值的63.1%。肉牛规模健康养殖是生产高档优质牛肉的必由之路,因此,肉牛规模健康养殖是构建现代肉牛产业体系之需要,是肉牛产业发展的方向和趋势。

一、肉牛健康养殖是实现肉牛产业现代化趋势

肉牛规模健康养殖是肉牛业发展的大方向,是实现肉牛产业现代化和优质高效之趋势,是"菜篮子"工程的重要内容。规模肉牛饲养

管理技术包括肉牛科学选购、科学饲养管理、环境调控、疫病防治等各项技术的综合运用,肉牛规模健康养殖与设施养殖密不可分,肉牛规模健康养殖依托现代工程技术、材料技术、生物技术、生态技术,在系统工程原理的指导下,以最小资源投入,营造肉牛生长的特定环境,以自动化或半自动化的工厂化方式进行肉牛生产的高效集约型生产活动。

二、肉牛健康养殖对改善城乡居民膳食结构具有重要意义

根据世界经济一般规律,当一个国家人均 GDP 达到 1 500 美元时,就会出现牛肉消费热的现象,而我国 2005 年人均 GDP 已经达到 1 560 美元,超过了牛肉消费临界限。统计数据显示,近年来国内牛肉消费总量和牛肉价格逐年递增,表明我国已进入牛肉食品需求的快速增长期。随着我国国民经济的发展和人们生活水平的提高,人们的食品结构发生了很大变化,牛肉消费量在不断增长,特别是高档牛肉消费的比例也在增加;加之,涉外饭店和星级宾馆的兴起以及国际肉牛业的推动,我国的肉牛业正经历着一场变革,消费者对牛肉制品的质量提出了更高的要求,适应这一形势,国内市场每年需进口高档牛肉约 5 万吨。可见,发展肉牛规模健康养殖,生产高档优质牛肉是今后肉牛产业发展的必由之路。

第三节 肉牛规模健康养殖的特点

肉牛规模健康养殖以集约化、科学化、现代化、高效益为特征,以绿色、健康、安全、生态、无公害为特色。肉牛规模健康养殖具有以下特点:

一、规模肉牛场存栏数量大

国外肉牛业发达国家的肉牛场肉牛存栏量可达数万头,国内大型的肉牛场也达数个,其中杨凌国家农业高新技术产业示范区就有两个

万头规模肉牛场。因此,肉牛的存栏量大是规模健康养殖的一个重要特征。但对肉牛存栏的具体数量并没有一个统一标准,一般各地规模肉牛场为 300～500 头。

二、规模肉牛场专业化分工明确、程度高

肉牛业发达国家的肉牛基本上是肉牛专用品种或专用品种的杂交牛,肉牛场专业化分工明确、程度高。例如,加拿大肉牛业已形成了完整的生产体系。加拿大共有 14 万农户从事肉牛生产,按照分工和功能,将肉牛业划分为生产和销售两大体系,各体系内部又根据功能划分为几个既相互依存,又各自独立,有时可能是相互竞争的部门。它们共同组成从种子牛培育到牛肉销售这一庞大的网络。大体上,肉牛生产体系分为 4 个部分,一是种牛生产体系,也称核心群;二是商品牛群生产体系,也称为母牛和犊牛生产体系;三是前期育肥牛群生产体系,也称架子牛群生产体系;四是育肥牛生产体系。

三、肉牛品种专门化程度高

肉牛业发达国家主要采用夏洛来、利木赞、安格斯等肉用品种进行生产,这些牛的生产速度快、产肉率高,是生产优质牛肉的优良品种。目前我国育肥肉牛的品种以本地品种与肉用品种的杂交牛为多,广泛应用于杂交的肉用品种有日本和牛、夏洛来、利木赞、安格斯、西门塔尔牛等,这些都是肉牛规模健康养殖的优良种质资源。

四、饲养方式以持续育肥为主

国外肉牛业发达国家大多数肉牛育肥场都采用持续育肥饲养方式。持续育肥饲养方式的日粮是根据肉牛生长的不同生理阶段的营养需要,专门配制的系列日粮,其日粮的能量水平由低到高逐步、稳定提高,直至肉牛出栏。在饲喂这些日粮的同时,牛场内还放置了矿物质、维生素和微量元素舔砖,供肉牛舔食。这样的饲养方式可以生产出优质的牛肉,但要消耗大量的粮食。目前,国内育肥场以架子牛育肥为主,即利用了牛的补偿生长的特点进行育肥。但单纯依靠架子牛

育肥,牛源越来越少,这对肉牛规模健康养殖十分不利。

五、经营管理方式方法先进

肉牛业发达国家的肉牛育肥场从繁殖牛场购买肉牛时,不仅对于牛的品种、年龄进行选择,而且还要了解肉牛在繁殖牛场的饲养管理方式,特别是饲料的搭配和营养水平。购买的肉牛各方面条件比较接近,为生产优质牛肉打下基础。育肥牛场还会根据肉牛的品种、年龄、性别、体重进行分群,这样便于根据肉牛的营养需要确定日粮的营养水平,便于牛的采食和饲养管理。不同的饲料类型和结构对肉牛的肉质有重要影响,因此,育肥牛场不仅用肉牛的日增重和饲料利用率来衡量肉牛的生产效果,而且还应考虑到饲料对牛肉质量的影响。

六、规模肉牛场能够反映高档牛肉市场的需求

规模肉牛场对市场的变化具有较强的适应性,能够及时了解市场对牛肉数量和质量的变化要求,具有快速应变能力,能够根据现有的条件,采用先进的肉牛育肥技术,在短期内生产出符合消费者需要的牛肉,在牛肉市场中占有一定的份额,与一般养殖户相比,具有很强的竞争优势。

第四节　国内外肉牛业现状及趋势

一、国外肉牛业发展现状

牛是世界上分布最广、头数最多的家畜。20世纪60年代以来,由于国际市场对牛肉需求量的日益增加,以及肉牛饲养管理所需劳力和建筑设备较少、成本低、获利大等原因,肉牛业蓬勃发展,肉牛头数急剧增加。在肉牛业发达国家,肉牛数量占整个畜禽数量的40%左右,但牛肉却占总产肉量的53%以上。国外肉牛的饲养规模不断扩大,大的饲养场可以养到30万~50万头。肉牛生产从饲料加工配合、清粪、饮水到疫病防治,全面实现了机械化、自动化和科学化。把

肉牛育种、肉牛营养、机械、电子学科的最新成果有机地结合起来。如美国科罗拉多州的芒弗尔特(Monfort)肉牛公司,年育肥肉牛 40 万~50 万头,产值达 3 亿美元,是美国规模最大、最完整的肉牛公司,也是世界上最大的肉牛公司。该公司为了节约投资,采用露天养牛,有两个大型饲养场,每场占地 120 hm²,每个围栏占地 0.4 hm²,存栏牛数量达 425 头。公司的动物营养专家按照每栏牛群的年龄、活重以及其他方面的基本情况,确定该栏牛群的饲料配方。这些资料输入到电子计算机,由它操纵自动容积式秤,准确地按事先规定的各种原料成分下料、混合,自动灌装饲喂车,然后运往指定的围栏饲喂。目前,在美国户养 2 000~5 000 头肉牛为中等规模,大户则养 20 万头以上,提供了美国市场 75% 的牛肉份额。

从世界几个肉类生产大国情况来看,饲料来源不同,肉类生产结构各异。凡是永久性牧场占全国土地面积大的国家(50% 以上),由于牧草资源丰富,牛肉和羊肉的比例就高,如新西兰的牛、羊肉占肉类的 90%,乌拉圭占 90%,澳大利亚占 77%。而以粮食生产为主的国家,猪肉、禽肉所占比例就大,如美国占 64%,加拿大占 71%,丹麦占 87%。牛肉和禽肉生产大国首推美国,占世界牛肉和禽肉产量的 20.4% 和 27.2%。我国政府在倡导发展节粮型畜牧业的同时,积极促进农区养牛业的发展,从近几年的发展情况看,全世界肉牛业总体发展趋势是饲养数量稳中有升,牛肉产量增加幅度较大,一般为 2.8%~10.0%,个体产肉量明显提高,平均每头存栏牛的产肉量已突破 1000 kg。

二、国内肉牛业发展现状

自 20 世纪 80 年代以来,我国肉牛业经历了一个快速的发展时期。肉牛存栏现已达 1 亿多头,牛肉产量也以每年近 20% 左右的速度递增,2019 年牛肉总产量达 685 万吨,仅次于美国、巴西,居世界第三位。牛肉人均占有量也有了明显的增长,由 1992 年的 1.60 kg 增加到了 2019 年的 5.95 kg,增长了 3.72 倍。但与世界发达国家在 50 kg 以上,世界人均 10 kg 相比,还有很大差距。说明中国牛肉产量还远远不能满足人民群众的需求,发展空间很大。

当前,我国肉牛业已进入了一个新的发展时期,其主要特点:一是肉牛经济自身正处于转型时期。在广大农区特别是中原地区,养牛目的逐渐脱耕或退役,生产优质牛肉。在牧区和半农半牧区基本上已全部退役,养牛的目的是为了生产肉、乳、皮、毛等经济产品。养牛业向肉用或乳肉兼用的商品生产和增加经济收入方面转变;二是国家加大了对农业经济的投入,进一步调整农业结构,积极发展秸秆畜牧业,肉牛业作为秸秆畜牧业的重要组成部分,由于肉牛自身的生物学特性及经济特性成为发展秸秆畜牧业的重点。国家在肉牛生产方面出台了很多相关的具体政策和措施,在金融方面支持肉牛业发展,促使肉牛业发展到一个新的台阶;三是当人均收入超过 2 000 美元后,对牛肉及其制品需求数量及质量要求将更加强劲。事实也是如此,我国人均收入已过 2 000 美元,出现了一批中高收入的中产阶级,崇尚营养、安全、健康的食品。当然,牛肉及其制品成为首选,牛肉的消费迅速增长,一方面刺激了国内肉牛业的发展,也给国外出口商带来空间;四是肉牛业在新农村建设中占有重要地位,是实现畜牧业经济发展的重要内容,是实现生活富裕的需要,也是实现村容整洁,发展生态农业的重要途径。因此,在新农村建设中肉牛业成为重要的重新规划对象,也是畜牧业发展中的重要产业。但是,我国肉牛产业的生产专业化、规模化、集约化、科学化、机械化、品牌意识、营销方式等方面和欧美发达国家相比,还有很大的差距。

（一）肉牛专门化品种少

我国肉牛缺乏专门化品种,且集约化生产水平不高,因此牛肉产量低,优质高档牛肉产量更低,致使我国每年都要拿出大量外汇进口大批高档牛肉。据报道,2019 年我国进口的冷鲜、冻牛肉达 166 万吨,同比分别增长 59.7%。高档牛肉在牛肉生产中所占比例一直是衡量一个国家肉牛生产水平的重要指标,生产高档牛肉也是增加肉牛养殖效益的重要途径,而我国的高档牛肉还主要依赖进口。进口高档牛肉价格平均都在 12 000 美元/t 左右,而我国出口的牛肉价格仅为

3 321 美元/吨,差距可见一斑。

目前,支撑我国肉牛业生产的主导品种仍然是肉用性能欠佳的地方黄牛品种,改良肉牛的覆盖率仅占18%,来自奶牛的牛肉尚不足3%。分户饲养、集中育肥仍然是当前我国肉牛生产的主要方式,传统的饲养方式还十分普遍。虽然我国有秦川牛、南阳牛、鲁西牛、晋南牛、延边牛五大地方黄牛良种,2007年"夏南牛"品种通过国家审定,2008年"延黄牛"通过了国家审定,2009年"辽育白牛"通过了国家审定,2014年"云岭牛"通过了国家审定,但专门化的优质肉牛品种缺乏仍是一个不争的事实。20世纪80年代以来,国内许多地方也曾引进了一些国外肉牛品种,如西门塔尔、夏洛来、安格斯、短角红、丹麦红、利木赞、德国黄、皮埃蒙特等来改良我国地方黄牛,但限于规模、饲养条件和育种水平,其后代生产水平与国外肉牛品种相比仍有较大差距。

(二)产业集中度有待提高

从养殖环节看,目前我国肉牛生产主要以千家万户分散饲养为主,以规模肉牛育肥场集中育肥为辅。在屠宰环节上,目前,我国私屠宰滥还没有得到完全遏止,缺乏规模化、专业化的市场竞争力强的肉牛屠宰企业。近年来,我国肉牛的饲养方式正由放牧向全舍饲或舍牧结合的规模健康养殖基地建设方向发展,各地积极探索具有中国特色的"公司+农户""公司+基地+农户""公司+专家+协会+基地+农户"等经营模式。据不完全统计,2010年底全国肉牛产业省级以上的龙头企业已达100多家,肉牛规模养殖程度达到了34.6%,标志着我国肉牛生产已具备产业化雏形。

(三)肉牛生产技术落后

虽然我国有秦川牛、晋南牛、南阳牛、鲁西黄牛等优秀的黄牛品种,但由于种种原因,我国黄牛作为生产高档牛肉的资源未被充分开发和利用,杂交改良和商品肉牛配套体系尚未完善。品种杂交改良工作进展迟缓,我国肉牛生产性能很低,包括出栏率、胴体重及产肉量等。2019年统计数据显示,我国肉牛的平均胴体重仅为249 kg/头,比发达国家的 350 kg 相差较大;此外,我国高档牛肉的比重不足 5% ,高档牛肉生产能力低是目前我国肉牛业的突出弱点。目前,由于手工屠宰在我国占 60% 以上,牛肉制品的加工总量较低,市场上出售的绝大部分是生鲜牛肉和腌牛肉,很难见到国际上流行的分割冷却牛肉和低温牛肉制品。饲养方式仍然以分散饲养为主,单方面追求高产而不是优质。

(四)加工过程科技含量少,标准化程度低

2002 年,南京农业大学等单位共同制定了我国牛肉等级评定方法和标准,但由于普及率不高,国产牛肉供应商在部位分切、细分包装等方面各自为政,缺乏统一的行业规范,牛肉生产的一系列重要技术指标仍落后于发达国家,肉品深加工比例低而且多为手工作坊式生产。目前,国际上牛肉加工制品产量占牛肉总产量的 10% ~20% ,一些发达国家达到 60% ~70% 。我国每年只有 200 万吨左右牛肉类深加工制品,占牛肉总产量的 4% 左右,而且多为中低档产品。

近年来,我国对牛的品种改良虽然一直在持续进行,但改良肉牛的覆盖率仅为 20% 左右,牛肉质量总体不高。我国肉牛生产主要依靠地方黄牛,专门化肉牛品种比重较低。黄牛大多体型小,生长速度慢、出肉率低、肌纤维粗。我国牛肉产量迅速上升,但出口却未显著增加,卫生指标和牛肉质量达不到出口要求也是一个重要因素。

我国高档牛肉才刚刚起步,到目前为止对高档牛肉中的一些标准还未确定。从加工角度来讲,高档牛肉是指经过快速育肥的牛,其优质部位肉(如牛柳、西冷、眼肉)满足颜色、大理石花纹、嫩度等方面特定要求的牛肉。高档牛肉与普通牛肉相比价格较高,目前市场上进口的高档牛肉的价格约为 12 ~25 美元/kg 左右。

高档牛肉在嫩度、风味、多汁性等主要指标上,均须达到规定的等级标准。高档牛肉主要指肉牛胴体上里脊、外脊、眼肉(即背最长肌)和臀肉、短腰肉等 5 部位肉。这 5 部位肉的重量约占肉牛活重的 5% ~6% ,但其产值约占到一头牛总产值的 50% 左右,具有很高的经济效益和发展前景。

(五)兽医防疫工作落后

目前我国的肉牛防疫工作属地方各级行政领导,为了避免因发现疫情带来的经济损失,有些地方采取不报告,大事化小,小事化了的态度。许多动物卫生检疫所的检查人员把肉类及其制品的检查看成是一种买卖行为,即只要交钱,不问是否合格,照样盖章放行。由于执法不严,目前我国疫病严重,动物传染病严重阻碍了我国肉类及其制品进入国际市场,农药、重金属、抗生素残留超标等质量问题尚未彻底解决。

(六)优质优价是今后牛肉市场的方向

牛胴体不同部位之间的肉质存在着较大的差别,这主要与各部位肉中所含胶原蛋白的含量不同有关。因此,若将整个胴体的肉不分部位,则不能满足消费者对不同品质牛肉的不同要求,也不能很好实现产品的价值,提高产品的档次,这不利于产品的深加工和增值,制约了牛肉生产向着高水平、高层次的方向发展。因此,屠宰牛胴体应根据肉质进行分割,胴体分割的原则是根据肉用标准的要求进行。目前,国内大多牛肉加工企业单纯追求数量,而忽略各类肉牛之间的品质差异,如老牛、小牛、不同部位牛肉、不同加工工艺牛肉等,它们之间质量差别很大,但在市场上却不按“优质、优价”的方式进行分置、分割和销售。另外,一直把牛肉业当作“节粮型畜牧业”来发展,一味强调节粮,而在集约化肉牛饲养条件下,牛日粮一半以上是精料,不再是“节粮型畜牧业”。故广大饲养户及肉牛企业主应转变思想,抓住“市场导向”这根指挥棒来发展肉牛产业。

三、我国肉牛产业发展趋势

(一)建立商品肉牛生产配套技术体系

引进繁育优良肉牛品种,建立生产高档优质牛肉的牛种资源群(良种牛饲养、繁育用受体母牛);建立优质肉牛繁育体系及高效制种、供种体系(人工授精、胚胎移植技术推广应用和技术队伍建设)。在中高饲养水平下,以秦川牛、南阳牛、鲁西牛、晋南牛、延边牛五大地方良种为母本,以日本和牛、夏洛来,安格斯、利木赞等为父本的杂交配套体系,开展商品肉牛二元或三元杂交,以充分利用杂种优势,提高其生产性能。利用体外受精、超数排卵、胚胎移植、人工授精、性控精液等现代生物技术,建立和完善优质、高产、高效的良种开放核心群育种体系,提高优质种公牛的选育强度和优秀母牛的利用强度。

(二)建立肉牛饲料工业技术体系

根据肉牛不同生理阶段的营养需要,大力推广应用饲料营养科学的研究成果,生产适用于肉牛不同生理阶段的全价配合饲料、浓缩饲料和预混料,推广全混合日粮饲喂技术,广泛采用秸秆饲料化技术,生产秸秆发酵饲料,提高粗饲料利用率,使肉牛生产经营管理实现集约化、工厂化、规范化。

(三)肉牛生产规模化、信息化

根据我国建立的"龙头企业—农户—基地"生产模式,借鉴北美的牧业电子设备和信息追踪技术,用科学的饲养管理方式肥育肉牛,大力发展肉牛规模健康养殖,积极探索新型肉牛业生产模式,引导更多的农户走上"养牛致富"之路,实现社会、企业和肉牛养殖户的共赢局面。

(四)高档牛肉生产品牌化

将南京农业大学等单位的肉牛等级标准与美国 USDA 标准进行有机结合,制定出一套统一的行业分级标准,使我国的肉牛企业按照标准进行屠宰和分割牛肉,逐步创建我国高档牛肉品牌。采用先进的屠宰加工、严格卫生防疫技术及设备,开发出各种不同品牌及类型的牛肉加工产品。目前已经生产出了"秦宝牛肉""雪龙牛肉"等国内牛肉品牌。

(五)贯彻国际市场通用质量标准

肉牛企业应切实将 GMP 和 HACCP 标准应用于生产的全过程,使我国的牛肉制品卫生标准与国际接轨。建立全国高档肉牛数据库及高档牛肉销售网络,以便消费者在终端能了解所购产品的全部信息,并逐步形成我国高档牛肉产业链。

（六）采用现代化的生物技术及计算机技术,进行肉牛的早期选育和妊娠检查,对肉牛背膘、眼肌面积、肉脂的活体检测及疾病检测、胴体品质进行评定。

总之,我国肉牛业发展呈现"十三化加二化"的趋势,即专业化、规模化、标准化、科学化、现代化、机械化、集约化、设施化、信息化、电脑化、健康化、绿色化、国际化趋势,以及"牛本化、人本化"之方向。

四、我国肉牛规模健康养殖的前景

肉牛业面临良好的发展机遇。一是当前肉牛供求正在向偏紧转变,加上肉牛繁殖周期长、繁殖量少,因此,货紧价扬将是今后相当长时间内肉牛市场的主要特点。二是随着人们生活水平的提高,消费对象日趋多元化,加之我国与世界各国交往越来越多,来华旅游人数逐年增加,国内对牛肉特别是高档牛肉的需求量将不断增大,牛肉市场前景广阔。三是在人工成本增加、饲料原料价格上涨、社会物价水平总体上升等因素的影响下,肉牛价格必然会大幅度的上升,并将维持在较高价位,饲养肉牛效益也会最终与肉牛养殖周期长、投入高的特点成正比,实现稳步提高。据专家预测,随着牛肉需求量和人们生活水平提高的需要,十年内,牛肉市场求大于供,牛肉价格会上涨,不会下落,饲养肉牛是一条致富的好门路。四是政策因素,我国大力推广肉牛规模健康养殖,许多地方将养牛作为脱贫致富和乡村振兴主导产业,有利于构建环境友好型和资源节约型社会,促进新时期农村经济的发展。

五、国外肉牛业发展趋势

发达国家由于经济的高度发展和技术的不断进步,从而推动了肉牛养殖业向优质、高产、高效方向发展。

（一）肉牛的良种化程度不断提高

科技进步促进了世界肉牛业的迅猛发展。体小、早熟、易肥的小型品种随着人们消费习惯的变化而被逐渐淘汰,代之而来的是欧洲的大型品种,如法国的夏洛来、利木赞,意大利的契安尼娜、皮埃蒙特等,这些品种体型大、初生重大、增重快、瘦肉多、脂肪少、优质肉块比例大、饲料报酬高,故受国际市场欢迎。西方国家大多实行开放型育种或引进良种纯繁,特别注意对环境条件适应性的选择,且多趋向于发展乳肉或肉乳兼用型肉牛品种,如西门塔尔、兼用型黑白花、丹麦红牛等。东方国家如中国、韩国、日本多采用导血杂交,比较重视保持本国牛种的特色。如中国的秦川牛、韩国的韩牛、日本的和牛等,均采用导血改良最大限度地利用杂交优势进行商品肉牛生产。

(二)肉牛品种趋向大型化

从20世纪60年代以来,消费者对牛肉质量的需求发生了变化,除少数国家(如日本)外,多数国家的人们喜食瘦肉多、脂肪少的牛肉。他们不仅从牛肉的价格上加以调整,而且多数国家正从原来饲养体型小、早熟、易肥的英国肉牛品种转向欧洲的大型肉牛品种,如法国的夏洛来、利木赞和意大利的契安尼娜、罗曼诺拉、皮埃蒙特等,因为这些牛种体型大、增重快、瘦肉多、脂肪少、优质肉比例大、饲料报酬高,故深受国际市场欢迎。

(三)利用奶牛发展肉牛生产

欧共体国家生产的牛肉有45%来自奶牛。美国是肉牛业最发达的国家,仍有30%的牛肉来自奶牛。日本肉牛饲养量比奶牛多,但所产牛肉55%来自奶牛群。利用奶牛群生产牛肉,一方面是利用奶牛群生产的奶公牛犊进行育肥,另一方面是发展奶肉兼用品种来生产牛肉,欧洲国家多采用此种方法进行牛肉生产。

(四)肉牛生产向集约化、工厂化方向发展

国外肉牛的饲养规模不断扩大,规模养殖场肉牛数量可达到30万~50万头。肉牛生产从饲料的加工配制、清粪、饮水到疫病的诊断,全面实现了机械化、自动化和科学化。把动物育种、动物营养、机械、电子学科的最新成果有机地结合起来。利用杂交优势,提高肉牛生产水平。目前,在美国户养2 000~5 000头肉牛为中等规模,大户则养20万头以上,提供美国市场75%的牛肉。国外肉牛业在经营管

理上的主要特点是充分利用草原和农副产品,降低饲养成本。在草原地区,一般是利用草场饲养繁殖母牛和"架子牛"。这些"架子牛"大都在优良的人工草场放牧肥育,很少补饲精料。美国牧区繁殖的肉用犊牛,养到7~8月龄活重达200 kg时转售给粮食产区——玉米带,利用当地生产的玉米青贮饲料进行肥育,在肥育期日增重0.9 kg,经10个月左右肥育,牛的活重就可达到500 kg。有些国家犊牛在草地上放牧饲养到1岁左右,体重达300~350 kg时出售给专业化的肥育场,利用谷粒饲料进行短期肥育,肥育期约120~150 d,达到一定年龄(一般不超过2岁)和市场要求的体重时进行屠宰,这时牛肉质量好、成本低,又可增加周转次数。

(五)利用杂交优势,提高肉牛的产肉性能,扩大肉牛来源

近年在国外肉牛业中,广泛采用轮回杂交、终端公牛杂交、轮回杂交与终端公牛杂交相结合的三种杂交方法。据报道,这三种杂交方法可使犊牛的初生重提高15%~24%。

(六)充分利用青贮饲料和农副产品进行肉牛育肥

国外在肉牛饲养中,精料主要用于育肥期和繁殖母牛的分娩前后,架子牛主要靠放牧或喂以粗饲料,但其粗饲料大部分是优质人工牧草。为了生产优质粗饲料,英国用59%的耕地栽培苜蓿、黑麦草和三叶草,美国用20%的耕地、法国用9.5%的耕地人工种植牧草。在英国、挪威等国家利用氨化、碱化秸秆饲料喂养肉牛,有效地利用青粗饲料资源生产牛肉,在许多发达国家尤其是发展中国家尤为重要。"多草少料、重视发展农区秸秆养牛业"的做法,则主要是为了节粮。目前,依赖较少的粮食发展畜牧业,是中国畜牧业的一大优点。正是依靠这一优势,在近10年粮食生产徘徊不前的形势下,中国肉类产量保持了每年以两位数的增长。日本的研究结果表明,多用粗饲料、放牧肥育与精饲料为主的饲养方式相比,肥育期虽延长1~6个月,但瘦肉率提高2%~10%,脂肪率下降。说明多给粗饲料饲养是提高可食肉生产率的有效肥育办法。

第二章　规模肉牛场建设

第一节　规模肉牛场设计的原则

在建设规模肉牛场时,要根据当地的自然生态条件和社会经济特点、肉牛养殖的基础、现状、技术力量、牛群的质量、饲草资源、投资大小以及气候条件综合考虑,确定合理的规模肉牛场规划建设方案,保证投产后获得预期的经济效益、生态效益和社会效益。

一、场址选择原则

规模肉牛场的场址选择要有周密的考虑,统筹安排和比较长远的规划,必须与农牧业发展规划、农田基本建设规划以及今后修建住宅结合起来,必须适应现代化肉牛业的需要。选址一般遵循如下原则:

(一)地势高燥

规模肉牛场应建在地势高燥、背风向阳、地下水位较低,具有缓坡的北高南低,总体平坦的地方,切不可建在低凹处、风口处,以免排水困难,汛期积水及冬季御寒困难。

(二)土质良好

土质以沙壤土为好。土质松软,透水性强,雨水、尿液不易积聚,雨后没有硬结、有利于牛舍及运动场卫生的清扫与干燥,有利于防止蹄病及其他疾病的发生。

(三)水源充足

要有充足的合乎饮用标准要求的水源,保证生产生活及人畜饮水。要求水质良好,不含毒物,确保人畜安全和健康。

(四)草料丰富

肉牛饲养所需的饲料饲草特别是粗饲料需要量大,不宜长途运输。规模肉牛场应距农作物秸秆、玉米青贮和干草资源较近,以保证就近供应草料,减少运费,降低成本。

(五)交通方便

架子牛和大批饲草饲料的购入,肥育牛和粪肥的销售,运输量很大,来往出入频繁,有些运输要求风雨无阻,因此,规模肉牛场应建在离主干公路或铁路较近的交通方便的地方。为了便于防疫,牛场还应设在距村庄居民点 500 m 的下风处,距主要交通干线 500 m,距化工厂、畜产品加工厂等 1 500 m 以上,供水、供电、通讯方便处。

(六)节约土地

肉牛场建设必须严格控制建设用地过多占用耕地,节约土地,提高土地的使用率。

(七)远离疫病传染源

肉牛场选址必须符合兽医卫生要求,周围无传染源。

二、规模肉牛场设计原则

(一)创造适宜的环境

一个适宜的生产生活环境可以充分发挥肉牛的生产潜力,提高饲料利用率。一般来说,肉牛的生产力 20% 取决于品种,50% ~ 60% 取决于饲料,20% ~ 30% 取决于环境,不适宜的环境温度可以使肉牛生产力下降 10% ~ 30%,此外即使喂给全价饲料,如果没有适宜的环境,饲料也不能最大限度地转化为畜产品,从而降低了饲料利用率。由此可见,修建肉牛舍时,必须符合肉牛对各种环境条件的要求,包括温度、湿度、通风、光照、密度、空气质量,严格控制牛舍中的二氧化碳、氨、硫化氢等有害气体,为肉牛创造适宜的生产生活环境。

（二）要符合肉牛生产工艺要求

肉牛生产工艺包括牛舍建筑、牛群的组成和周转方式、运送草料、饲喂、饮水、清粪等方面,也包括测量、称重、采精输精、防治疾病、生产护理等技术措施。修建牛舍必须与本场生产工艺相结合,保证生产的顺利进行和畜牧兽医技术措施的实施,否则,必将给肉牛生产带来不便。

图2-1　肉牛场一角

（三）严格卫生防疫和消毒工作

严格卫生防疫和消毒工作,防止疫病传播,流行性疫病对规模肉牛场会形成威胁,因此要做好春秋两季防疫和流行性疫病的预防,一般应做好口蹄疫、布氏杆菌病、牛流行性热症、牛结核病的防疫工作。

（四）牛舍要做到经济合理,便于应用新技术

在满足以上三项要求的前提下,肉牛舍修建还应尽量降低工程造价和设施投资,以降低生产成本,加快资金周转。因此牛舍修建应尽量利用自然界的有利条件(如自然通风,自然光照等),尽量就地取材,采用当地建筑施工习惯,适当减少附属用房面积。肉牛舍设计时,颈夹立柱间距和位置设计要合理、美观、同时应便于生产操作;运动场坡度要缓慢有致,排水沟为缓坡形式,便于机械清理;施工方案要科学,必须是通过施工能够实现的,否则方案再好而施工技术上不可行,

也只能是空想的设计。

三、肉牛养殖规模选择的原则

规模大小是场区规划与肉牛场建设的重要依据,规模大小的确定应考虑以下几个方面:

(一)自然资源

特别是饲草饲料资源,是影响饲养规模的主要因素,要保证优质粗饲料来源,生态环境对饲养规模也有很大影响。

(二)资金情况

肉牛生产所需资金较多,资金周转期长,报酬率低,要量力而行,进行必要的资金分析和预算。

(三)统筹考虑各种因素

饲养目的、饲养方式、自然生态条件、社会经济特点、社会化服务程度的高低、价格体系的健全与否、价格政策的稳定性等因素对饲养规模有一定的制约作用,应予以综合考虑。

(四)场地面积

肉牛生产、牛场管理,职工生活及其他附属建筑物等需要一定场地、空间。肉牛场大小可根据每头牛所需面积,结合长远规划计算得出。肉牛舍及其他房屋的面积为场地总面积的 15% ~ 20%。由于肉牛体格大小、生产目的、饲养方式等不同,每头肉牛占用的牛舍面积也不一样。肥育牛每头所需面积为 $1.6 \sim 4.6 \ m^2$,通常有垫草的育肥牛每头占 $2.3 \sim 4.6 \ m^2$,有隔栏的每头占 $1.6 \sim 2.0 \ m^2$。

四、场区规划原则

规模肉牛场的场区规划应本着因地制宜和科学饲养的要求,合理布局,统筹安排。一般肉牛场按功能分为五个区:即管理区、职工生活区、生产区、粪尿污水处理区和病畜管理区。分区规划首先从人畜保

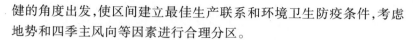

健的角度出发,使区间建立最佳生产联系和环境卫生防疫条件,考虑地势和四季主风向等因素进行合理分区。

（一）管理区

包括经营管理、产品加工销售有关的建筑物。在规划管理区时,应有效利用原有的道路和输电线路,充分考虑饲料和生产资料的供应、产品的销售等。在肉牛场,有加工项目时,应独立组成加工生产区,不应设在饲料生产区内。汽车库应设在管理区,除饲料以外,其他仓库也应设在管理区。管理区与生产区应加以隔离,保证50 m以上距离,外来人员只能在管理区活动,场外运输车辆严禁进入生产区。

（二）职工生活区

职工生活区,应在规模肉牛场上风向和地势较高的地段,下来依次为生产管理区、饲养生产区、粪尿污水处理区和病畜管理区。这样配置使肉牛场产生的不良气味、噪音、粪便和污水,不致因风向与地表径流而污染居民生活环境,同时避免发生人畜共患性疾病。

（三）生产区

生产区是肉牛场的核心,对生产区的布局应给予全面细致的考虑。肉牛场经营如果是单一或专业化生产,对饲料、牛舍以及附属设施要求也就比较简单;应根据牛的生理特点,对肉牛采取分舍分群的方式饲养;与饲料运输有关的建筑物,原则上应规划在地势较高处,并应保证防疫卫生安全。

（四）粪尿污水处理区和病畜管理区

设在生产区下风地势低处,与生产区保持300 m的安全距离。病牛区应便于隔离,单独通道,便于消毒,便于污物处理,防止污水粪尿废弃物蔓延污染环境。

五、建筑物的配置要求

肉牛场内建筑物的配置要因地制宜,便于管理,有利于生产,便于防疫、安全等。统一规划,合理布局。做到整齐、紧凑,土地利用率高和节约投资,经济实用。

(一)牛舍

牛舍的形式依据当地气候特点、饲养规模和饲养方式而定(图2-2是一个半开放式肉牛舍,图2-3是密闭式肉牛舍,图2-4是开放式肉牛舍)。牛舍的建造应便于饲养管理,便于采光,便于夏季防暑,冬季御寒,便于防疫。修建多栋牛舍时,应采取长轴平行配置,当牛舍超过4栋时,可以2行并列配置,前后对齐,相距10 m以上。

图2-2 半开放式肉牛舍

图2-3 密闭式肉牛舍

图2-4 开放式肉牛舍

(二)饲料库

饲料库应选在离每栋牛舍较适中的位置,地势稍高,既干燥通风,又利于成品饲料向各牛舍运输。

（三）干草棚及草库

干草棚及草库尽可能设在下风向地段，与周围房舍至少保持
50 m以上距离，单独建造，既防止散草影响牛舍环境美观，又达到防
火安全要求。

（四）青贮窖或青贮池

选址原则同饲料库。位置适中，地势较高，防止粪尿等污水浸入
污染，同时要考虑出料运输方便，减小劳动强度。

图2-5　青贮制作现场

（五）病牛舍

病牛隔离舍应设在牛舍下风向的地势低洼处，建筑在牛舍200 m
以外偏僻的地方，以免疾病传播。

（六）办公室和职工宿舍

设在肉牛场管理区内，地势较高的上风向，以防空气和水的污染
及疫病传染。肉牛场门口应设门卫和消毒室、消毒池。

六、肉牛场的公共卫生设施

为了保证肉牛群的健康和安全，不仅要做好防疫工作，避免污染

和干扰,还应建立科学的环境公共卫生设施。

(一)场界与场内的卫生防护设施

肉牛场四周建造围墙或防疫沟,门口设门卫和消毒设施,制订完善的门禁及卫生制度,并严格贯彻执行。肉牛场或牛生产区进出口处应设有消毒池,消毒池的结构应坚固,池底要有一定的坡度,池内设有排水孔,人员消毒时间应不少于 3 分钟。生产区与其他区要建缓冲带,生产区的出入口处设消毒池、员工更衣室、紫外线灯、消毒洗手设施。

(二)粪尿池

牛舍和粪尿池之间要保持 200~300 m 的距离。粪尿池的容积应由饲养肉牛的头数和贮粪周期确定,必须防止渗漏,以免污染地下水源,场区内应有粪尿处理设施。

(三)场区的供、排水系统

肉牛场的用水包括:生活用水、生产用水、灌溉、消防用水。场内应有足够的生产用水,水压和水温应满足生产需要。如需配备贮水设施,应有防污染措施,并定期清洗、消毒。为保证场地干燥,场内排水系统应设置在道路的两旁和运动场周边,并具备大负荷排水承受能力,多采用斜坡式排水沟,同时不得污染供水系统。

(四)肉牛场的环境保护

肉牛生产中产生的粪尿、污水等,都会对空气、水、土壤、饲料等造成污染,危害环境和生产。肉牛场的环境保护既要防止肉牛场对周围环境造成的污染,又要避免周围环境对肉牛场的危害;现代肉牛规模健康养殖有良好的粪污处理体系,减少了对环境污染。

1. 肉牛场的绿化 因地制宜的植树造林、栽花种草是现代化规模肉牛场不可缺少的建设项目。在进行场地规划时必须留出绿化地,包括防风林、隔离林,人行道绿化、绿地等;在牛舍四周和场内道路两旁和肉牛场各建筑物四周都应绿化,种植树木,夏季可以遮阴和调节小气候。绿化植物应具有吸收太阳辐射,降低环境温度,减少空气中尘埃和微生物,减弱噪音等能力。

2. 牛粪收集与转运 牛舍内粪便应尽快清出牛舍,牛舍中清粪方式应根据牛粪的数量、牛舍的类型、经济效益等来选择。牛粪收集后,多采用清粪车或地下管道等方式运送到粪污处理区。

3. 妥善处理粪污,防止昆虫滋生 牛粪不及时清理或长期集中堆积在粪尿池,易滋生蚊蝇,产生臭气;同时雨水冲洗产生的污水,如果处理不当就会污染地面水源;因此,对牛粪要及时进行无害化处理和利用。现代化规模牛场多利用粪污来生产沼气,并建立"草－牛－沼"生态系统;堆肥发酵处理也是一种重要的处理方式,牛粪发酵处理是利用各种微生物的活动来分解粪中的有机成分,有效提高有机物质的利用率。

第二节 规模肉牛场设施建设

规模肉牛场设施建设包括生活管理区、生产区、粪污处理区和病畜处理区。管理区包括消毒池、办公室、会议室、培训室、资料室、财务室、职工宿舍、食堂等;生产区包括消毒池、牛舍、运动场、绿化带、青贮窖、精饲料库和加工车间、干草棚等。

一、管理区建筑

(一)门卫

门卫是肉牛场的咽喉,门禁是所有肉牛场的外围护结构,为防止肉牛的疫病侵入,肉牛场应制定完善的门禁及卫生制度,并严格贯彻执行。

(二)消毒池和消毒间

生产区进口处应设消毒池,消毒池构造应坚固,并能承载通行车辆的重量。消毒池地面应平整,耐酸耐碱,不透水。池子的尺寸应以车轮间距确定,长度以车轮的周长而定,常用消毒池的尺寸为长3.8 m,宽3 m,深0.1 m(图2-6、图2-7)。

图2-6　消毒间

图2-7　消毒池

采用药液湿润人行通道,踏脚垫放入池内进行消毒,其尺寸为:长2.8 m,宽1.4 m,深5 cm。池底要有一定坡度,池内设排水孔。此外,在消毒通道两侧设紫外线照射设备。

（三）场长办公室

场长办公室是规模肉牛场经营管理的指挥部。可根据肉牛场自身的规模和经济预算自行设计,以有利于高效办公和经济实用为原则。

（四）财务室

负责规模肉牛场的财务工作,包括往来账务、现金出入、财务决算、做到应付应收账目清晰,日清月结,设会计、出纳岗位,要求遵守国家有关法律、法规和财务制度。

（五）资料室

制定肉牛育种技术规范,负责生产表格设计、资料的收集、记录、分类整理和分析,及时汇总并定期上报场长、经理。

（六）会议室和培训室

用于肉牛场召开例会、接待来宾,以及培训相关技术人员之用。要求配备多媒体、会议桌、椅子等,地面和墙壁干净整洁。

二、生产区建筑

（一）牛舍

拴系式牛舍的跨度通常在 10.5～12.0 m,檐高为 2.5 m,散放饲养的牛舍长度约为 78.0～265.0 m,跨度为 24.5～27.5 m,檐高为 3.5 m。

牛舍大小以饲养肉牛规模决定,一般以 300～500 头数量为宜。

牛舍一般结构包括:

1. **地基** 土地坚实、干燥,可利用天然的地基。若是疏松黏土,需用石块或砖砌好地基并高出地面,地基一般深 80～100 cm。地基与墙壁之间最好要有油毡绝缘防潮层。

图 2-8 肉牛舍

2.**墙壁** 砖墙厚 50～75 cm。从地面算起,应抹 100 cm 高的墙裙。在农村也用土坯墙、土打墙等,从地面算起应砌 100 cm 高的石块。土墙造价低,投资少,但不耐久。

3.**屋顶** 肉牛舍常用双坡式屋顶,这种屋顶跨度大,适用于各种规模的牛群。屋顶材料要防水、隔热、耐火、结构轻便、造价便宜。

4.**门和窗** 牛舍设置门和窗要向外开。门高 2.1～2.2 m,宽 2.0～2.5 m。南窗高 1.2 m,宽 1 m。北窗高 1 m,宽 0.8 m,窗台离地面高 1.2～1.4 m。

5.**牛床** 肉牛肥育期因是群饲,所以牛床面积可适当小些,或用通槽通床。牛床坡度为 1.5%,前高后低。牛床的规格如表 2-1 所示,牛床类型有下列几种:

(1)水泥及石质牛床:其导热性好,比较硬,造价高,但清洗和消毒方便,不利于牛的生长发育。

(2)沥青牛床:保温好并有弹性,不渗水,易消毒,但遇水容易变滑,修建时应掺入煤渣或粗砂。

(3)砖牛床:用砖立砌,用石灰或水泥抹缝。导热性好,硬度较高。

(4)木质牛床:导热性差,容易保暖,有弹性且易清扫,但容易腐烂,不易消毒,造价也高。

(5)土质牛床:将土铲平,夯实,上面铺一层砂石或碎砖块,然后再铺一层三合土,夯实即可。这种牛床就地取材,造价低,并具有弹性,保暖性好,并能护蹄。

表2-1 牛舍牛床的规格

牛体重(kg)	牛床宽度(mm)	牛床长度(mm)
400	1 000	1 450
500	1 100	1 500
600	1 200	1 600
700	1 300	1 700
800	1 400	1 800

6. 通风屋脊 是现代化规模肉牛场散栏牛舍的最常用方式,是充分利用自然通风创造良好牛舍内环境的重要手段。通风屋脊的材料是阳光板,阳光板的厚度为 10 mm 和 16 mm 两种规格,个别情况下也有 6 mm 厚的。屋脊通风应按照牛舍跨度每 3 m 设 5 cm 宽的层顶通风口来计算。常用的通风屋脊阳光板的宽度有 60、80、97、120、140、162 cm 几种,此外也有 180、200、225、250 cm 宽度较大的通风屋脊。

7. 饲槽 肉牛舍多为群饲通槽喂养或栓系通槽喂养。每头牛槽宽 1.1 ~ 1.2 m,近槽地面稍高。饲槽以固定式水泥槽为最适用。饲槽上宽 0.6 ~ 0.8 m,底宽 0.35 m,槽底弧形。槽边近牛缘高 0.35 m,外缘高 0.6 ~ 0.8 m。也可用低槽位的道槽合一式饲槽。

8. 饮水池 牛舍的饮水池一般设在卧栏的一端。每一组肉牛应至少设 2 个饮水池,饮水池的长度应为 100、150、200、300 cm,深度一般为 30 cm,宽度为 60 cm,容量分别为 180、270、360、540 L,供水管每分钟的流量约在 50 ~ 60 L。

图2-9 饮水池

9.**尿粪沟和污水池** 为了保护舍内的清洁和清扫方便,尿粪沟应不透水,表面应光滑。水粪沟宽28~30 cm,深15 cm,倾斜度1:(100~200)。尿粪沟应通到舍外污水池。污水池应距牛舍6~8 m,其容积以牛舍大小和牛的头数多少而定,一般可按每头成牛0.3 m³、每头犊牛0.1 m³计算,以能贮满一个月的粪尿为准,每月清除一次。为了保持清洁,舍内的粪便必须每天清除,运到距牛舍50 m远的粪堆上。要保持尿沟的畅通,并定期用水冲洗。

(二)输精室

输精室的位置应合理布局,一般位于生产区,根据规模配备人员及设备。这是关系肉牛场能否盈利和持续发展的关键部门。应有母牛繁殖配种工作技术规范并严格执行。

(三)兽医室

兽医室的位置也应合理布局,一般与输精室相邻,兽医室应存放一般常用兽药、疫苗以及相关诊疗器械。

(四)饲料库与饲料加工车间

饲料库与饲料加工车间应设在管理区或生产区的上风处,尽量靠近牛采食区,以便缩小向各个牛舍的运输距离。

图2-10 饲料运输车及饲料储存罐

（五）青贮窖（塔）

青贮窖可设在牛舍一端附近，以便取用，但饲喂通道必须与清粪的污道分开，并防止牛舍和运动场的污水渗入窖内。其形状可为圆形塔或方形窖。总容积大小应根据肉牛场规模而定。

图2-11 青贮窖（左）、青贮塔（右）

（六）干草棚

干草棚可设在青贮窖附近，要取用方便，除与污道分开外，还应注意与牛舍及其他建筑有一定距离，以防火灾。

图2-12　干草棚　　　　　　图2-13　绿化带

（七）绿化带

在进行场地规划时必须留出绿化地,包括防风林、隔离林,行道绿化、绿地等;牛舍四周和场内道路两旁和牛场各建筑物四周都应绿化。

（八）运动场

繁殖母牛必须有运动场,可以在牛舍外边规划一个与牛舍长轴平行,长度相同的运动场。运动场内设有自由饮水池。

三、病畜处理区建筑

病畜处理区主要建筑为隔离牛舍,隔离牛舍应设在生产区下风向的地势低洼处,距离牛舍200 m以外的偏僻地方,以免疾病传播。

四、粪尿污水处理区建筑

肉牛场的粪尿污水处理通常采用机械清除和水冲清除。当粪便与垫料混合或粪尿分离,呈半干状态时,常采用机械清除。清粪机械包括人力小推车、地上轨道车、单轨吊罐、牵引刮板、电动或机动铲车等。采用机械清粪时,还要辅以水冲清除。通常在肉牛舍中设置污水排出系统,液体部分经排水系统流入粪水池贮存,而固形物则借助人或机械直接用运载工具运至堆放场。为此,粪尿污水处理区要设以下建筑:

1. **排尿沟** 排尿沟用于接受肉牛舍地面流来的粪尿及污水,一般设在畜栏的后端,紧靠除粪道,排尿沟必须不透水,且能保证尿水顺利排走。排尿沟的形式一般为方形或半圆形。排尿沟向降口处要有1%~1.5%的坡度,但在降口处的深度不可过大,一般要求牛舍不大于15 cm。

2. **降口** 通称水漏,是排尿沟与地下排出管的衔接部分。为了防止粪草落入堵塞,上面应有铁箅子,铁箅应与粪尿沟同高。在降口下部,地下排出管口以下,应形成一个深入地下的伸延部,这个伸延部分谓之沉淀井,用以使粪水中的固形物沉淀,防止管道堵塞。在降口中可设水封,用以阻止粪水池中的臭气经由地下排出管进入舍内。

3. **地下排出管** 与排尿管呈垂直方向,用于将由降口流下来的尿及污水导入肉牛舍外的粪水池中。因此需向粪水池有3%~5%的坡度。在寒冷地区,对地下排出管的舍外部分需采取防冻措施,以免管中污液结冰。如果地下排出管自肉牛舍外墙至粪水池的距离大于5 m时,应在墙外修一检查井,以便在管道堵塞时进行疏通。但在寒冷地区,要注意检查井的保温。

4. **粪水池** 应设在舍外地势较低的地方,且应在运动场相反的一侧。距肉牛舍外墙不小于5 m。须用不透水的材料做成。根据舍内肉牛种类、头数、育肥期长短与粪水贮放时间来确定粪水池的容积及数量。一般按贮积20~30 d、容积20~30 m³来修建。粪水池一定要离开饮水井100 m以外。

第三节 规模肉牛场机械设备

一、铡草机

铡草机是规模肉牛场必备的机械设备,用于铡切青(干)玉米秸秆、稻草等各种农作物秸秆及牧草。铡草机有好多型号和类型,这里

介绍一种 9Z－30 型青贮铡草机,其有以下特点:

1. 钢结构机架,体积小,重量轻,移动方便。

2. 设计保险装置,杜绝啃刀事故,整机安全可靠。

图 2－14　铡草机

3. 草辊传动轴选用万向联轴节,结构紧凑,运转灵活,拆装方便。

4. 配套动力多样选择,电动机、柴油机、拖拉机都可配套,尤其对电力缺乏地区更为适宜。

5. 刀片选用优质钢材,经特殊工艺精制而成,超强耐磨;采用高强度螺栓,使用安全可靠。

6. 机壳选用加厚钢板连续焊接而成,整体模具成形,压制防伪商标,美观大方,经久耐用。

7. 性价比优越,同等生产率的铡草机售价最低。

二、精饲料加工机组

精饲料加工机组包括精饲料粉碎、提升、搅拌等机组。

(一)粉碎机

粉碎机是最常用的饲料加工机械,目前国内生产的主要有锤片式粉碎机和辊式粉碎机。粉碎机可按各种不同的饲喂要求将原料粉碎成大小不同的颗粒。因机器的型号不同,每小时的加工量也不同,所用电动机型号也不同,可根据肉牛养殖的规模进行选购。

（二）搅拌机

分为常规饲料搅拌机和添加剂搅拌机两种。常规饲料搅拌机有立式和卧式两种。搅拌时间一般为 9 ~ 15 min,搅拌配合饲料时应分批搅拌。立式搅拌机的优点是混合均匀,动力消耗少,缺点是混合时间长,生产率低,装料、出料不充分。卧式搅拌机主要工作部件为搅动叶片,叶片分为内外两层,它们的螺旋方向相反。在工作时叶片搅动饲料,使内外两层饲料作相对运动,以达到混合的目的。卧式搅拌机的优点是效率高,装料、出料迅速,缺点是动力消耗较大,占地面积大,价格也较高,因此一般较少采用。

（三）提升机

分为斗式提升机和螺旋式提升机两种,一般多采用螺旋式提升机。

饲料加工机组的安装顺序一般为先安装粉碎机,后安装电动机和传动皮带。搅拌机安装在粉碎机旁,使粉碎机的出料口与搅拌机的进料口恰好连接。提升机连接地坑和粉碎机的进口即可。

加工时,将主原料倒入地坑,提升机将原料提升至粉碎机里粉碎,然后进入搅拌机的混合仓内,其他原料可由进料口直接倒入混合仓。

国内饲料机械加工设备以江苏正昌集团、牧羊机械加工集团较有名。江苏正昌集团是以饲料工业为主体的中国最大的饲料机械加工设备和整厂工程制造商。

（四）全混合饲料搅拌机

肉牛全混合日粮(Total Mixed Rations,TMR):就是根据肉牛群营养需要的粗蛋白、能量、粗纤维、矿物质和维生素等,把切短的粗料、精料和各种预混料添加剂进行充分混合,将水分调整为45%左右而得的营养较平衡的日粮。肉牛全混合饲料搅拌机主要用于肉牛基础日粮的配料与搅拌混合加工。其作用是可增加牛肉产量,提高劳动生产率,利于实现科学化管理。

图2-15 全混合饲料搅拌机

图2-16 青贮饲料运料车和精饲料运料车

图2-17 机械化混合TMR日粮　图2-18 搅拌效果极好的TMR日粮

作为搅拌车的辅助工具铲车和拖拉机一次性投入大,使用过程中耗油量大,对于一般规模肉牛场来说,要考虑补贴的搅拌车能否预期运行,如果不考虑节能方案,搅拌车"买得起,用不起"。

图 2 – 19　铲车抓取青贮玉米　　　　图 2 – 20　TMR 混合机

三、运牛车

运牛车用于牛群周转、牛只买卖时转运牛只之需(见图 2 – 21)。

图 2 –21　运牛车

四、铲车

铲车主要用于饲料取用和牛粪清理之需(见图 2 – 22)。

图 2 -22 铲车

五、运料车

运料车用于运送各类饲料之需。(见图 2 -23、2 -24)

图 2 -23 运料车　　　　图 2 -24 TMR 混合车

第三章　肉牛规模健康养殖繁育体系

随着贸易全球化、市场一体化,国与国之间的贸易竞争越来越激烈,我国加入世贸组织十多年来,国外畜产品进入我国的机会越来越大。在猪禽生产方面,我国相对具有比较优势,而在肉牛生产上,由于我国专门化的肉牛品种少,国外牛肉不仅具有开发我国市场的强劲实力,而且我国的牛肉要大量进入国际市场也存在很大阻力。以我国的优良黄牛品种为基础,选育具有特色的、国产、优质、高效的黄牛肉用品种,提高肉牛生产的效率、效益和质量,是提高我国肉牛生产竞争力的必由之路,也是畜牧业结构战略调整的重要内容。

第一节　我国主要肉用黄牛品种

一、我国主要肉用黄牛品种

我国五大良种黄牛如秦川牛、晋南牛、南阳牛、鲁西牛和延边牛等,经过适当的育肥,肉质细嫩,大理石花纹好,肉味鲜美,某些肉用性能达到甚至超过有些国外肉牛品种,可用来生产高档牛肉。我国于2007年培育出第一个肉牛品种夏南牛,结束了我国没有专门化的肉牛品种的历史。

(一)秦川牛

1.**产地与分布**　因产于陕西省关中地区的"八百里秦川"而得名。主产于关中平原地区,主要分布在宝鸡、杨凌、咸阳、西安、渭南、铜川等地所属县区。另外,甘肃、宁夏与陕西关中西部毗邻地区也有饲养秦川牛的传统习惯。如今,秦川牛已被推广到全国20多个省(自治区、直辖市),用于改良低产黄牛,成效显著。据不完全统计,全国秦川牛及其杂交后代饲养量约450万头。

图3-1 秦川牛

2.**体型外貌** 秦川牛体格高大,体质强健,头部方正,皮薄骨细,角短而钝,多向外下方或向后稍微弯曲。毛色有紫红、红、黄三种,以紫红和红色居多,占总数80%以上,少数为黄色。前躯较后躯壮硬,肩部长而斜,胸部宽且深,背腰平直宽广,荐骨隆起。后躯发育稍差,四肢粗壮结实,两前肢相距较宽,蹄叉紧。公牛头较大,颈粗短,垂皮发达,鬐甲高而宽。母牛头清秀,颈厚薄适中,鬐甲较低而薄。

3. **生产性能** 在维持饲养标准的170%条件下,秦川牛12～24月龄日增重公牛1.0 kg左右,母牛0.8 kg左右;24月龄屠宰率公牛60%以上,母牛58%以上;净肉率公牛52%以上,母牛50%以上;眼肌面积公牛85 cm² 以上,母牛70 cm² 以上。肉质细嫩、多汁,剪切力值≤35.28N。在一般饲养条件下,1～2胎泌乳量700 kg以上;3胎以上泌乳量1 000 kg以上。乳脂率47%,乳蛋白质率4.0%。

(二)南阳牛

1. **产地与分布** 产于河南南阳地区白河和唐河流域的广大平原地区,以南阳市郊区、南阳市、唐河为主。邓州市、新野、镇平、社旗、方城等县市为主要产区。

图3-2　南阳牛

2. 体型外貌　公牛角基粗,以萝卜头角为主,母牛角细。鬐甲较高,公牛肩峰8~9 cm。有黄、红、草白3种毛色。鼻镜多为肉红色,其中部分带有黑点。蹄壳以黄蜡、琥珀色带血筋较多。

3. 生产性能　公牛育肥后,1.5岁平均体重可达441.7 kg,日增重813 g,屠宰率为55.6%。3~5岁阉牛经强度育肥,屠宰率可达64.5%,净肉率达56.8%。母牛产乳量600~800 kg,乳脂率为4.5%~7.5%。

(三)鲁西牛

1. 产地与分布　主要产于山东西南部,以菏泽市的郓城、巨野、梁山和济宁地区的嘉祥、金乡、济宁、汶上等县为中心产区。

2. 体型外貌　公牛多平角或龙门角;母牛角形多样,以龙门角较多。被毛以浅黄色最多,多数牛有完全或不完全的"三粉"特征(眼圈、口轮、腹下与四肢内侧)。

3. 生产性能　1~1.5岁牛平均日增重610 g,屠宰率为53%~55%,净肉率47%左右。母牛性成熟早,一般10~12月龄开始发情,母牛初配年龄多在1.5~2周岁,终生可产犊7~8头,最高可达15头。

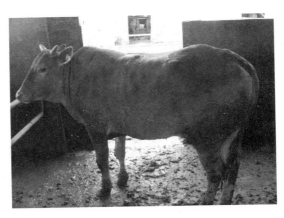

图 3-3 鲁西牛

（四）晋南牛

1. **产地与分布** 产于山西省晋南盆地，包括运城市的万荣、河津、永济、运城、夏县、闻喜、芮城、临猗、新绛，以及临汾市的侯马、曲沃、襄汾等县、市，以万荣、河津和临猗 3 县的数量最多、质量最好。

图 3-4 晋南牛

2. **体型外貌** 公牛颈较粗短，顺风角，肩峰不明显。蹄大而圆，质地致密。毛色以枣红为主，鼻镜粉红色。成年公牛平均体重 607 kg，体高 139 cm；母牛平均体重 339 kg，体高 117 cm。

3.**生产性能**　成年公牛肥育后屠宰率可达 52.3%,净肉率为 43.4%。母牛奶量为 745.1 kg,乳脂率为 5.5% ~ 6.1%。9 ~ 10 月开始发情,2 岁配种,终生产犊 7 ~ 9 头。

（五）延边牛

1.**产地及分布**　延边牛产于吉林省延边朝鲜族自治州,分布于吉林、辽宁及黑龙江等省,约有 20 万头以上。

图 3 - 5　延边牛

2.**外貌特征及生长情况**　体质粗壮结实,结构匀称。两性外貌差异明显。公牛角根粗,多向后方伸展,成一字形或倒“八”字形,颈短厚而隆起。母牛角细而长,多为龙门角。背、腰平直,尻斜。前躯发育比后躯好。毛色为深、浅不同的黄色。

3.**生产性能**　产肉性能良好,易肥育,肉质细嫩,呈大理石纹状结构。经 180 d 肥育于 18 月龄屠宰的公牛,平均日增重 813 g,胴体重 265.8 kg,屠宰率 57.7%,净肉率 47.2%,眼肌面积 75.8 cm^2。

二、我国培育的肉牛品种

（一）夏南牛

1.**品种培育**　夏南牛是以法国夏洛来牛为父本,以我国地方良种南阳牛为母本,经导入杂交、横交固定和自群繁育三个阶段的开放式育种,培育而成的肉牛新品种。

2. 外貌特征 夏南牛毛色为黄色,以浅黄、米黄居多;公牛头方正,额平直,母牛头部清秀,额平稍长;公牛角呈锥状,水平向两侧延伸,母牛角细圆,致密光滑,稍向前倾;耳中等大小;颈粗壮、平直,肩峰不明显。成年牛结构匀称,体躯干呈长方形;胸深肋圆,背腰平直,尻部宽长,肉用特征明显;四肢粗壮,蹄质坚实,尾细长;母牛乳房发育良好。

3. 生产性能 成年公牛体高142.5 cm,体重850 kg左右,成年母牛体高135.5 cm,体重600 kg左右。公犊初生重38.52 kg、母犊初生重37.90 kg。夏南牛生长发育快。在农户饲养条件下,公母犊牛6月龄平均体重分别为197.35 kg和196.50 kg,平均日增重分别为0.88 kg和0.88 kg;周岁公母牛平均体重分别为299.01 kg和292.40 kg,平均日增重分别达0.56 kg和0.53 kg。体重350 kg的架子公牛经强化肥育90d,平均体重达559.53 kg,平均日增重可达1.85 kg。夏南牛体质健壮,性情温驯,适应性强,耐粗饲,采食速度快,易育肥;抗逆力强,耐寒冷,耐热性稍差;遗传性能稳定。

夏南牛肉用性能良好。据屠宰实验,17月龄~19月龄的未肥育公牛屠宰率60.13%,净肉率48.84%,肌肉剪切力值2.61,肉骨比4.8:1,优质肉切块率38.37%,高档牛肉率14.35%。夏南牛耐粗饲,适应性强,舍饲、放牧均可。

图3-6 夏南牛

(二)延黄牛

延黄牛以延边黄牛为母本,利木赞牛为父本,在原来选育的基础上,从1979年开始,有计划地导入利木赞牛进行杂交、正反回交和横交固定培育而成,含75%延边黄牛、25%利木赞牛血统。2008年通过国家畜禽遗传资源委员会审定,农业部公告第990号予以公布,证书编号为农02新品种证字第4号。

图3-7 延黄牛

1. **特征特性** 体型外貌基本一致。毛色为黄色;公牛头方正,额平直,母牛头部清秀,额平,嘴端短粗;公牛角呈锥状,水平向两侧延伸,母牛角细圆,致密光滑,外向,尖稍向前弯;耳中等大小;颈粗壮,平直,肩峰不明显;成年牛结构匀称,体躯呈长方形,胸深肋圆,背腰平直,尻部宽长;四肢较粗壮,蹄质坚实,尾细长;肉用特征明显,母牛乳房发育良好,遗传稳定。延黄牛具有体质健壮、性情温顺、耐粗饲、适应性强、生长速度快等特点。

2. **生产性能** 公、母牛出生重分别为30.9 kg和28.9 kg;6月龄公、母牛体重分别为168.8 kg和153.6 kg;12月龄公、母牛体重分别为308.6 kg和265.2 kg;成年公、母牛体重分别为1 061.3 kg和629.4 kg。舍饲短期育肥至30月龄公牛,宰前活重578.1 kg,胴体重345.7 kg,屠宰率59.8%,净肉率49.3%。

3. **繁殖性能** 母牛初情期为8~9月龄,初配时间为13月龄,发情周期为20~21 d,发情持续时间为20 h,妊娠期为285 d。

(三)辽育白牛

辽育白牛是以夏洛莱牛为父本,以辽宁本地黄牛为母本级进杂交后,在第4代的杂交群中选择优秀个体进行横交和有计划选育,采用开放式育种体系,坚持档案组群,形成了含夏洛莱牛血统93.75%、本地黄牛血统6.25%遗传组成的稳定群体,2009年通过国家畜禽遗传资源委员会审定。

图3-8 辽育白牛

1.**特征特性** 辽育白牛全身被毛呈白色或草白色,鼻镜肉色,蹄角多为蜡色;体型大,体质结实,肌肉丰满,体躯呈长方形;头宽且稍短,额阔唇宽,耳中等偏大,大多有角,少数无角;颈粗短,母牛平直,公牛颈部隆起,无肩峰,母牛颈部和胸部多有垂皮,公牛垂皮发达;胸深宽,肋圆,背腰宽厚、平直,尻部宽长,臀端宽齐,后腿部肌肉丰满;四肢粗壮,长短适中,蹄质结实;尾中等长度;母牛乳房发育良好。

2.**生产性能** 辽育白牛成年公牛平均体重910.5 kg,母牛体重451.2 kg;初生重公牛41.6 kg,母牛38.3 kg;6月龄体重公牛221.4 kg,母牛190.5 kg;12月龄体重公牛366.8 kg,母牛280.6 kg;24月龄体重公牛624.5 kg,母牛386.3 kg。辽育白牛6月龄断奶后持续育肥至18月龄,宰前重、屠宰率和净肉率分别为561.8 kg、58.6%和49.5%;持续育肥至22月龄,宰前重、屠宰率和净肉率分别为664.8 kg、59.6%

和50.9%。11~12月龄体重350 kg以上发育正常的辽育白牛,短期育肥6个月,体重达到556 kg。

辽育白牛母牛初配年龄为14~18月龄、产后发情时间为45~60天;公牛适宜初采年龄为16~18月龄;人工授精情期受胎率为70%,适繁母牛的繁殖成活率达84.1%以上。

（四）云岭牛

云岭牛是由婆罗门牛、莫累灰牛和云南黄牛3个品种杂交选育而成,通过横交选育,经过三十余年,最后形成体型外貌特征一致,遗传性能稳定,含1/2婆罗门牛,1/4莫累灰牛,1/4云南黄牛血缘的云岭牛新品种。2014年通过国家畜禽遗传资源委员会审定。

图3-9　云岭牛

1.**特征特性** 云岭牛以黄色、黑色为主,被毛短而细密;体型中等,各部结合良好,细致紧凑,肌肉丰厚;头稍小,眼明有神;多数无角,耳稍大,横向舒张;颈中等长;公牛肩峰明显,颈垂、胸垂和腹垂较发达,体躯宽深,背腰平直,后躯和臀部发育丰满;母牛肩峰稍有隆起,胸垂明显,四肢较长,蹄质结实;尾细长。

2.**生产性能** 云岭牛公牛平均初生重30.24 kg,断奶重182.48 kg,12月龄体重284.41 kg,18月龄体重416.81 kg,24月龄体重515.86 kg,成年体重813.08 kg;母牛初生重28.17 kg,断奶重176.79 kg,12月龄体

重280.97 kg,18月龄体重388.52 kg,24月龄体重415.79 kg,成年体重517.40 kg;相比于较大型肉牛品种,云岭牛的饲料报酬较高。

(五)阿什旦牦牛

阿什旦牦牛是中国农业科学院兰州畜牧与兽药研究所和青海省大通种牛场的科研人员,以无角牦牛为父本、应用测交和控制近交方式,经过强度淘汰、自群繁育、选育提高、推广验证等主要阶段培育的以肉用为主的牦牛新品种。2019年通过国家畜禽遗传资源委员会审定。

图3-10 阿什旦牦牛

1.**特征特性** 阿什旦牦牛新品种以被毛黑褐色和无角为其重要特征,具有肉用型牛品种特征,体质结实,结构匀称,发育良好,体型呈长方形。公母牦牛均无角,头部轮廓清晰,鼻孔开张,嘴宽大。公牦牛雄性明显,前后躯肌肉发育好,鬐甲隆起,颈粗短;母牦牛清秀,鬐甲稍隆起,颈长适中。公牦牛腹部紧凑,母牦牛腹部大、背不下垂。公牦牛睾丸匀称,无多余垂皮。母牦牛乳房发育好,被毛较公牛短,乳头分布匀称,乳头长。公母牦牛四肢结实,肢势端正,左右两肢间宽,蹄圆缝紧,蹄质结实,行走有力。被毛光泽好,全身毛丰厚,背腰及尻部绒毛厚,各关节突出处、体侧及腹部粗毛密而长,尾毛密长,蓬松。

2.**生产性能** 在放牧饲养条件下,阿什旦牦牛成年公牦牛体重243.6 kg,屠宰率50.82%;成年母牦牛体重214.2 kg,屠宰率为47.38%。通过测定不同年龄阿什旦牦牛新品种不同部位绒毛长度及产毛量,成年公牦牛产毛量 2.10 kg,母牦牛产毛量 0.67 kg。阿什旦牦牛新品种 6 月份乳脂率为 5.8%,乳糖 4.1%,乳蛋白 5.5%,干物质为 16.1%,体细胞数为 27.7 万个/mL。

第二节 我国引进的主要肉牛品种

一、夏洛来牛

(一)原产地及分布

夏洛来牛原产于法国中西部到东南部的夏洛来省和涅夫勒地区,是古老的大型役用牛,18 世纪经过长期严格的本品种选育而成为举世闻名的大型肉牛品种。以其生长快、肉量多、体型大、耐粗放受到国际市场的广泛欢迎,输往世界许多国家,参与新型肉牛品种的育成、杂交改良,或在引入国进行纯种繁育。

(二)外貌特征

该牛最显著的特点是被毛为白色或乳白色,皮肤常有色斑;全身肌肉特别发达;骨骼结实,四肢强壮,体力强大。夏洛来牛头小而宽,角圆而较长,并向前方伸展,角质蜡黄、颈粗短、胸宽深,肋骨方圆,背宽肉厚,体躯呈圆筒状,后躯、背腰和肩胛部肌肉发达,并向后和侧面突出,常形成"双肌"特征。公牛常有双鬐甲和凹背的缺点。成年活重,公牛平均为 1 100 ~ 1 200 kg,母牛 700 ~ 800 kg。其平均体尺、体重资料如表 3 - 1 所示。

表 3 - 1 夏洛来牛的体尺和活重

性别	体高	体长	胸围	管围	活重	初生重
		(cm)			(kg)	
公	142	180	244	26.5	1 140	45
母	132	165	203	21.0	735	42

（三）生产性能

夏洛来牛在生产性能方面表现出的最显著特点是:生长速度快,增重快,瘦肉多。且肉质好,无过多的脂肪。在良好的饲养条件下,6月龄公犊可以达250 kg,母犊210 kg。日增重可达1 400 g。在加拿大,良好饲养条件下公牛周岁可达511 kg。该牛作为专门化大型肉用牛,产肉性能好,屠宰率一般为60% ～70%,胴体瘦肉率为80% ～85%。16月龄的育肥母牛胴体重达418 kg,屠宰率66.3%。

图3-11　夏洛来牛(公牛)

夏洛来牛有良好的适应能力,耐旱抗热,冬季严寒不夹尾,不拱腰。盛夏不热喘、流咽,采食正常。夏季全日放牧时,采食快、觅食能力强,在不额外补饲条件下,也能增重上膘。

（四）与我国黄牛杂交效果

夏洛来杂交牛(夏杂)一代具有父系品种的明显特征,毛色多为乳白或草黄色,体格略大、四肢坚实、骨骼粗壮、胸宽尻平、肌肉丰满、性情温驯且耐粗饲易于饲养管理。我国两次直接由法国引进夏洛来牛,在东北、西北和南方部分地区用该品种与我国本地牛杂交来改良黄牛,取得了明显效果,表现为夏杂后代体格明显加大,增长速度加快,杂种优势明显(表3-2)。

表3-2 夏洛来牛杂交一代体尺体重

品 种	体高	体长	胸围	管围	体重
			（cm）		（kg）
夏杂一代	117.25	149.75	169.17	19.58	381.32
草原兼用牛	105.73	126.17	140.55	15.25	225.45
相对提高（%）	10.80	18.69	20.40	28.39	69.13

二、利木赞牛

（一）原产地及分布

利木赞牛也称利木辛牛，原产于法国中部的利木赞高原，并因此得名。在法国主要分布在中部和南部的广大地区，数量仅次于夏洛来牛，育成后于20世纪70年代初，输入欧美各国，现在世界上许多国家都有该牛分布，属于专门化的大型肉牛品种。

图3-12 利木赞牛

（二）外貌特征

利木赞牛毛色为红色或黄色，背毛浓厚而粗硬，有助于抗拒严寒的放牧生活。口鼻周围、眼圈周围、四肢内侧及尾帚毛色较浅(即称"三粉特征"),角为白色,蹄为红褐色。头较短小,额宽,胸部宽深,体躯较长,后躯肌肉丰满,四肢粗短。利木赞牛全身肌肉发达,骨骼比夏洛来牛略细,因而一般较夏洛来牛小一些。平均成年体重:公牛 1 100 kg、母牛 600 kg;在法国较好饲养条件下,公牛活重可达 1 200 ~ 1 500 kg,母牛达 600 ~ 800 kg(表 3 - 3)。

表 3 - 3　利木赞牛 1 岁内活重　　　　　　　　单位:kg

性别	头数	初生重	3 月龄重	6 月龄重	1 岁体重
公	2 981	38.9	131	227	407
母	3 042	36.6	121	200	300

(三)生产性能

集约化饲养条件下,犊牛断奶后生长很快,10 月龄体重达 408 kg,周岁时体重可达 480 kg 左右,哺乳期平均日增重为 0.86 ~ 1.0 kg。8 月龄的小牛就可生产出具有大理石纹的牛肉。因此,是法国等一些欧洲国家生产牛肉的主要品种。

利木赞牛产肉性能高,胴体质量好,眼肌面积大,前后肢肌肉丰满,出肉率高,在肉牛市场上很有竞争力,其育肥牛屠宰率在 65% 左右,胴体瘦肉率为 80% ~ 85%,且脂肪少、肉味好、市场售价高。

(四)与我国黄牛杂交效果

利木赞牛在世界上呈增长趋势,主要特点是比较耐粗饲,生长快,单位体重的增加需要的营养少,胴体优质肉比例高,大理石状的形成早,犊牛初生体格小,具有快速的生长能力,以及良好的体躯长度和令人满意的肌肉量,因而被广泛用于经济杂交来生产小牛肉。我国数次从法国引入利木赞牛,在河南、山东、内蒙古等地改良当地黄牛,杂种优势明显。

三、皮埃蒙特牛

(一)原产地及分布

皮埃蒙特牛原产于意大利北部的皮埃蒙特地区,原为役用牛,经长期选育,现已成为生产性能优良的专门化肉用品种。因其具有双肌肉基因,是目前国际公认的终端父本,已被世界 22 个国家引进,用于杂交改良。

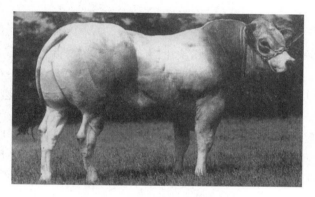

图 3-13　皮埃蒙特牛

(二)外貌特征

该牛体躯发育充分,胸部宽阔、肌肉发达、四肢强健,公牛皮肤为灰色,眼、睫毛、眼睑边缘、鼻镜、唇以及尾巴端为黑色,肩胛毛色较深。

母牛毛色为全白,有的个体眼圈为浅灰色,眼睫毛、耳廓四周为黑色,犊牛幼龄时毛色为乳黄色,4~6 月龄胎毛退去后,呈成年牛毛色。牛角在 12 月龄变为黑色,成年牛的角底部为浅黄色,角尖为黑色。体型较大,体躯呈圆筒状,肌肉高度发达。成年体重:公牛不低于1 000 kg,母牛平均为 500~600 kg。平均体高公牛和母牛分别为150 cm 和136 cm。皮埃蒙特牛 2 周岁的体尺见表 3-4。

表 3 – 4　皮埃蒙特牛 2 周岁的体尺　　　　单位:cm

性别	年龄 (岁)	体高	体斜长	胸围	十字部高
公	2	132	160	199	55
母	2	127	151	176	48

(三)生产性能

皮埃蒙特牛肉用性能十分突出,育肥期平均日增重 1 500 g(1 360 ~ 1 657 g),生长速度为肉用品种之首。公牛屠宰期活重为 550 ~ 600 kg,一般在 15 ~ 18 月龄即可达到。母牛 14 ~ 15 月龄体重可达 400 ~ 450 kg。肉质细嫩,瘦肉含量高,屠宰率一般为 65% ~ 70%。经试验测定,该品种公牛屠宰率可达到 68.23%,胴体瘦肉率达 84.13%,骨骼 13.60%,脂肪仅占 1.50%。每 100 g 肉中胆固醇含量只有 48.5 mg,低于一般牛肉(73 mg)。

(四)与我国黄牛杂交效果

皮埃蒙特牛作为肉用牛种有较高泌乳能力,对哺育犊牛有很大优势。我国利用皮埃蒙特牛改良黄牛,其母性后代的泌乳能力有提高。在组织三元杂交的改良体系时,皮埃蒙特改良母牛再作母系,对下轮的肉用杂交十分有利。据 1997 年在山东和河北用皮埃蒙特公牛配西门塔尔改良母牛,取得了较好的效果,皮埃蒙特与西门塔尔和本地牛的三元杂交组合的后代,在生长速度和肉用体型上都有父本的特征。其级进杂交的后代已与皮埃蒙特牛纯种性状十分接近。我国于 1987 年和 1992 年先后从意大利引进皮埃蒙特牛开展杂交改良,现已在全国 12 个省、市推广应用。在河南南阳地区对南阳牛的杂交改良,已显示出良好的效果。通过 244 d 的育肥,2 000 多头皮杂后代创造了 18 月龄耗料 800 kg、获重 500 kg、眼肌面积 114.1 cm² 的国内最佳纪录,生长速度达国内肉牛领先水平。

四、德国黄牛

(一)原产地及分布

德国黄牛产于德国和奥地利,其中德国最多。德国黄牛主要饲养在德国巴伐利亚州北部法兰肯尼亚地区的符次堡,朋堡,纽伦堡。德国黄牛的育种目标是一个综合性的繁育体系,使牛肉产量不降低,产奶量有所增加,因而德国黄牛在德国的兼用品种中,仍是最好的牛肉生产者。19世纪以来德国黄牛在活重和屠体品质方面,在德国屠宰牛测试的比赛中成了冠军品种。

图3-14　德国黄牛(母牛)

(二)品种特征

德国黄牛是一种与西门塔尔牛血缘非常接近的品种,体型外貌与西门塔尔牛酷似,尾毛色为棕色,从黄棕到红棕色,眼圈的毛色较浅。体躯长,体格大,胸深,背直,四肢短而有力,肌肉强健。母牛乳房大,附着结实。成年牛体重1 000～1 300 kg,母牛650～800 kg。

良好的风土适应性,抗病力强;毛色纯净,整齐划一。深色坚硬耐磨的蹄子;受胎率高,产犊性好;兼有牛种的高产奶量和与之相关的犊牛的高断奶重;出色的日增重,可达1 200 g/d以上,高的屠宰率,高品质的胴体(优质切块率高:腰肉,腿圆肉,脖颈,肋排),性情温和,对各种杂交繁育目的有特殊适应性所以在全球各种寒带、温带、热带和亚热带地区表现极为良好。

（三）外貌特征

体格中等高大,毛色为纯黄、红黄、麦秆黄,毛尖为金黄,部分牛带有菊花状暗斑。蹄壳及角为肉红色,眼及鼻镜肉色,乳房、睾丸及四肢下部为淡黄色或黄白色毛,乳房附着良好,体长适中,胸宽深,颈脖微隆,颈胸部肌肉丰满,胸深背直,肋骨开张,体躯浑圆而略长,四肢短而有力,肌肉强健后肢肌肉发达,后躯宽,臀腿浑圆,骨骼粗细适中,性情温顺,四肢灵活,行走放牧能力强。

（四）品种性能

德国黄牛属肉乳兼用牛,其生产性能略低于西门塔尔牛。初生重40.8 kg,断奶重213 kg,平均日增重985 g。胴体重336 kg时,眼肌面积91.8 cm²。屠宰率63%,净肉率56%。泌乳期产奶量4 650kg,乳脂率4.15%。去势小牛肥育到18月龄体重达600～700 kg,增重速度快。难产率低。

五、海福特牛

（一）原产地及分布

海福特牛原产于英格兰西部的海福特郡,是世界上最古老的中小型早熟肉牛品种,现分布于世界许多国家。

（二）外貌特征

具有典型的肉用牛体型,分为有角和无角两种。颈粗短,体躯肌肉丰满,呈圆筒状,背腰宽平,臀部宽厚,肌肉发达,四肢短粗,侧望体躯呈矩形。全身被毛除头、颈垂、腹下、四肢下部以及尾尖为白色外,其余均为红色,皮肤为橙黄色,角为蜡黄色或白色。

图3-15 海福特牛(母牛)

(三)生产性能

成年母牛体重平均520~620 kg,公牛900~1 100 kg;犊牛初生重28~34 kg。该牛7~18月龄的平均日增重为0.8~1.3 kg;良好饲养条件下,7~12月龄平均日增重可达1.4 kg以上。据记载,加拿大一头公牛,育肥期日增重高达2.77 kg。屠宰率一般为60%~65%,18月龄公牛活重可达500 kg以上。

该品种牛适应性好,在干旱高原牧场冬季严寒(-48~-50℃)的条件下,或夏季酷暑(38~40℃)条件下,都可以放牧饲养和正常生活繁殖,表现出良好的适应性和生产性能。

(四)与我国黄牛杂交效果

我国在1965年从美国引进该牛,现分布于我国东北、西北广大地区,总数有400余头。与本地黄牛杂交,海杂牛一般表现体格加大,体型改善,宽度提高明显;犊牛生长快,抗病耐寒,适应性好,体躯被毛为红色,但头、腹下和四肢部位多有白毛。

六、短角牛

短角牛原产于英格兰的诺桑伯、德拉姆、约克和林肯等郡。短角牛的培育始于 16 世纪末 17 世纪初,最初只强调育肥,到 21 世纪初,经培育的短角牛已是世界闻名的肉牛良种了。1950 年,随着世界肉牛业的发展,短角牛中一部分又向乳用方向选育,于是逐渐形成了近代短角牛的两种类型:即肉用短角牛和乳肉兼用型短角牛。在此重点介绍肉用短角牛。

图 3-16　短角牛(公牛)

(一)外貌特征

肉用短角牛被毛以红色为主,也有白色和红白交杂的沙毛个体,部分个体腹下或乳房部有白斑。鼻镜粉红色,眼圈色淡;皮肤细致柔软。该牛体型为典型肉用牛体型,侧望体躯为矩形,背部宽平,背腰平直,尻部宽广、丰满,股部宽而多肉。体躯各部位结合良好,头短,额宽平;角短细、向下稍弯,角呈蜡黄色或白色,角尖部为黑色,颈部被毛较长且多卷曲,额顶部有丛生的被毛。成年公牛平均活重 900 ~ 1 200 kg,母牛 600 ~ 700 kg;公、母牛体高分别为 136 cm 和 128 cm 左右。

(二)生产性能

早熟性好,肉用性能突出,利用粗饲料能力强,增重快,产肉多,肉质细嫩。17 月龄活重可达 500 kg,屠宰率为 65% 以上。大理石纹好,但脂肪沉积不够理想。

（三）与我国黄牛杂交效果

短角牛是世界上分布很广泛的品种。我国自1920年前后到中华人民共和国成立后，曾多次引入，在东北、内蒙古等地改良当地黄牛，杂种牛毛色紫红、体型改善、体格加大、产乳量提高，杂种优势明显。我国育成的乳肉兼用型新品种——草原红牛，就是用乳用短角牛同吉林、河北和内蒙古等地的土种黄牛杂交而选育成的。其乳肉性能得到全面提高，表现出了很好的杂交改良效果。

七、安格斯牛

（一）原产地及分布

安格斯牛属于古老的小型肉牛品种。原产于英国的阿伯丁、安格斯和金卡丁等郡，因此得名。目前世界大多数国家都有该品种牛。

（二）外貌特征

安格斯牛以被毛黑色和无角为重要特征，故也称无角黑牛，也有红色类型的安格斯牛。该牛体躯低矮、结实、头小而方，额宽，体躯宽深，呈圆筒形，四肢短而直，前后裆较宽，全身肌肉丰满，具有现代肉牛的典型体型。安格斯牛成年公牛平均活重700～900 kg，母牛500～600 kg，犊牛平均初生重25～32 kg，成年公母牛体高分别为130.8 cm和118.9 cm。

图3-17　黑安格斯牛　　　　图3-18　红安格斯牛

（三）生产性能

安格斯牛具有良好的肉用性能,被认为是世界上专门化肉牛品种中的典型品种之一。表现早熟,胴体品质高,出肉多。屠宰率一般为60%~65%,哺乳期日增重900~1 000 g,育肥期日增重(1.5岁以内)平均为0.7~0.9 kg,肌肉大理石花纹良好。

该牛适应性强,耐寒抗病。缺点是母牛稍具神经质。

八、西门塔尔牛

（一）原产地及分布

西门塔尔牛原产于瑞士西部的阿尔卑斯山区,主要产地为西门塔尔平原和萨能平原。在法、德、奥等国边邻地区也有分布。西门塔尔牛占瑞士全国牛只的50%、奥地利占63%、前西德占39%,现分布到很多国家,成为世界上分布最广、数量最多的乳、肉、役兼用品种之一。

图3-19 西门塔尔牛(公牛)

（二）外貌特征

西门塔尔牛属宽额牛,角为左右平出,向前扭转,向上外侧挑出。毛色为黄白花或红白花,身躯缠有白色胸带,腹部、尾梢、四肢、在腓节和膝关节以下为白色。前躯较后躯发育好,胸深,尻宽平,四肢结实,大腿肌肉发达,乳房发育好。角较细而向外上方弯曲,尖端稍向上。颈长中等,体躯长。西门塔尔牛属欧洲大陆型肉用体型,体表肌肉群,明显易见,臀部肌肉充实,尻部肌肉深、多呈圆形。

（三）生产性能

西门塔尔牛肉用性能较好,成年公牛体重平均为 800～1 200 kg,母牛 650～800 kg。该牛生长速度较快,平均日增重可达 1.0 kg 以上,生长速度与其他大型肉用品种相近。胴体肉多,脂肪少而分布均匀,公牛育肥后屠宰率可达 65% 左右。成年母牛难产率低,适应性强,耐粗放管理。

（四）与我国黄牛杂交的效果

我国自 20 世纪初就开始引入西门塔尔牛,到 1981 年我国已有纯种牛 3 000 余头,杂交种 50 余万头。西门塔尔牛改良各地的黄牛,都取得了比较理想的效果。各地的育肥结果见表 3－5。

表 3－5　西门塔尔改良牛的育肥结果

地点	开始月龄	代数	天数	头数	平均日增重（kg）	屠宰率（%）	净肉率（%）
通辽	17	一	40	11	0.864	53.47	41.4
	17	二	40	9	1.134	53.55	41.7
井径	15	一	56	4	0.995		40.2
赞皇	15	一	90	6	1.002	55.30	43.7
	15	二	90	6	1.230	57.70	45.5
承德	16		80	6	1.145		
	16	二	80	6	1.247	51.24	43.9
江西	18		80	6	0.879		

据报道,西门塔尔牛与当地黄牛杂交产生的 F_1 代、F_2 代 2 岁牛体重分别比当地黄牛体重提高 24.18% 和 24.13%,其中 F_2 代牛屠宰率

比当地黄牛提高 9.25%。

第三节　肉牛的选种与选配

在牛的育种工作中,种公牛的选择尤为重要,对牛的群体改良起着重要作用。在品种形成过程中,选种具有创造性的作用,而选配则是巩固选种的成果。

选种就是从牛群中,选出最优秀的个体作为种用,使牛群的遗传素质和生产水平不断得到提高。选配是指在牛群内,根据牛场育种目标有计划地为母牛选择最适合的公牛,或为公牛选择最适合的母牛进行交配,使其产生基因型优良的后代。不同的选配,有不同的效果。

选种是选配的基础,但选种的作用必须通过选配来体现。同时,选配所得的后代又为进一步选种提供更加丰富的材料。选种选配是互相衔接的不可缺少的两个育种技术环节。选种选配可以迅速提高整个牛群的质量及生产性能。一般说来,种公牛的选择要比种母牛的选择起的作用大些,尤其是现在人工授精普及的情况下更是如此。据研究,在一个较大的牛群内,母牛群遗传改良的 60% 以上取决于对种公牛的选择。选择种公牛,首先要根据其父母祖先的系谱,其次是种公牛的外貌特征与发育情况,最后还要根据种公牛的后裔测定成绩,综合判断该公牛的遗传性是否稳定;对于种母牛主要根据其生产性能或者与生产性能有关的性状加以选择。

一、母牛的选留与淘汰

(一)犊牛及青年母牛的选择

为了保持牛群高产、稳产,每年必须选留一定数量的犊牛、青年母牛。为满足这个需要,每年选留的母犊牛不应少于产乳母牛的 1/3。

对初生小母牛以及青年母牛,首先是按系谱选择,即根据所记载的祖先情况,估测来自祖先各方面的遗传性能。按系谱选择犊牛及青年母牛,应重现最近三代祖先。因为祖先愈近,对该牛的遗传影响愈大,反之则愈小。系谱一般要求三代清楚,即应有祖代牛号、体重、体尺、外貌、生产成绩(图3-20)。

图3-20　哺乳母牛

　　按生长发育选择,主要以体尺、体重为依据,其主要指标是初生重、6月龄体重、12月龄体重、日增重及第一次配种及产犊时的年龄和体重,有的品种牛还规定了一定的体尺标准。

　　新生犊牛有明显的外貌与遗传缺陷,如失明、毛色异常、异性双胎母犊等,就失去了饲养和利用价值,应及时淘汰。在犊牛发育阶段出现四肢关节粗大,肢势异常,步伐不良,体型偏小,生长发育不良,也应淘汰。育成牛阶段有垂腹、卷腹、弓背或凹腰,生长发育不良,体型瘦小;青年牛阶段有繁殖障碍、不发情、久配不孕、易流产和体型有缺陷等诸多现象的牛只应一律淘汰。

　　(二)生产母牛的选择

　　生产母牛主要根据其本身表现进行选择。包括泌乳性能、体质外貌、体重与体型大小、繁殖力(受胎率、胎间距等)及早熟性等性状。

二、选配原则与选配计划

公牛的生产性能与外貌等级应高于与配母牛等级。优秀公母牛采用同质选配、品质较差母牛采用异质选配。但是一定要避免相同缺陷或不同缺陷的交配组合。除育种群中采用近亲交配外，一般牛群应控制近亲。

首先应审查公牛系谱、生产性能、外貌鉴定、后裔测定资料（包括各性状的育种值，体型线性柱形图及公牛女儿体型改良的效果）和优缺点等。然后考虑本场牛群基本情况，绘制牛群血统系谱图，进行血缘关系分析。并对牛群生产水平与体型按公牛、胎次、年度等进行分析，并且和以前（或上一个世代）比较，从而提出需要改进的具体要求和指标。同时，分析历年来牛群中优秀的公母牛个体，选出亲合力最好的优秀公母牛组合。如果过去的选配效果良好，即可采用重复选配；对已证明过去选配效果不理想的个体，要及时进行适当调整；对没有交配过的母牛，可参照同胞姊妹和半同胞姊妹的选配方案进行，也可做为初配母牛进行选配。

肉牛场在选用冷冻精液过程中，一定要从种公牛站获取上述资料，结合本场母牛的血统、生产性能和体型鉴定结果进行选配，不能因为种公牛改良站的冷冻精液都是良种而盲目使用，以免造成近亲繁殖或同质遗传缺陷重合。

三、选配方法

（一）同质选配

同质选配的原则是好的配好的，产生更好的后代，正如农谚所说"公的好，母的好，后代错不了""母牛好，好一窝，公牛好，好一坡"。一般地，为了保证本品种的优良特征特性，进行同质选配。同质选配决不允许所选的公母牛有共同的缺点，因为这样的选配，将会使缺点更加巩固。同质选配也可使隐性有害基因得到纯合，出现适应性差、生活力低的现象。因此，要注意加强选择，淘汰体质衰弱或有遗传缺陷的个体。

（二）异质选配

利用体型外貌和生产性能不同的公母牛进行交配,目的是获得双亲有益品质的结合。一是选择具有不同优异性状的公母牛交配,以期两个性状结合在一起,从而获得兼有双亲不同优点的后代。二是选择同一性状但优劣程度不同的公母牛交配,以期优良性状改良不良性状,达到目的后再转入同质选配。异质选配可以提高双亲的差异性,增加新类型,提高生产力和适应性。为了创造高产群体和新品种,可用不同品种的牛进行异质选配。

同质选配和异质选配是相对的,两者在生产实践中是互为条件、相辅相成的。两者不能截然分开,只有将两者密切配合,交替使用,才能不断提高和巩固整个牛群的品质。

四、选配方式

（一）个体选配

根据每头母牛的个体特性、来源、外貌和生产性能以及过去的选配效果,选择最优秀的种公牛进行交配。在这样的选配中获得优良的公牛比母牛更为重要。这种形式的选配多在育种场进行。

（二）群体选配

这种选配的本质是把母牛根据其来源、外貌特点和生产性能进行分群,根据各母牛群的特点来选择 2 头以上比该牛群优良的种公牛,以 1 头为主,其他为辅。这种选配方式多应用于生产场或人工授精站,也可应用于育种场。

第四节　商品肉牛杂交配套体系

不同品种牛的遗传性存在差异,两品种杂交可以产生杂交优势,这是肉牛杂交改良的基本原理。杂交优势是指品种品系间产生的杂种,往往在生活力、生长速度、生产性能、适应性等方面在一定程度上优于两个亲本种群平均值的现象。肉牛的杂交改良可以在不同的本地品种之间进行,也可以在本地品种与国外的肉牛品种之间进行。本地品种与国外品种之间的遗传差异大,获得的杂交优势也比较明显,因此这种杂交改良的方式应用也较多。例如,我国引用外来品种与当地黄牛杂交,在杂交后代保留黄牛对当地自然条件的适应性、抗病力强、耐粗饲粗放管理的优点基础上,吸收了外来品种体躯高大、增重快、饲料利用率高、产肉性能好等优点而获得杂交优势。到一定程度通过近交育种,固定所希望的性状,经过长期选育就可培育出一个体型外貌好、生产性能高而且又能适应当地自然环境条件的新品种。比如西门塔尔杂交牛群(图3-21)。

图3-21 西门塔尔杂交牛群

亲缘关系较远的个体间杂交,其基因优劣交错,长短互补。因为杂种能表现双亲的优点而掩盖双亲的缺点,所以杂种牛往往表现出明显优于双亲的杂种优势,其经济性能大大高于其双亲。据国外研究报道,通过品种间杂交,可使杂种后代生长快,饲养效率高,屠宰率高,比原纯种牛多产肉15%左右。

除了品种间的杂交而外,国内早就在不同牛种间进行杂交,如黄牛与牦牛间的杂交。美国曾以几个肉牛品种与美洲野牛杂交并培育出名叫"比法罗"的新的肉牛品种,这种牛既耐热又抗寒,耐粗放,肉质好,增重快,肉的生产成本比普通牛降低40%。

在国际市场上,对肉牛的生产效率及牛肉质量的要求很高。例如,牛肉的质量包括嫩度、大理石花纹、牛肉外包裹适量的脂肪、牛肉的货架期及牛肉的营养成分等。单一品种的肉牛所生产的牛肉难以满足很多指标的要求,因此对肉牛进行杂交改良,以取长补短,满足高档牛肉生产的需要。

一、肉牛杂交利用

肉牛按杂交的目的,可把杂交分为育种性杂交和经济性(商品性)杂交两大类。前者包括级进杂交、导入杂交和育成杂交;后者包括简单经济杂交(二元杂交)、复杂经济杂交(如三元杂交)、轮回杂交和终端公牛杂交等。

(一)育种性杂交

1. 级进杂交 这是一种改造性杂交,以性能优越的品种改造或提高性能差的品种常用的杂交方法。具体做法是:以优良品种的公牛与低产品种母牛交配,所产杂种一代母牛再与该优良品种公牛交配,产下的杂种二代母牛继续与该优良品种公牛交配;按此法可以得到杂种三代及四代以上的后代。当某代杂交牛表现最为理想时,便从该代起终止杂交,以后即可在杂种公母牛间进行横交,固定已育成的新品种。杂交模式如图3-22。

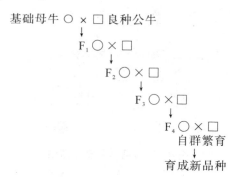

图3-22 级进杂交示意图

在肉牛生产上,级进杂交的代数不宜过高。因为代数越高,虽然愈接近改良品种,但往往使杂种个体的生活力、适应性、耐粗饲的能力以及体质全面下降,结果适得其反。适宜的级进代数应该是在停止杂交时要求杂种牛的生产性能高,并保留适应当地自然条件的特征特性。一般杂交至 3～4 代,即含外血 75%～87.5% 为宜。

2. **导入杂交** 这是一种改良性杂交。当某一个品种具有多方面的优良性状,但还存在个别的较为显著的缺陷或在主要经济性状方面需要在短期内得到提高,而这种缺陷又不易通过本品种选育加以纠正时,可利用另一品种的优点采用导入杂交的方式纠正其缺点,而使牛群趋于理想。

导入杂交的特点是在保持原有品种牛主要特征特性的基础上通过杂交克服其不足之处,进一步提高原有品种的质量而不是对原品种彻底改造。例如秦川牛是我国著名的地方良种黄牛,具有体躯高大,结构匀称,遗传稳定,肌肉丰满,肉质细嫩,瘦肉率高,早熟等优点,但也有尖尻斜尻,股部肌肉不充实等缺点。因此,十几年来,西北农林科技大学的育种专家和技术人员,对秦川牛进行了本品种选育和引入肉用短角牛、丹麦红牛、西门塔尔牛进行导入杂交、加强了秦川牛后躯的发育,基本克服了尖斜尻缺点。

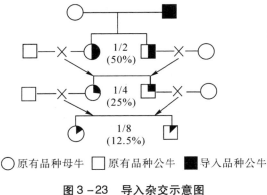

○原有品种母牛 □原有品种公牛 ■导入品种公牛

图 3-23　导入杂交示意图

　　在应用导入杂交时,导入外血的量一般在 1/4 至 1/8 范围内。导入外血过高,不利于保持原品种特性。如原品种与导入品种在主要生产性能及特征特性方面差异不大时,再回交一代(含 1/4 外血)后就可暂时在引血群内横交;如差异过大,则应再回交二代(含 1/8 外血)后进行横交。

　　3. **育成杂交**　这是一种常用来培育新品种的杂交方法,又叫创造性杂交。它是通过两个或两个以上的品种进行杂交,使后代同时结合几个品种的优良特性,扩大变异的范围,显示出多品种的杂交优势,并且还能创造出亲本所不具有的新的有益性状,提高后代的生活力,增加体尺和体重,改进外形缺点,提高生产性能,有时还可以改善引入品种不能适应当地特殊的自然条件的生理特点。

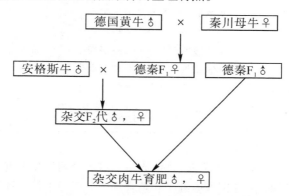

图 3-24　商品肉牛三元杂交模式图

　　育成杂交在培育肉牛新品种,提高生产性能和改善肉质方面发挥了重要作用。近 30 年来,国外采用育成杂交方法培育肉牛新品种 21 个。例如美国亚热带地区用婆罗门牛与短角牛杂交,育成了圣格鲁迪牛;用婆罗门牛与安格斯杂交,育成婆罗格斯牛;用婆罗门牛与夏洛来牛杂交,育成夏勃来牛;用美洲野牛、夏洛来牛及海福特牛育成了比法罗牛。南非以本地品种的血液为主育成了邦斯玛拉牛。加拿大用荷斯坦牛、海福特牛和瑞士褐牛杂交育成康丸牛,其犊牛平均日增重 1 600 g 以上,周岁体重达 500 kg 左右。

在进行杂交繁育时,必须考虑杂交亲本的特征特性、生产性能和适应性等,选出较为理想的杂交组合。例如为了把欧洲牛的高产性能和瘤牛适应热带及亚热带气候的特性结合起来,采用育成杂交的方法,育成了婆罗福特牛、肉牛王、辛地褐牛、抗旱王、邦斯玛拉牛等品种(见表3-6)。

表3-6 国外肉牛品种及其亲本血液比例

品种	品种杂交的亲本血液比例
肉牛王	1/2 婆罗门牛 +1/4 海福特牛 +1/4 短角牛
邦斯玛拉牛	5/8 非洲瘤牛 +3/16 海福特牛 +3/16 短角牛
勃来福牛	1/2 婆罗门牛 +1/2 海福特牛
圣格鲁迪牛	3/8 瘤牛 +5/8 夏洛来牛
墨瑞灰牛	1/2 安格斯牛 +1/2 短角牛
夏福特牛	1/8 婆罗门牛 +1/2 夏洛来牛 +3/8 海福特牛
辛地褐牛	3/8 辛地红牛 +5/8 瑞士褐牛
勃来格斯牛	3/8 婆罗门牛 +5/8 安格斯牛
夏勃来牛	13/16 夏洛来牛 +3/16 婆罗门牛

我国肉牛育种工作起步较晚,先后引进国外肉牛品种进行育成杂交培育出三河牛、中国草原红牛和新疆褐牛。三河牛是由呼伦贝尔草原的蒙古牛和许多外来品种经过半个多世纪的杂交选育而成的,含有西门塔尔牛、霍尔莫戈尔牛、西伯利亚牛和蒙古牛的血统。中国草原红牛是由内蒙古引进兼用型短角牛改良蒙古牛而育成的,具有体质结实,结构匀称,毛红色或深色,生产性能较高,遗传性稳定,适应性强,经济效益显著等特点,在以放牧为主的饲养条件下,18 月龄阉牛体重达 300 kg。屠宰率 52% 以上,蛋白质含量 19% ~ 20%。新疆褐牛是引用瑞士褐牛和阿拉托乌牛对本地黄牛进行杂交改良,经长期选育而成。

（二）经济杂交

1. 简单经济杂交　即两个品种之间的杂交,又称二元杂交,所产杂种一代,不论公母均不留作种用,全部作商品用。在我国主要用西门塔尔、利木赞、短角、夏洛来、皮埃蒙特、德国黄牛或比利时蓝牛作父本,改良地方良种黄牛,繁殖杂一代肉牛,将其中繁殖性能及体型良好的母牛作为三元杂交母本留用,其余肉牛全部育肥屠宰。

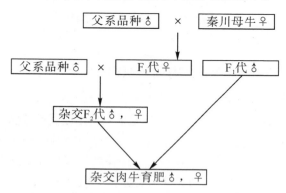

图 3-25　商品肉牛二元杂交模式图

2. 复杂经济杂交　即用三个或三个以上品种之间杂交,杂交后代亦全部作商品肉牛用。如三品种牛作经济杂交时,甲品种与乙品种牛杂交后产生杂种一代,其母牛再与丙品种公牛杂交,所产生的杂种二代,无论公母,全部作商品肉牛出售。对于杂种一代公牛也均作肉牛处理。

3. 轮回杂交　这是在经济杂交的基础上进一步发展起来的生产性杂交。国外在肉牛生产中广泛采用轮回杂交,如二元轮回杂交和三元轮回杂交。它是以两个或两个以上品种的公母牛之间不断的轮流进行交配,其目的在于使杂交各代都可保持一定的杂交优势,具有较高的生活力和生产性能,表现为初生体重大,生长发育快,产肉性能好,对环境的适应性强,饲料消耗少。

4. 终端公牛杂交体系　终端公牛杂交又称终端杂交,就是先用 B

品种公牛与 A 品种纯种母牛配种,F_1 代母牛(BA)再用第三品种 C 公牛配种,F_2 代无论公母全部作经济利用。那么,C 品种的公牛叫终端公牛,这种杂交方式叫终端公牛杂交体系。

近年来,国外肉牛生产采用将轮回杂交与终端公牛杂交体系相结合,即轮回杂交产生的母牛保留 45% 用作轮回杂交,其余 55% 的母牛,选用生长快、肉质好的母牛个体用另一品种公牛(终端公牛)配种,以期减少饲料消耗,增加牛肉生产效率。据研究,采用两品种轮回的终端公牛杂交体系,其所生犊牛平均体重增加 21%,三品种轮回的终端公牛杂交体系可提高 24%。

二、肉牛杂交改良的方向与原则

肉牛杂交改良必须坚持一定的方向和原则:要进行市场调研与预测,发展适销对路的商品肉牛;要有效地利用当地资源,充分发挥当地优势,特别是饲料资源优势应作为考虑重点;要保持当地牛的优良特性,例如耐粗饲、适应性强等特性;对引用的外来品种作父本,必须符合原种标准;一个区域采用品种不能过多,确定 1~2 个最佳组合予以推广;杂种后代母牛用作繁育母牛,公牛肥育屠宰,利用杂种母牛实施三元轮回杂交,效果更佳;杂交改良中注意发展和培育新的品系(品种)。

三、杂种优势的利用

(一)杂种优势的表现

杂种优势是指杂种后代(子一代)在生活力、生长发育和生产性能等方面的表现优于亲本纯繁群体。杂种优势是当今畜牧业生产中一项重要的增产技术,已广泛应用于肉牛生产,为提高畜牧业经济效益做出了巨大贡献。

但也应注意到,杂种并不是在所有性状方面都表现优势,有时也会出现不良的效应。杂种能否获得优势,其表现程度如何,主要取决于杂交用的亲本群体质量和杂交组合是否恰当。如果亲本缺少优良基因,或双亲本群体的异质性很小,或者不具备充分发挥杂种优势的饲养管理条件等,都不能产生理想的杂种优势。

因此,杂种优势利用的完整概念,既包括对杂交亲本种群的选优提纯,又包括杂交组合的选择和杂交工作的组织,它是一整套综合措施。

(二)配合力测定与杂种优势的度量

1.**配合力测定**　配合力是指种群通过杂交能够获得杂种优势的程度,即杂交效果的大小。各种群间配合力大小不一,只有通过杂交试验进行配合力测定才能选出理想的杂交组合。

配合力有两种,一种叫作一般配合力,另一种叫作特殊配合力。一般配合力指的是一个种群与其他各种群杂交所能获得的平均值。如果一个品种与其他各品种杂交经常能够获得较好的效果,那么它的一般配合力就好。如我国秦川牛与许多品种肉牛交杂效果好,说明它的一般配合力好。一般配合力的遗传基础是基因的加性效应。特殊配合力是指两个特定种群之间杂交所能获得超过一般配合力的杂种优势。它的遗传基础是基因的非加性效应。一般杂交试验进行配合力测定,主要测定特殊配合力。为了便于理解两种配合力的概念,可用图 3 – 26 加以说明。

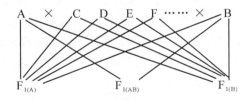

图 3 – 26　两种配合力概念示意图

从上图可以看出,A 种群的一般配合力 $F_{1(A)}$ 为 A 种群与 B、C、D、F、E……各种群杂交产生的各杂种一代某一性状的平均值;B 种群的一般配合力 $F_{1(B)}$ 为 B 种群与 A、C、D、F、E……各种群杂交所产生的各杂种一代该性状的平均值;$F_{1(AB)}$ 为 A、B 两种群杂交产

生的杂种一代该性状的平均值。那么,A、B 两种群的特殊配合力为:

$$F_{1(AB)} = \frac{1}{2}\left[F_{1(A)} + F_{1(B)} \right]$$

特殊配合力一般以杂种优势值表示。

2. 种优势的度量 杂种优势的大小,一般以杂种优势值来表示,即 $H = \overline{F}_1 - \overline{P}$ 式中,H 是杂种优势值,$\overline{F}_1$ 是一代杂种平均值,$\overline{P}$ 是两亲本群体纯繁时的平均值。

为了便于多性状间相互比较,杂种优势值常用相对值来表示,即杂种优势率表示,其计算公式如下。

$$H(\%) = \frac{\overline{F_1 - P}}{P} \times 100$$

(三)提高杂种优势的措施

1. 杂交亲本的选优与提纯 亲本的好坏和纯度直接影响杂种优势利用的效果,因为杂种从亲本获得优良的、高产的基因是获得杂种优势的基础。有了优秀的亲本和恰当的杂交组合,才能获得明显的杂种优势。

"选优"就是通过选择使亲本群体高产基因的频率尽可能增加。"提纯"就是通过选择和近交使得亲本群体在主要性状上纯合基因型频率尽可能扩大,个体间差异尽可能缩小。亲本群体愈纯,杂交双方基因频率之差也愈大,杂种优势就愈明显。选优与提纯同步进行,才能有效提高杂种优势的效果。杂交亲本选优与提纯的主要方法是实行品系繁育和近交等方法。

2. 确定最佳杂交组合 有了优良的杂交亲本群体,还要通过杂交试验选出品种或品系间的最佳杂交组合。为了获得最优的杂交组合,应考虑选择那些在分布上距离较远、来源差别较大、类型特点不同的品种或类群作为杂交亲本。

在生产中,杂交亲本的选择应按照父本和母本分别选择。

母本的选择 要选择本地区数量多、适应性强的品种或品系作母本;良好的母本应具有繁殖力强、母性好、泌乳力强等特点。

3.建立专门化品系和杂交繁育体系　所谓专门化品系就是优点专一,并专作父本或母本的品系。利用专门化品系杂交可以获得显著的杂种优势。例如,在肉牛生产中,建立繁育性能高的母本品系,同时建立生长快、饲料利用率高的父本品系,通过杂交试验,确定最优杂交组合,能获得超出一般水平的理想效果。

为了确保杂种优势利用工作的顺利开展,应特别重视建立杂交繁育体系,即建立各种性质的规模肉牛场。目前建立的杂交繁育体系有三级杂交繁育体系和四级杂交繁育体系:

三级杂交繁育体系即建立良种肉牛育种场、一般肉牛繁殖场和商品肉牛场。肉牛育种场的主要任务是选育和培育杂交亲本;一般繁殖场主要进行纯种肉牛繁殖,为商品肉牛场提供父母本;商品肉牛场主要进行杂交生产商品肉牛。这种繁育体系适宜于两个肉牛品种杂交生产。

四级杂交繁育体系是在三级杂交繁育体系的基础上加建一级杂种母本繁殖场。开展三品种杂交的地区要建立四级杂交繁育体系。

四、肉牛杂交组合典型实例

(一)皮埃蒙特牛杂交效果

皮埃蒙特牛属中等体型肉牛,全身肌肉丰满,肌块明显暴露,颈短厚,身体呈现圆桶状,体躯较长,臀部外缘特别丰圆。该品种牛肉嫩,皮薄,骨细,结构紧凑。肉用性能好,屠宰率和瘦肉率高。早期增重快,0~4月龄日增重为1.3~1.5 g,饲料利用率高,成本低,肉质好。周岁公牛体重400~430 kg,12~15月龄体重达400~500 kg,每增重1 kg消耗精料3.1~3.5 kg。据测定,该品种牛屠宰率达60%~70%,净肉率60%,瘦肉率82.4%,骨量只占13.6%,脂肪极少,仅为1.5%优于其他牛种。

表3-7　几个肉牛品种的肉用性能指标对比

项目	皮埃蒙特	利木赞	夏洛来	西门塔尔	黑白花
屠宰率(%)	67.0~70.0	61.0	62.0	60.9	55.0
净肉率(%)	60.0	50.0	51.0	49.5	43.0
瘦肉率(%)	82.4	65.0	66.5	49.5	43.0
眼肌面积(cm²)	121.8	80.0	107.9	84.9	62.0

我国从1986年引进意大利皮埃蒙特牛后,通过冷冻精液和胚胎移植的方式,现已在河南、黑龙江、河北、吉林、山西、陕西、湖北、辽宁、安徽、江西、天津和北京等省市推广应用,其中以河南、陕西、山西、山东等省居多。从各地皮埃蒙特牛与本地黄牛广泛开展的杂交试验效果来看,皮杂后代(皮×本)不仅在体重和日增重等生长性能指标上获得显著提高,屠宰后的各项指标也都有不同程度的提高,表现了明显的杂种优势,获得了较为显著的效果。

1. **杂交后代的初生重、平均日增重、周岁体重、屠宰率等均有不同程度的提高,经济效益显著**　陕西省西安市政府引进皮埃蒙特牛后,分别在西安市蓝田县李后乡、玉山乡及临渔区雨金乡与当地秦川牛进行杂交试验。从1995年下半年开始到1997年底已产皮×秦 F_1 代牛98头,对所产杂种牛进行了生长发育测定、集中饲养肥育观察及屠宰试验测定。皮×秦 F_1 代初生重、6、12、18、24月龄重分别比秦川牛高出12.78%、4.76%、5.09%、12.06%、19.41%,充分说明皮×秦 F_1 代初生重大,生长发育比秦川牛快,特别是12月龄后更为明显。在蓝田县采取同期同龄,体重相似的皮×秦 F_1 代、利×秦 F_1 代、秦川牛各4头,经过短期130 d育肥试验后屠宰测定,皮×秦 F_1 代屠宰率比利×秦 F_1 代及秦川牛分别高0.88%和3.73%;皮×秦 F_1 代净肉率比利×秦 F1 代及秦川牛分别高4.50%和7.05%。

2. **牛肉品质得以保持,并有提高的趋势**　众所周知,皮埃蒙特牛瘦肉含量高,并且脂肪含量低,比一般牛肉低30%,眼肌面积大,生产高档牛肉的价值最大。在意大利,皮埃蒙特牛的牛肉价格一般比普通牛肉高 40%,通过对杂交改良后代的观察,发现皮本杂交后代也表现了很好的效果。

1989 年在北京对皮埃蒙特牛与南阳牛的杂交后代进行了 224 d 的连续育肥,并作屠宰后的肉质对比试验。结果表明,眼肌面积为 114.1 cm^2,比南阳牛(眼肌面积为 88.5 cm^2)高出 28.93%。另外在理化性状、肉质和适口性方面,杂种牛保持了中国黄牛多汁、嫩度好、口感好、风味可口的特点,且脂肪含量低。

1997 年 7 月 10 日,中国农业科学院畜牧研究所营养分析中心试验室对皮埃蒙特杂交牛与鲁西黄牛的牛肉样品进行营养成分分析,结果表明,皮埃蒙特杂交牛牛肉比鲁西牛牛肉的蛋白质含量高28.61%,脂肪低 30.61%;而人体营养需要的 8 种主要氨基酸和不饱和脂肪酸及亚油酸的含量,皮埃蒙特杂交牛牛肉均高于鲁西黄牛牛肉。因此,皮埃蒙特杂交牛牛肉具有高蛋白、低脂肪和多汁性等优点,同时营养水平亦较高,对人体健康有好处。

3. 杂交后代肉用体型明显改善　河南省新野县对皮×南 F$_1$ 代 432 头犊牛进行了调查,并与南阳牛作对比,发现杂种牛较好地纠正了南阳牛前胸及后躯欠发达的不足之处。皮南 F$_1$ 代从初生重、日增重、体尺变化等各个方面与南阳牛相比有明显的提高,充分显示了杂种优势。皮南 F$_1$ 代犊牛初生重要比本地牛高出 25% 以上,毛色接近父本,皮×南 F$_1$ 代身腰加长,后臀丰满。

(二)西门塔尔牛杂交利用效果

1. 国外杂交利用效果　西门塔尔牛由原产地瑞士引入他国后,形成了众多的种系。如德国和奥地利称为弗列克维牛,法国有蒙贝利亚牛、东方红白花牛和黄斑牛,俄罗斯称为西门塔尔牛和塞切夫牛,捷克称为红白花牛等等。在东欧和西欧各国都是乳肉兼用型,引入北美和南美后培育成纯肉牛型,以加拿大和美国的西门塔尔牛体型最大,在美国还育成了全黑色西门塔尔牛和全黄色西门塔尔牛。在阿根廷和巴西等肉牛大国,为放牧类型。在南非、纳米比亚和博茨瓦纳,为肉乳兼用型。

在美国西门塔尔牛与婆罗门牛经复杂杂交育成了辛婆罗牛,是热带的主要肉牛品种。西门塔尔牛在世界肉牛生产体系中使用日益广泛。

2. 国内西门塔尔牛的杂交利用效果 西门塔尔牛是我国引入较早,育种工作做得较好的一个品种。20 世纪 50 年代从苏联引进,70年代至 80 年代又从原西德、瑞士、奥地利大量引进,1987 年又从法国引入西门塔尔牛(蒙贝利亚牛)。这些牛除在一些国营牛场纯繁外,还参与形成中国培育品种牛,主要用于改良我国黄牛,其杂交改良后代大约占我国各类杂交改良牛的 50%。另外,经过多年的选育,育成了中国西门塔尔牛新品种。

3. 西门塔尔牛改良我国地方黄牛效果 孙鹏举、贾恩堂(1991)对通辽地区、王爱民(1992)对河北省黄牛杂交改良情况调查,西杂一代、二代、三代均具有父本特征。初生重、6 月龄重、12 月龄重、18 月龄重、24 月龄重杂交牛均比当地黄牛有所提高。西杂三代在常年放牧加短期补饲的条件下,18 月龄的屠宰率为 53.3%,36 月龄时达57.3%;净肉率分别为 41.7% 和 47.6%。短期强度育肥,宰前活重达到 576 kg 时,屠宰率为 61.7%,净肉率为 51.9%。

(四)其他肉牛杂交改良效果

我国自 20 世纪 70 年代以来,除引入皮埃蒙特牛、西门塔尔牛外、还引入了许多肉牛品种如利木赞牛、夏洛来牛、海福特牛、安格斯牛等,在各地开展了杂交改良本地黄牛的研究与示范推广工作,使我国黄牛的数量、质量得以迅速发展,取得了明显成效,育成了三河牛、中国草原红牛、新疆褐牛等新品种,同时在各地还开展了广泛的经济杂交改良。杂交的主要方式是比较单一的二元杂交,杂交一、二代等不同代次的杂交牛相继出现在不同省份和地区如西杂牛、利杂牛、夏杂牛、短杂牛、安杂牛等等,取得了杂交一代在初生重、体型、日增重、肉质等方面明显的杂交优势。

据朱芳贤等(2004)对云南省肉牛杂交改良效果进行调查研究,

通过对农户饲养条件下的不同引入品种短角牛、西门塔尔牛、安格斯牛与本地牛的杂交后代及本地牛的初生重、6 月龄、12 月龄、18 月龄、24 月龄的体重、体尺测定和经济效益调查分析,结果表明,云南黄牛个体较小,后躯发育差,杂交改良后,胸围、十字部高、坐骨端宽等主要体尺都有了极显著提高,同时胸围和坐骨端宽与十字部高的比例也有了明显提高。初生重、6、12、18、24 月龄平均体重云南黄牛分别为13.1 kg、91.0 kg、123.3 kg、159.5 kg 和 176.0 kg,短杂牛分别比云南黄牛高 9.8 kg、37.6 kg、70.3 kg、58.6 kg 和 86.8 kg,西杂牛分别比本地牛高 11.68 kg、17.38 kg、81.82 kg、80.70 kg、137.18 kg,安杂牛分别比本地牛高 11.90 kg、69.53 kg、79.16 kg、79.40 kg、89.51 kg。6 月龄杂交牛的体重超过 1 岁云南黄牛的体重,1 岁短杂牛、安杂牛和西杂牛的体重比 2 岁云南黄牛的体重还分别高 17.6 kg、31.0 kg 和24.7 kg。养一头杂交牛的经济收入比养本地牛高 49% ~ 231%。短杂牛、安杂牛初生重和各阶段体重没有显著差异,西杂牛的体尺发育优于短杂牛,初生重比短杂牛高 2.87 kg,24 月龄体重比短杂牛高 48.64 kg,差异显著,但 6 月龄、12 月龄和 18 月龄体重无显著差异。杂交牛的早期日增重明显高于云南黄牛,初生到 12 月龄的日增重云南黄牛平均为 302 g,短杂牛比云南黄牛高 166 g,安杂牛比黄牛高 185 g,西杂牛比黄牛高 192 g。从初生到 24 月龄云南黄牛平均日增重为 223 g,西杂牛、短杂牛和安杂牛日增重比本地牛分别多 172 g、106 g 和106 g。

第五节　肉牛的繁殖技术

一、牛的生殖生理

(一)牛的发情与排卵

发情是母牛性活动的表现,是由卵巢上的卵泡发育引起、受下丘脑—垂体—卵巢性腺轴调控的生理现象。

1. 发情的征状　主要表现为卵巢、生殖道、外阴部和行为的变化。

2. 发情周期　发情前期、发情中期、发情后期、间情期。

发情前期　母牛常爬跨其他母牛,从阴道流出稀薄、透明的黏液,阴户开始发红、肿胀,但此时不让其他母牛爬跨。

发情中期　性欲旺盛,流出的黏液量增多,且黏稠、不透明,被其他母牛爬跨时,安静不动,有的弓腰、举尾、频频排尿,呈现愿意接受交配的样子。

发情后期　接近排卵时,又表现不让其他母牛爬跨,其他症状(如黏液量、透明度、阴户红肿等)都较中期差。

3. 异常发情　母牛的发情由于受多种因素的影响,一旦母牛发情超出正常规律,就是异常发情。主要有以下几种:

隐性发情　就是母牛发情没有明显的性欲表现,常多见于产后瘦弱母牛。其原因是促卵泡生成素和雌激素分泌不足、营养不良等原因造成的。另一方面值得注意的是母牛的发情持续时间较短,冬季在舍内饲喂时间较长,最容易漏情。

假发情　母牛的假发情有两种情况:一是有的母牛已配种怀孕而又突然表现发情,接受其他牛爬跨;二是外部虽有发情表现,但卵巢内无发育的卵泡,最后也不排卵。前者,在进行阴道检查或直肠检查时,子宫外口表现收缩或半收缩,无发情黏液,直肠检查能摸到胎儿。后者,常表现在患有卵巢机能不全的育成牛和患有子宫内膜炎的母牛身上。

持续发情　正常母牛的发情持续时间较短,但有的母牛连续发情 2~3 d 以上。

卵巢囊肿　主要是由于不排卵的卵泡不断发育、增生、肿大、分泌过多的雌激素,造成母牛发情时间延长。

母牛的发情周期,大体上在 19~23 d 的范围内,平均为 21 d。由于环境条件、个体等不同,发情周期的长短也有些差异,如夏季稍长,冬季稍短;初产牛稍短,经产牛稍长;瘦牛稍短,肥牛稍长等。

母牛发情的持续时间,大体上为半天到 1 d,长者可达 3~4 d,短者只 10 h 左右,平均为 21.6 h 左右。一天中,一般上午发情的占 60% 左右;下午发情的占40%左右,特别是早晨4~6点钟开始发情的较多。

（二）发情鉴定技术

1.外观试情法 可以从母牛性欲、性兴奋、外阴变化等方面观察。

2.直肠检查法 将五指并拢呈锥状,慢慢插入肛门伸入直肠,然后分数次掏出直肠内的粪便,而后在直肠内将手掌展开,掌心向下,按压捂摸手心下的组织,在骨盆底部触摸到子宫颈,然后分别检查两侧卵巢上卵泡的发育情况。

（三）配种适期

1.初配母牛的配种适期 青年母牛的初配,首先决定于个体生长发育的情况,不同品种的牛应考虑它的体重和年龄指标来确定初配适龄。青年母牛达到15月龄以上、体况发育适中、体重达成年母牛70%以上即可配种。

2.母牛发情期的配种时间 对发情期的母牛,最适宜的配种时间,应掌握在发情末期至发情终了后3~4 h为好。

3.产后第一次发情配种 母牛产后子宫完全恢复约需40 d左右,当有发情表现时,应及时配种,目前养牛者多数是掌握在产后50 d左右配种。

二、肉牛常规繁殖技术

人工授精是指借助于专门器械,用人工方法采取公牛精液,经体外检查与处理后,输入发情母牛的生殖道内,以代替公、母牛自然交配,使其受胎的一种繁殖技术。输精方法以直肠把握法为主,术者手臂伸入母牛直肠,掏出积存的粪便,再慢慢伸向前方,以四指隔着直肠壁向下抓住子宫颈,持输精器由阴门插入,先向上倾斜插入一段,以避开尿道口,而后再一直向前插至子宫颈口,此时两手配合,将输精器的前端导入子宫颈口处,再慢慢插入8~10 cm,随即注精,然后将输精器抽出。

（一）冷冻精液生产

1.种公牛的质量要求 肉用种公牛的体质外貌和生产性能均应符合

品种的种公牛特级和一级标准,经后裔测定后方能作为主力种公牛。肉用性能和繁殖性状是肉用型种公牛极其重要的两项经济指标。其次,种公牛须经检疫确认无传染病,体质健壮,对环境的适应性及抗病力强。

2.采精 采精场应选择或建立在宽敞、平坦、安静、清洁的房子中,不论什么季节或天气均可照常进行工作,温度易控制。场内设有采精架以保定台牛或设立假台牛,供公牛爬跨进行采精。室内采精场的面积一般为 10 m×10 m,并附设喷洒消毒和紫外线照射杀菌设备。

3.**精液的稀释**

(1)冷冻稀释液 冷冻稀释液的成分一般应含有低温保护剂(卵黄、牛奶)、防冻保护剂(甘油、乙二醇等)、维持渗透压物质(糖类、柠檬酸钠)、抗生素及其他添加剂。根据配制要求和稀释的需要将冷冻稀释液配制成基础液、Ⅰ液、Ⅱ液三种溶液,以便于在生产中使用。表3-8为几种常用的牛精液冷冻稀释液配方。

(2)稀释 采出的精液在等温条件下立即用不含甘油的第Ⅰ稀释液作第一次稀释,根据精液品质作 1～2 倍稀释。然后,经 40～60 min缓慢降温至 4～5℃,再加入等温的含甘油的第Ⅱ稀释液,加入量为第一次稀释后的精液量。

表3-8 牛用冷冻稀释液配方

稀释液名称		柠檬酸钠液	乳-柠液	葡-柠液	糖类稀释剂
基础液	蒸馏水(mL)	100	100	100	100
	柠檬酸钠(g)	2.9	2.75	1.4	—
	乳糖(g)	—	2.25	—	12.0
	葡萄糖(g)	—	—	—	3
Ⅰ液	基础液(mL)	80	80	80	80
	卵黄(mL)	20	20	20	20
	青霉素(单位)	10万	10万	10万	10万
Ⅱ液	Ⅰ液(mL)	93	93	93	93
	甘油(mL)	7	7	7	7

注:Ⅰ液用作精液的第一次稀释;Ⅱ液用作精液的第二次稀释。

4.**精液的平衡**　将稀释好的精液放入 2 ~ 5℃冰箱内静置 2 ~ 4 h，使甘油充分渗透进入精子体内，产生抗冻保护作用。

5.**冷冻**　凡作冷冻保存的精液均需按头份进行分装。目前广泛应用的剂型有细管型和颗粒型。

（1）细管冷冻　以长 125 ~ 133 mm、容量为 0.25 ml 的聚乙烯塑料细管，在 2 ~ 5℃温度下，通过吸引装置将平衡后的精液进行分装，用聚乙烯醇粉末或超声波静电压封口。事先调整液氮罐中冷冻支架和液氮面的距离（1 ~ 2 cm），使冷冻支架上的温度维持在 – 130 ~ – 135℃。将封好口的精液细管平铺在冷冻屉上，注意彼此不得相互接触，再放置于液氮罐中的冷冻支架上。以液氮蒸气迅速降温，约经10 ~ 15 min，使细管精液遵循一定的降温程序。当温度降至 – 130℃以下并维持一定的时间后，即可收集于精液提筒内，直接投入液氮中。

（2）颗粒冷冻　在装有液氮的容器上放置一薄铝板或金属网，如用聚四氟乙烯塑料板冷冻效果更好。冷冻板和液氮面的距离在0.5 ~ 1.5 cm 之间，使其温度维持在 – 80 ~ – 100℃。待冷冻板充分冷却后，用玻璃吸管吸取精液定量连续滴在冷冻板上，每个颗粒体积为0.1 ml。经过 3 ~ 5 min，精液充分冻结颜色变白、颗粒色泽发亮时，将精液颗粒收集于贮精瓶内，移入液氮内保存。

（二）冷冻精液的保存与运输

制作的冷冻精液，要存放于盛有液氮的液氮罐内保存和运输。液氮的温度为 – 196℃，精子在这样低的温度下，完全停止运动和新陈代谢活动，处于几乎不消耗能量的休眠状态之中，从而达到长期保存的目的。

1.**冷冻精液的保存**　技术人员将抽样检查合格的各种剂型的冷冻精液，分别妥善包装以后，还要做好品种、种牛号、冻精日期、剂型、数量等标记。然后放入超低温的液氮内长期保存备用。在保存过程中，必须坚持保存温度恒定不变、精液品质不变的原则以达到精液长期保存的目的。

冻精取放时，动作要迅速，每次最好控制在 5 ~ 10 s 之间，并及时盖好容器塞,以防液氮蒸发或异物进入。在液氮中提取精液时,切忌把包装袋提出液氮罐口外,而应置于罐颈之下。

液氮易于气化,放置一段时间后,罐内液氮的量会越来越少,如果长期放置,液氮就会耗干。因此,必须注意罐内液氮量的变化情况,定期给罐内添加液氮,不能使罐内保存的细管精液或颗粒精液暴露在液氮面上,平时罐内液氮的容量应该达到整个罐的 2/3 以上。拴系精液包装袋的绳子,切勿让其相互绞缠,使得精液未能浸入液氮内而长时间悬吊于液氮罐中。

2. 冷冻精液的运输 冷冻精液需要运输到外地时,必须先查验一下精子的活力,并对照包装袋上的标签查看精子出处、数量,做到万无一失后方可进行运输。选用的液氮罐必须具有良好的保温性能,不露气、不露液。运输时应加满液氮,罐外套上保护外套。装卸应轻拿轻放,不可强烈震动,以免把罐掀倒。此外,防止罐被强烈的阳光曝晒,以减少液氮蒸发。

(三)冷冻精液的解冻

1. 颗粒冻精的解冻方法 将 1 mL 2.9% 二水柠檬酸钠解冻液放入试管中,在 40℃ 水浴中加温。从液氮中迅速取出 1~2 粒冻精,并立即投入试管中,充分摇动使之快速融化。将解冻精液吸入输精器中待用。这里要提醒大家的是已解冻待用的精液要注意保温,避免阳光直射,并尽快使用不可久置,要求 1 h 内输完。

如果有条件,最好检查一下精子活力,活力在 0.3 以上方可用来输精。如果精液解冻后需要一段时间才能输精,但保存时间不能超过 2 h。

2. 细管冻精的解冻 从液氮罐中迅速取出 1 支细管,立即投入温度在 37~40℃ 的水浴中快速解冻,解冻时间大约 10 秒钟。解冻后用灭菌小剪剪去细管封口再装入输精器中准备输精。

(四)输精

掌握适宜的配种时机,适时配种,是提高受胎率的很重要环节。

给母牛输精的时间一般在母牛表现发情后 10～20 h 内进行,前后输两次。第一次输精的时间安排为:常常清晨发情的母牛在下午输精,近中午发情的母牛在晚上输精,而傍晚发情的母牛则在第二天的上午输精。然后间隔 8～10 h 进行第二次输精。输精部位和方法也影响母牛的受胎率,牛冷冻精液输精采用直肠把握深部输精法。直肠把握输精法是输精人员手臂插入母牛的直肠,把握固定好子宫颈,另一手将输精器经母牛阴道插入到子宫颈内口后注入精液。这种输精方法的特点是,用具简单、操作安全,母牛无痛感而且对初配牛也很适用,并且受胎率高。输精时,要做到轻插、试探、缓注、慢出。

(五)妊娠日期确定

妊娠期就是从受精卵形成开始到分娩为止。由于准确的受精时间很难确定,故常以最后一次受配或有效配种之日算起,母牛妊娠期平均为 285 d(范围 260～290 d),不同品种之间略有差异。

对于肉牛妊娠期的计算(按妊娠期 280 d 计):"月减 3,日加 6"即为预产期。例如:

图 3 -27　哺乳母牛

一母牛 2010 年 9 月 10 日配种妊娠,那么 9 减 3 为 6(月),10 加 6 为 16(日),该牛预产期为 2011 年 6 月 16 日将产犊。

又有一母牛 2010 年 2 月 27 日配种妊娠,那么计算:2(月)减 3 不够,可借 1 年 12 个月,然后减 3,这里为:(2 + 12)减 3,得 11(月);"日加 6",这里 27 加 6 得 33,超过 30 d,则算为 33 减 30 得 3 号,而月份须加 1,所以这头牛的预产期为 2010 年 12 月 3 日。

计算出预产期后,为了安全起见,应在预产期前 3 ~ 5 d,就须仔细观察母牛的表现,做好接产的准备。

三、母牛妊娠诊断与分娩

(一)妊娠诊断

母牛配种后,如能尽早进行妊娠诊断,经过妊娠检查,可确定已经怀孕的母牛,按孕牛对待,加强饲养管理;而未怀孕的牛只,可及时找出原因,尽早采取措施复配。目前,应用普遍的母牛妊娠诊断方法是外部观察法和直肠检查法,另外还有孕酮水平测定、超声波诊断、PCR诊断等多种方法。

(二)母牛分娩

母牛在妊娠期满后,在各种因素(激素、神经、胎儿、免疫学等)的共同作用下,将胎儿、胎膜和胎水经产道排出,这个生理过程称为分娩。

1. 分娩症状

(1)乳房膨大 产犊前约 7 ~ 10 d 左右,乳房急速膨大,至产犊前 2 ~ 3 d,乳房发红、肿胀,乳头皮肤胀紧,当能挤出白色初乳时,分娩可在 1 ~ 2 d 内发生。

(2)外阴部肿胀 外阴部潮红、肿胀、松弛,皱褶消失,黏液增多、湿润,封闭子宫颈口的黏液变软,分娩前 1 ~ 2 d 呈透明絮状物流到阴门外。

(3)骨盆韧带松弛 在分娩前 1 ~ 2 d,骨盆韧带已充分软化,从外部还明显看到尾根两侧肌肉下陷,使骨盆腔在分娩时能稍增大,为顺利分娩做好了准备。

（4）其他方面　如临近产犊，食欲减退或完全消失，起卧不安，也常排出少量粪便，有时出现前躯阵痛，不时地回头顾腹、轻轻举尾等。

2. 分娩过程

（1）开口期　子宫肌开始出现阵缩，阵缩时将胎儿和胎水同时推出子宫颈，迫使子宫颈开放。以后又由于阵缩把进入产道的胎膜压破，胎儿的前置部分顺着胎水进入产道。

（2）胎儿产出　从破水时起，阵痛渐紧，子宫收缩强度和频度都增加，使腹内压显著升高，胎儿通过产道产出。

（3）胎衣排出　胎儿产出后，一般经过 6～8 h 的间歇，子宫肌重新开始收缩，收缩的时间较长，直至胎衣完全排出，阵缩才终止，胎衣排出后，分娩的过程才结束。

（4）分娩时注意事项　①准备好产房：产房要求打扫干净，用 2% 火碱水喷洒消毒，铺上清洁、干燥的垫草。冬季寒冷时可生火炉。②备好消毒药物，如来苏儿、碘酒、高锰酸钾等，以备断脐后消毒脐带用。③母牛临产时，要有人昼夜看管。④分娩开始时，应先用温水或来苏儿水清洗、消毒外阴部，用抹布擦干后躯。⑤阵痛弱的，经 30～40 min 不能自产的，要及时进行助产。⑥胎衣若超过 10 h 还未排出的，要及时请兽医诊治。⑦胎衣排出后，要及时清除，并用来苏儿水洗外阴部，还要用来苏儿水拭洗从阴道中流出的恶露，进行消毒。

3. 助产　一般胎膜水泡露出后约 10～20 min，母牛多卧下，这时，要使牛向左侧卧，以免胎儿受瘤胃压迫而影响分娩。头部正产的应是两前肢托着头先出来，尾部正产的是两后肢先出来。正确的助产方法是：当胎儿头露出阴门外，胎膜未破的，先将其剪破，以免胎儿窒息死亡。但也不能过早"破水"，免得产道干涩，难于产出。当头部通过阴门后，要注意保护阴唇，防止阴唇联合撕裂。一般的助产方法是用消过毒的细绳拴住胎儿两前肢管部（或两后肢管部），交助手拉住，助产者双手伸进产道，用拇指插入胎儿口角，捏住下额，伴随着母牛努责的劲一块用力拉（两条腿交替着拉），用力的方向应斜向肉牛臀部后下方。当胎头通过阴门后，一方面拉的动作要缓慢，防止子宫内翻或脱出。另一方面用双手捂住阴唇及会阴，避免撑破。胎儿腹部通过阴门后,要用手捂住胎儿脐孔部,防止脐带断在脐孔内,并延长断脐时间,使胎儿获得更多血液。

4. 初产犊牛的护理 犊牛产出后,要立即用干抹布将口、鼻的黏液擦净,以利呼吸。若假死,应速将小牛两后肢提起,倒出咽喉部羊水,并进行人工呼吸。脐带自己断裂的,在断处用5%碘酒充分消毒,未断的可距腹部10 cm左右处拉断(最好用手先捻细拉断),然后用碘酒消毒。冬天应先擦干犊牛身上黏液再去处理脐带,避免犊牛着凉。若母牛舔小牛,尽量让它舔。犊牛欲挣扎站立,寻找奶头,此时应尽早让它吃上初乳或帮助吮吸初乳。

四、肉牛繁殖新技术

(一)发情控制

应用某些激素或药物以及饲养管理措施,人工控制雌性动物个体或群体发情并排卵的技术,称为发情控制。

图3-28 经胚胎移植的母牛产的犊牛

1. 诱导发情 诱导单个动物发情并排卵的技术,称为诱导发情。

2. 同期发情 使一群动物在同一时期内发情并排卵的技术,称为同期发情。

3.**超数排卵**　使单个或多个动物发情并排出超过正常数量卵子的技术,称为超数排卵。

（二）胚胎移植

胚胎移植（ET）的含义是将良种母畜的早期胚胎取出,或者是由体外受精及其他方式获得的胚胎,移植于同种的生理状态相同的母畜体内,使之继续发育成为新个体。提供胚胎的母体称为供体,接受胚胎的母体为受体。

图 3-29　胚胎移植过程

图 3-30　受体母牛　　　　图 3-31　用于移植的胚胎

牛胚胎移植的主要技术环节包括:供体母畜和受体母畜的选择,超数排卵,胚胎收集,胚胎的质量鉴定,胚胎移植,移植后供体和受体的观察。

(三)体外受精

体外受精(IVF)是指哺乳动物的精子和卵子在体外人工控制的环境中完成受精过程的技术。

五、提高母牛繁殖性能的措施

影响母牛繁殖力的主要因素有遗传、环境因素、营养、配种时间及人为因素等,通过应用下列措施,都可提高母牛繁殖力。

(一)适时配种

技术人员应经常仔细观察母牛的发情情况,并作必要的记录,应抓住适宜的配种时间,肉牛的最佳配种时间应在排卵前 7~8 h,即发情"静立"后的 12~20 h,受胎率最高。

做好母牛的发情观察,牛发情的持续时间短,约 18 h,25% 的母牛发情征候不超 8 h,而下午到翌日清晨前发情的要比白天多,发情而爬跨的时间大部分(约 65%)在 18 时至翌日 6 时,特别集中在晚上 20 时到凌晨 3 时之间,爬跨活动最为频繁。约 80% 母牛排卵在发情终止后 7~14 h,20% 母牛属早排或迟排卵。据报道,漏情母牛可达 20% 左右,其主要原因是辨认发情征候不正确,怀孕母牛有 5%~7% 会表现发情。

(二)娴熟的配种技术

在对母牛进行人工授精时,应使用品质好、符合标准的冷冻精液,输精操作技术规范熟练,输精器械消毒彻底,保持母牛生殖道清洁卫生,都能促进母牛受胎。

掌握适时输精的技术环节,把一定量的优质精液输到发情母牛子宫内的适当部位,对提高母牛受胎率是非常重要的。牛一般在发情结束后排卵,卵子的寿命为 6~10 h,故牛在发情期内最好的配种时间应在排卵前的 6~7 h。在实际生产中当母牛发情有下列情况时即可输精:(1)母牛由神态不安转向安定,即发情表现开始减弱;(2)外阴部肿胀开始消失,子宫颈稍有收缩,黏膜由潮红变为粉红或带有紫青色;(3)黏液量由多到少且成混浊状;(4)卵泡体积不再增大,皮变薄有弹力,泡液波动明显,有一触既破之感。

(三)克服和减少母牛的繁殖障碍

对于不发情、异常发情、子宫内膜炎、屡配不孕,受精障碍、胚体、胎儿生长、死亡等繁殖障碍母牛,应积极预防。对于先天性和生理性不孕,如母牛生殖器官发育不正常,子宫颈狭窄,位置不正,阴道狭窄、两性畸形、异性孪生犊、种间杂交后代不育,幼稚病应注意选择、淘汰,能治疗的做好综合防治和挽救工作,以减少无繁殖能力肉牛头数。做好饲养场地环境清洁卫生,减少疾病传播。

可在输精的同时净化子宫,以提高受胎率。其方法为在母牛配种前后用红霉素 100 万 IU,蒸馏水 40 ml,稀释后用于子宫净化。也可应用硫酸新斯的明注射液,在配种前 8~12 h 子宫注射硫酸新斯的明用 10 mg 和青霉素 80 万 IU 生理盐水 30~50 ml 混合液。

(四)供给全面均衡的饲料

营养水平低,尤其是蛋白质、矿物质、维生素缺乏,母牛膘情太差,都影响母牛不发情或发情不明显,营养过剩,又会发生卵巢囊肿等疾病及引起死胎现象,影响了繁殖力。因此要使母牛正常发情必须调整营养水平,抓住母牛增膘措施,特别是带犊母牛应加强饲养管理。全面均衡的营养供给是保证肉牛繁殖力的重要措施。特别是对于高产肉牛在妊娠期的营养水平。为牛提供均衡、全面、适量的各种营养成分,以满足牛本身维持和胎儿生长发育的需要。对初情期的牛,应注重蛋白质、维生素和矿物营养的供应,以满足其性机能和机体发育的需要。但对牛的研究表明,特别是过高的营养水平,常可导致公牛性欲及母牛发情的异常。所谓种用牛体质,即是指种牛不应过度肥胖或消瘦。青饲料供应对于非放牧的青年牛很重要,应尽可能给初情期前后的公母牛供应优质的青饲料或牧草。

（五）采取措施，调节环境温度

夏季炎热和冬季严寒时，肉牛的繁殖力最低，死胎率明显增高。春、秋两季气温适宜，光照充足，繁殖效率最高。高温季节应适当增加饲料浓度，选择营养价值高的青粗饲料，延长饲喂时间，增加饲喂次数，降低牛舍温度，增加排热降温措施。

在牛的繁殖管理上，要注意牛场环境的影响，尽可能避免炎热或严寒，特别是前者对牛的影响。实践和研究都证明，炎热对牛繁殖的危害要大大高于寒冷。在炎热季节，重点是加强防暑降温措施。例如，可采取遮阴、水浴、降温等办法。要注意母牛发情规律的记录，加强流产母牛的检查和治疗，对于配种后的母牛，应检查受胎情况，以便及时补配和做好保胎工作。要做好牛的接产工作，特别注意母牛产道的保护和产后子宫的处理。实践证明，给产后母牛灌服初乳或羊水，能促使胎衣排出，大大减少母牛产后的胎衣不下，同时对母牛产后的子宫复旧有一定效果，从而缩短产犊间隔。

为了提高牛的繁殖效率，应当保持合理的牛群结构。基础母牛占牛群的比例以 40% ~60% 比较合理。过高的生产母牛比例，往往使牛场后备牛减少，影响牛场的长远发展；但过低的生产母牛比例，也可影响牛场当时的生产水平，影响生产效益。对于种用牛，要注意运动，以保持牛旺盛的活力和健康的体质，也有利于预防牛蹄病。一般情况下，牛以自由运动为主。对偏肥的种牛，一方面可从营养上进行必要的限制，另一方面，也可通过强迫运动，锻炼其体质。

（六）加强犊牛的培育

对新生犊牛应加强护理，在产犊时，应及时消毒，擦净犊牛嘴端黏液，让犊牛及时吃上初乳；同时要注意母牛的饲养，供给其充足的营养以供生产牛乳，供小牛食用。另外还要作好牛舍消毒，不给小牛不干净、发霉变质的草料。冬天产房要注意保暖，防止贼风吹袭小牛。犊牛生后两周，应供给优质的精粗饲料训练其吃食。发现疾病应及时诊治，避免不必要的损失。

（七）开发母牛潜在的繁殖力

近年来,随着胚胎工程技术的发展,繁殖技术在提高母牛的繁殖力上已发挥出重要作用。比如已采用超数排卵、体外受精和胚胎移植等新技术,加快了肉牛的繁育速度,提高了良种数量。

（八）积极防治牛的不孕症

这是提高牛繁殖力的直接措施。如前所叙,牛的不孕症类型很多,病因也很复杂。因此,必须分门别类,采取综合防治措施。对于先天性和生理性的不孕,如公、母牛生殖器官发育不正常,子宫颈狭窄、位置不正、阴道狭窄、两性畸形、异性孪生母犊、种间杂交后代不育、幼稚病(即功能性不孕)等,应注意选择,淘汰。异性双胎中90%以上母犊先天不孕,应及早淘汰。此外,老龄母牛繁殖力减退,也应及时淘汰更新。对患传染性疾病如布氏杆菌病牛或滴虫病牛,应严格执行传染病的防疫和检疫规定,按规定及时处理。对疑因传染病引起的难孕牛或流产牛,应尽快地查明原因,采取相应措施,以减少传染病的蔓延。对于子宫或卵巢炎症等一类非传染性疾病,应根据发病的原因,从管理、激素治疗等方面着手,做好综合防治工作。

第四章　规模肉牛场的饲料生产

第一节　肉牛营养的基础知识

一、牛的消化特点

牛属于反刍动物,其消化结构和生理功能比猪、鸡等单胃动物要复杂得多。牛的消化道主要包括:口腔、食道、复胃、小肠、大肠及肛门等。其中前胃(瘤胃、网胃)发酵是反刍动物所特有的消化现象。

(一)口腔及唾液的分泌

牛没有上切齿和犬齿,在采食的时候,依靠上颌的肉质齿床,即牙床和下颌的切齿,与唇及舌的协同动作采食。口腔内有 3 对分泌能力极强的唾液腺,即腮腺、颌下腺和舌下腺。前者为浆液型,后两者属混合型。唾液一般具有润湿饲料、溶解食物和杀菌、保护口腔的作用。牛的唾液虽不含有淀粉酶,但含有大量的碳酸氢钠盐和磷酸盐。腮腺一天可分泌含 0.7% 的碳酸氢钠唾液约 50 L,即分泌碳酸氢钠 300～350 g。大量的缓冲物质,可中和瘤胃发酵中产生的有机酸,以维持瘤胃内的酸碱平衡。牛的唾液分泌受饲料的影响较大,喂干草时腮腺分泌量大;喂燕麦时,腮腺与颌下腺分泌量相似;饮水能大幅度降低唾液分泌。因为,瘤胃 pH 取决于唾液分泌量,唾液分泌量取决于反刍时间,而反刍时间又决定于饲料组成,喂粗饲料反刍时间长,喂精料则反刍时间短。换言之,牛喂高粗料日粮,反刍时间长,唾液分泌多,瘤胃内 pH 高,属乙酸型发酵;若喂高精料(淀粉),反刍时间短,唾液分泌少,瘤胃 pH 低,属丙酸型发酵,以至乳酸型发酵。

（二）复胃及瘤胃微生物

牛与其他反刍动物一样,有四个胃室,即瘤胃、蜂巢胃(亦称网胃或第二胃)、瓣胃(亦称重瓣胃或第三胃)、皱胃(亦称真胃或第四胃)(图4－1)。其中以瘤胃和蜂巢胃的容量最大,成年牛的容量大型牛种可达到200 L,小型牛为50 L。这个体积相当于皱胃体积的7～10倍。瘤胃中有着为数庞大的微生物群落,据统计,瘤胃生存着的细菌活菌数高达10^{11}个/mL、瘤胃原虫数量达到$10^4 \sim 10^6$个/mL,瘤胃液中真菌孢子达到$10^3 \sim 10^5$个/mL。这些微生物在饲料降解、消化过程起着关键作用。因为牛采食的饲料种类不同瘤胃内微生物的种类和数量也会发生极大的变化,这些微生物能消化纤维素,因此牛能利用粗饲料,把纤维素和戊聚糖分解成醋酸、丙酸和丁酸等可利用的有机酸,这些有机酸也称挥发性脂肪酸。因为挥发性脂肪酸能通过胃壁被吸收,为牛体提供60%～80%的能量需要。微生物的另一个作用是能合成B族维生素和大多数必需氨基酸,微生物能将非蛋白氮化合物,如尿素等转化成蛋白质。当这些微生物被牛的消化液所消化时,也成为牛体可利用的蛋白质及其他营养物质。

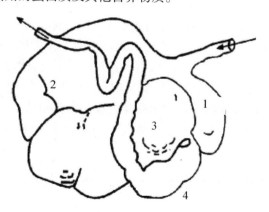

图4－1　牛复胃的构成
1:网胃　2:瘤胃　3:瓣胃　4:真胃

（三）反刍

也叫倒嚼，在采食时，牛的进食速度很快，在采食完毕以后休息时，牛可以将已进入瘤胃的粗饲料由瘤胃返回到口腔重新咀嚼，后再吞咽进入瘤胃的过程，叫反刍。通常牛每天反刍需 10 个小时左右，日粮中粗饲料比例越高，饲料的品质越差，反刍的时间越长。反刍不能直接提高消化率，但是饲料经过反复咀嚼后，饲料的表面积增大，有利于瘤胃微生物的发酵。

（四）嗳气

牛采食的饲料进入瘤胃后，在瘤胃微生物的发酵作用下，会产生大量的二氧化碳、氢以及甲烷等气体，这些气体在反刍时通过食道排出体外的过程，称为嗳气。牛在采食不同的饲料时，嗳气的量会有很大差异，如果短时间内采食大量的易消化饲料，发酵的速度很快，此时如果嗳气不能迅速排出体外，就会引起牛发生瘤胃胀气等病变。

（五）食管沟

食管沟是犊牛所特有的一个消化道结构。犊牛出生时，尤其是新生幼犊，皱胃很发达，而前三个胃则出生后才发育起来的，犊牛吸入的奶，通过食管沟直接进入皱胃，由皱胃产生的凝乳酶和其他化合物进行消化。如果犊牛补饲过早，或由于其他原因引起食管沟闭合不全，吸食的奶或其他饲料则进入瘤胃，此时瘤胃微生物区系还没有得到充分的发育，则会引起犊牛消化道疾病。犊牛在开始啃食草料后，食管沟会渐渐消失。此时，一些细菌随之进入瘤胃，在那里定居，犊牛才开始倒嚼（或反刍）。

二、牛胃的生长发育及其影响因素

（一）牛胃的生长发育

犊牛开始采食固体饲料后，瘤胃和蜂巢胃很快发育，而真胃的相对容积逐渐变小（绝对容积增大），重瓣胃（第三胃）的发育较慢，达到相对成熟体积所需的时间比瘤胃或蜂巢胃要长。蜂巢胃在36～38周龄以前，其相对容积一直在增加。犊牛瘤胃和蜂巢胃的相对生长速度，以8周龄以前为最快。

表4-1　不同周龄牛复胃各胃室重量的变化

胃的构成	周　龄						
	0	4	8	12	16	20～26	34～38
瘤胃、网胃	38	52	60	64	67	64	64
瓣胃	13	12	13	14	18	22	25
真胃	49	36	27	22	15	14	11

随着牛胃的生长发育，各胃室的内容物所占的比例亦相应变化。据研究，成年牛各胃室内容物的百分比，瘤胃和蜂巢胃中为81%～87%，重瓣胃中为10%～14%，真胃中为3%～5%。15周龄犊牛各胃室内容物的百分比，各为86%、7%及7%，与成年牛的比例相似。研究表明，10～13周龄犊牛，用不同类型的粗饲料日粮，各胃室的内容物的百分比也有所变化。

（二）影响牛胃生长发育的因素

牛胃的正常发育受内分泌调节，此外，也受一些饲养条件的影响。很多研究已证明，液状奶或代乳料能延迟前胃的发育，瘤胃和蜂巢胃比同龄正常发育的要小，胃壁较薄，瘤胃乳头发育较差且颜色较淡。据试验，当犊牛由谷物——干草日粮改回喂奶，则瘤胃乳头的大小和数量均下降。犊牛喂液状日粮可以维持210～270 d而增重良好，但在平均体重达到336 kg屠宰时，瘤胃发育相对较差，占整个消化道的百分比，瘤胃—蜂巢胃为20.1%，重瓣胃为3.4%，真胃为7.7%，肠为68.8%。随母哺乳放牧的肉用犊牛，在9周龄时其瘤胃的重量、瘤胃内容物、乳头发育等方面还相对较差。

大量的研究证明，采食粗饲料能促进瘤胃—蜂巢胃重量、组织的厚度、乳头等方面的发育。有人认为,对幼龄犊牛,精饲料比粗饲料能更好地刺激瘤胃乳头的发育。瘤胃中的有机酸能刺激瘤胃乳头的发育,将挥发性脂肪酸盐用瘤胃瘘管注入喂奶犊牛的瘤胃中,结果能促进瘤胃乳头的正常发育。成年瘤胃的乳头色较深,而喂奶的犊牛瘤胃乳头色浅。乳头色素的来源尚不清楚,有人认为乳头颜色变深是由于饲喂粗饲料的结果。此外,犊牛日粮中粗饲料量能影响消化道的长度和容量并延长了内容物在消化道中的存留时间。

三、瘤胃内环境及其影响因素

(一)瘤胃内容物

瘤胃内容物中的干物质通常占到10%～15%。瘤胃中保持着大量的水分。干物质含量既受饲料特性的影响,也与饮水量有关。食入饲料通过消化道的过程,唾液的分泌等因素也能影响瘤胃中干物质的百分率或干物质的重量。瘤胃、蜂巢胃不同部位的干物质有所不同。Evans 等(1973)进行了研究,母牛每日饲喂 3、5 或 7 kg 干草,在蜂巢胃、顶和背盲囊、腹囊的顶部末端、腹盲囊采样,发现不同饲养水平对背囊干物质的影响,高水平为 14.1%,中水平为 12.7%,低水平为11.1%。

瘤胃内容物长度大小,据报道为 0.8～9.3 mm、0.1～0.5 mm,个别的长 30 mm,粗的部分主要在背囊。瘤胃内容物的比重平均为1.038(1.022～1.055)。放牧母牛有的报道为 0.80～0.90,有的报道平均为 1.01。瘤胃内容物的颗粒越大则比重越小,颗粒越小则比重越大。

(二)瘤胃温度

瘤胃正常温度为 39～41℃。采食快的牛能提高瘤胃温度。饲料在瘤胃中的发酵能影响瘤胃温度,如饲喂苜蓿温度能上升到 41℃,且瘤胃温度高于蜂巢胃。瘤胃温度变化比蜂巢胃大,部分原因是饮水温度较低,当饮入 25℃水时,可使瘤胃温度下降 5～10℃,饮水后往往经

2 h 才能达到正常温度。

（三）瘤胃 pH

瘤胃 pH 受日粮特性和采食后测定时间的影响较大。瘤胃 pH 的波动反映了有机酸量的变化以及产生的唾液量。当瘤胃中挥发性脂肪酸浓度降低时则瘤胃中 pH 升高。据研究，当饲喂粗料颗粒饲料喂量从体重的 0.5% 提高到 2.0%，则 pH 从 6.9 降到 6.5；当按同样的量饲喂精料日粮，则 pH 从 6.2 到 5.7。饲料颗粒的大小能影响 pH，饲料细时能提高发酵速度和促使发酵完全，从而降低 pH。环境温度能影响 pH，据试验，当母牛饲喂高粗料日粮，室温低时 pH 为 6.5，室温高时 pH 为 6.1；饲喂高精料日粮，室温低时 pH 为 6.1，室温高时 pH 为 5.6。瘤胃 pH 低于 6.5 时对纤维素的消化不利。瘤胃 pH 的变化具有一定规律，但受制于日粮的性质和摄食后时间。瘤胃 pH 的波动曲线反映着有机酸和唾液的变化，一般喂后 2~6 h 达最低值。昼夜间明显地出现周期性变动。如测得水牛采食干草后，由于有大量唾液进入瘤胃，瘤胃 pH 先上升（由微酸性反应变为微碱性反应），随着饲料发酵产生有机酸，瘤胃 pH 均匀地下降，午夜又逐渐上升。瘤胃 pH 平均白昼为（6.9±0.01），夜间为（6.8±0.02），白天显著高于夜间；影响瘤胃 pH 变化的因素有以下几种：

1. **饲料种类**　当喂粗饲料时，瘤胃 pH 较高，喂苜蓿较喂禾本科草瘤胃 pH 高（因瘤胃液具有较强的缓冲能力），喂精料和青贮料时，瘤胃 pH 较低。

2. **饲料加工**　粗饲料经粉碎或制成颗粒后，由于唾液分泌减少，微生物活性增强，VFA 产量增加，pH 降低，精饲料加工后，也呈上述反应。

3. **饲养方式**　增加采食量或饲喂次数以及长时间放牧均可使瘤胃 pH 降低。

4. **环境温度**　高温抑制采食和瘤胃内发酵过程，导致瘤胃 pH 升高。

5. **瘤胃部位**　背囊和网胃 pH 较其他部位高。

(四)缓冲能力

瘤胃 pH 在 6.8 ~ 7.8 时具有良好的缓冲能力,超出这个范围则缓冲力显著降低。缓冲力的变化与碳酸氢盐、磷酸盐、挥发性脂肪酸的浓度有关。在通常瘤胃 pH 范围内,重要的缓冲物为碳酸氢盐和磷酸盐。饲料粉碎后对缓冲力的影响很小。饮水的影响主要是由于稀释了瘤胃液。在瘤胃 pH 调节方面,对绝食的牛,碳酸氢盐比磷酸盐更重要。当瘤胃 pH <6 时,磷酸盐相对比较重要。

(五)渗透压

瘤胃内渗透压比较稳定,但并不是恒定不变,渗透压出现差异是由于溶质存在离子或分子的结果。肉牛瘤胃渗透压为 350 ~ 400 g/kg,接近血浆水平。瘤胃内渗透压主要受饲喂的影响,渗透压的升高还受饲料性质的影响。通常在饱喂前比血浆低,饲喂后比血浆高,进食第 1 h 达到高峰期,历时数小时。此时水分也由血液转运到瘤胃内,饮水使瘤胃渗透压降低,数小时后逐步上升。饲喂粗饲料时,渗透压升高 20% ~ 30%,食入易发酵饲料或矿物质后升高幅度更大。饲料在瘤胃内释放电解质以及发酵产生低级挥发性脂肪酸和氨等,是瘤胃渗透压升高的主要原因。所以吸收 Na 和 VFA 是调节瘤胃渗透压的主要手段,继水分随唾液通过瘤胃以及溶质被吸收后,渗透压逐渐下降;于 3 ~ 4 h 后降至饲喂前的原水平。

瘤胃液的溶质包括无机物和有机物,溶质来源于饲料、唾液和由瘤胃壁进入的液体及微生物代谢产物,主要是钾和钠离子,这两种离子变化呈反比例关系。

(六)氧化还原电位

瘤胃内经常活动的菌群,主要是指厌氧性菌群。瘤胃内氧化还原电位经常保持于 400 mV 左右。这样的环境适宜于厌氧菌群的栖息。氧化还原电位能够稳定保持,其过程是因摄食、饮水以及反刍时的再吞咽,使大气中的氧乘机进入瘤胃,伴随唾液流入碳酸氢盐与发酵产物挥发性脂肪酸中和,产生大量二氧化碳,随唾液进入瘤胃的氧,被少量好氧菌利用,因而维持氧化还原电位的低水平,造成瘤胃乏氧环境,使厌气性微生物继续生存和发挥作用。瘤胃液的氧化还原电位还与pH 间存在着密切的关系。瘤胃细菌是电子接受者,纤毛虫数量的变动与氧化还原电位基本一致,所以氧化还原电位值可反映瘤胃微生物的活动程度。

四、瘤胃微生物

瘤胃微生物由于数量大,种类多以及宿主日粮不同,种群的变化也十分剧烈。在同一种日粮下,因个体差异,变化也非常显著。

瘤胃提供非常有利于微生物生长的环境。在良好的饲养条件下,反刍动物瘤胃中所发酵的干物质约为瘤胃容量的 12% ~ 16%,即相当于每天有 12% ~ 16% 基质批量发酵,这种高转化主要是微生物作用的结果。瘤胃内微生物有很多种类,典型的瘤胃微生物应具有下列条件:

(一)必须厌氧生活

1. 必须能生成瘤胃内所见的终产物类型;

2. 每克内容物中细菌数量必须达到 100 万以上。

(1)瘤胃纤毛原虫 瘤胃原虫主要是纤毛虫,少量是鞭毛虫。鞭毛虫一般在幼年反刍动物纤毛虫区系建立前或由于某种原因纤毛虫区系消失时存在。当犊牛的瘤胃 pH 接近中性时,鞭毛虫开始繁殖,然后出现纤毛虫。

(2)纤毛虫的种类及形态特征 纤毛虫虫体约为 40 ~ 200 μm,数量为每毫升 20 万 ~ 200 万。纤毛虫的种类概括地可分为全毛虫和贫毛虫两类。

①全毛虫 全身均匀覆盖纤毛,常见纤毛虫有两种形态;一种为椭圆形,口在细胞前端,一种为蛋形,口在细胞一侧后端(或中点之间)。

密毛虫仅有一种,体型较纤毛虫小,口在细胞末端。全毛虫的运动比贫毛虫快,在有氧环境中,存活时间比其他原虫长。在幼年反刍动物瘤胃内最先建立区系。

②贫毛虫　虫体局部有高度分化的纤毛带,功能是运动和摄食。虫体中部有消化囊,前接胸胞口,后通肛门,消化囊周围为内浆层,内外浆间有膜分开,外浆含核、骨板和伸缩泡。贫毛虫主要有:内毛属,双毛虫属,前毛虫属和头毛虫属。

(2)影响纤毛虫种群的因子　影响纤虫毛种群的因子很多,主要有:

①反刍动物种别　据资料报道,肉牛瘤胃纤毛虫有31种,其中15种为共有种。

②日粮　以放牧和干草为主的反刍动物由于可溶性糖类比较丰富,全毛虫很多。日粮内淀粉含量高时,则内毛虫数量增加。放牧+补草+补谷物时,双毛虫数量较高。饲喂苜蓿和谷物时,头毛虫和前毛虫数量较高。饲料中补加尿素,纤毛虫数增加。日粮中盐类水平高时或投给亚麻仁油时,纤毛虫数量减少。

③饲喂次数　日喂2次时,纤毛虫数适中,日喂3次时,纤毛虫数增加,日喂4次时,纤毛虫数增加1倍多。

④饲料加工　喂粉碎性饲料时,饲料在瘤胃内的周转率较快,同时发酵率增加,酸度上升,抑制了纤毛虫的发育。饲喂颗粒化热加工饲料后,纤毛虫的发育则受到抑制。

⑤生理状况　妊娠与泌乳期间,纤毛虫数增加,饥饿时纤毛虫数下降;而细菌数未受多大影响。

⑥周期性变化　昼夜间变化主要受饲喂的影响,一般饲喂后2 h纤毛虫数达最高值,其中全毛目变动大,而贫毛目变动数小。季节性变化主要是由饲料的变化所致。光照和温度也可影响瘤胃微生物的变化。

(二)瘤胃细菌

瘤胃内细菌种类繁多,通常对细菌采取形态学、革兰氏染色反应及菌种代谢和培养方法等进行鉴定分类:

1.**纤维素消化菌**　这类细菌除反刍动物外,在其他动物的肠道内亦广泛存在。这类细菌能产生纤维素酶,还可利用纤维、双糖。以纤维素为主要日粮的反刍动物瘤胃内纤维素消化菌数量最大。主要的纤维分解菌有产琥珀酸拟杆菌、黄化瘤胃球菌、白色瘤胃球菌、湖头梭菌、溶纤维乳酸杆菌等。

2. **半纤维素消化菌**　半纤维素含戊糖和己糖以及糖醛酸。能水解纤维素的细菌一般可利用半纤维素,但许多能利用半纤维素细菌则不能利用纤维素。半纤维素的细菌有:溶纤维维丁酸弧菌、居瘤胃拟杆菌等。

3. **淀粉分解菌**　当喂给淀粉含量较高的日粮时,淀粉分解菌的比例较大。淀粉分解菌主要有:嗜淀粉拟杆菌、解淀粉琥珀酸单胞菌、居瘤胃拟杆菌、反刍兽新月单胞菌,乳酸分解新月形单胞菌和牛链球菌,许多纤维分解菌具有消化淀粉的能力,但淀粉水解菌不是都对纤维素起分解作用。

4. **糖类细菌**　能利用大多数多糖的细菌,能利用双糖和单糖。植物含大量水溶性碳水化合物能被此类细菌利用。死菌、被溶解菌或颊膜物质的糖类,也能被此类细菌利用,其中某些细菌含有 β - 葡萄苷酶,还能利用纤维双糖。在犊牛的瘤胃中存在着大量可利乳糖的乳糖菌。

5. **酸利用菌**　许多细菌能利用乳酸,除了异常状态外,正常瘤胃内的乳酸含量不多,有些细菌能利用琥珀酸,有些细菌能利用甲酸、还有些细菌能利用乙酸。

6. **蛋白分解菌**　许多瘤胃细菌能利用氨基酸作为主要能源。具有分解蛋白质能力的细菌有嗜淀粉拟杆菌、产芽孢梭菌。

7. **产甲烷菌**　瘤胃内气体甲烷占 25% ,但对产甲烷菌知之不多。已知的产甲烷菌有反刍兽甲烷杆菌、甲酸甲烷杆菌、索氏甲烷杆菌、甲烷八叠球菌属等。

8. **脂肪分解菌**　细菌的混合悬液能利用甘油和从脂肪分子水解的甘油,有些菌氢化不饱和脂肪酸。

9. **维生素合成菌**　瘤胃细菌单独菌种合成维生素研究还不多,但从研究中发现有些细菌能合成 B 族维生素。

（三）瘤胃噬菌体

已知牛瘤胃中的噬菌体有 6 种，对链球菌和锯杆菌有抗御能力。在噬菌体作用下，瘤胃细菌开始解体。瘤胃内噬菌体数量的变化较大，1 g 瘤胃内容物约含噬菌体 5×10^7 个。瘤胃内主要细菌都吸附有噬菌体，吸附的噬菌体通过注射核酸入细菌内，使细菌解体，并释放噬菌体的后代。

（四）瘤胃微生物的生态系统

在一定的饲养制度及比较稳定的瘤胃内环境条件下，瘤胃微生物区系维持相对的稳定性，即微生物与寄主、纤毛虫与细菌之间达到动态平衡。构成瘤胃微生物的生态系统。外来微生物包括一些病原菌，在正常情况下，不易在瘤胃内大量繁殖，如大肠杆菌和沙门氏菌在瘤胃内数量很少。这是由于瘤胃内微生物种群的限制，加之瘤胃液内存在噬菌体或抗生素，对大肠杆菌和枯草杆菌等细菌有溶解之故。所以这些细菌在瘤胃内不能生存。

研究表明，肉牛瘤胃纤毛虫的种群存在 A、B 两型：A 型有多甲多泡双毛虫、双甲双毛虫和头毛虫；B 型主要由真双毛虫、前毛虫、单甲双毛虫和坚甲双毛虫组成。这两种类型的纤毛虫在自然条件下相互排斥。人工接种后 A 型和 B 型不能在一起形成稳定的种群。在肉牛中 A 型占优势，其原因是 A 型多甲多泡双毛虫捕食 B 型中前毛虫、真双毛虫、单甲双毛虫和坚甲双毛虫的结果，使这些纤毛虫从瘤胃区系中消失。

拮抗作用除捕食外，还有寄主种别特征的原因，如将牛的前毛虫和坚甲双毛虫转移入山羊瘤胃后，则不能生存。

（五）细菌之间的相互作用

各种瘤胃细菌的密度和相对比例，随日粮的品质和组成而变异。从细菌的营养角度来看，基本上可区分为两大类；一是以发酵饲料为主要营养，二是以发酵前者的产物为营养。第二类细菌依靠第一类细菌的代谢终产物，将必需要素循环回归给第一类细菌，在第二类细菌中,发酵不同饲料组分的各类细菌,如纤维素分解菌与非纤维素分解菌之间,亦存在相互作用。

这类相互作用进一步影响发酵产物的分布。以产琥珀酸拟杆菌与反刍兽新月状单胞菌相互作用为例,作为纤维素分解菌的厌气性产琥珀酸拟杆菌,将纤维素发酵产生琥珀酸、乙酸和甲酸。新月状菌靠糖的分解产物和琥珀酸供给营养,琥珀酸是产生丙酸的代谢中间产物。这两种菌在联合培养下,产生丙酸、乙酸和二氧化碳。新月状单胞菌是厌气性拟杆菌二氧化碳的供给者。

上述变化主要反应是菌种间氢的转递。瘤胃内氢转递时,对产甲烷杆菌非常重要。其利用甲烷的产生使氢浓度降低。

（六）纤毛虫与细菌间相互关系

当瘤胃微生物种群中没有纤毛虫而只有细菌时,细菌的数量则明显增加。犊牛早期与母牛隔离,是防止瘤胃内纤毛虫繁殖的有效办法。

一般来说,纤毛虫不但捕食外界侵入细菌,也捕食瘤胃细菌,加之二者争食,有纤毛虫存在时,细菌数则减少。研究表明,内毛虫能选择性捕食多种细菌,每小时捕食量可达到4 100个。常见被捕食的瘤胃细菌有:溶纤维弧菌、牛链球菌等。各种纤毛虫的捕食速率不同,但捕食的细菌数则非常可观。瘤胃纤毛虫每分钟可捕食1%的瘤胃细菌。瘤胃细菌被纤毛虫捕食后,在其体内可存活一段时间。细菌被消化后大部分蛋白质—氨基酸转变为纤毛虫蛋白质（动物性蛋白）。

瘤胃细菌在纤毛虫体内存活的时间,对纤毛虫的代谢尤其是对利用摄取的可溶性食物颇为重要。当纤毛虫以抗生素处理杀死所有体内细菌后,纤毛虫丧失结合可溶性化合物的能力,濒临死亡。

纤毛虫不能直接用非蛋白氮合成蛋白质,不过瘤胃细菌被纤毛虫捕食后,既是纤毛虫蛋白质的主要来源,同时它们的酶系统也有助于纤毛虫的营养代谢,显然纤毛虫的生长繁殖有赖于瘤胃细菌,另一方面纤毛虫也具有细菌繁殖的作用。以瘤胃微生物分解纤维素能力为例,纤毛虫和细菌单独存在的条件下,纤毛虫对纤维素消化率为

6.9%,细菌为38.1%,而两者共同存在时,纤维素消化率提高至65.7%,远远超过两者单独存在时对纤维素消化率的总和(45.0%)。纤毛虫经高压消毒杀灭后加入细菌培养中,纤维素的消化率仍达55.6%。由此可见,纤毛虫体内含有不被高温高压破坏的、能促进细菌生长繁殖的刺激素。

（七）瘤胃微生物与反刍动物的关系

瘤胃的生理生化状况为多种微生物区系提供良好的栖居繁殖环境。反刍动物所摄入的饲料为这些微生物生存的主要条件。同时靠微生物的消化代谢作用,饲料的营养成分被畜体充分利用。尤其是微生物的代谢终产物,如:VFA是反刍动物营养的主要来源。寄主摄食日粮的改变,必然引起瘤胃微生物发生相应变化,反之瘤胃微生物种群失去平衡,必须导致瘤胃的代谢紊乱,所以瘤胃微生物与反刍动物间存在着密切关系。

五、肉牛的瘤胃发酵与营养供应

（一）肉牛的瘤胃发酵

瘤胃发酵是指在瘤胃微生物的作用下,将饲料中的碳水化合物、蛋白质以及脂肪等营养物质降解成微生物和牛可以利用的营养小分子并合成新的营养物质的过程。瘤胃体积最大,其表面积很大。有大量的乳状突起,对食团进行搅拌和吸收。蜂巢胃的内表面呈蜂窝状,食入物暂时逗留于此,微生物在这里充分消化饲料中的碳水化合物并产生二氧化碳和挥发性脂肪酸,如乙酸、丙酸和丁酸。当其被瘤胃吸收后,牛得到大量能量。当喂精料过多时,会产生大量乳酸,使瘤胃pH降低,抑制一些微生物的活动,不利于消化而引起牛停食,形成急性消化病。饲料中的类脂化合物在瘤胃微生物的作用下分解成脂肪酸和甘油。其中甘油主要转化为丙酸和长链脂肪酸,运行到小肠内被吸收。在饲料蛋白质中的高度可溶性蛋白质被迅速分解,形成细菌蛋白质;而高度不溶性蛋白质则相对完整地下行,与细菌蛋白质一起进入肠道。在蛋白质分解时产生的氨一部分被胃壁吸收,另一部分为细菌蛋白质的合成提供氮源。如果日粮中糖和淀粉成分高,氨的浓度就低。瘤胃细菌还能合成维生素 K 和 B 族维生素,同时产生的维生素 C 可以部分地由瘤胃中得到补益,成年牛不需由饲料来提供。犊牛的维生素 K 和维生素 B 族是从牛奶中获得的。

（二）肉牛的碳水化合物营养

1. 碳水化合物的性质 碳水化合物是含有碳、氢、氧的有机化合物。是自然界来源最多,分布最广的一种营养物质,是植物性饲料的主要组成部分。一般占到总干物质的 50% ~ 75% 。在肉牛日粮中与其他营养物质相比,碳水化合物数量居于首位。

（1）碳水化合物的性质 碳水化合物在动物营养上是一组物质的总称,它包括粗纤维素与无氮浸出物两大类。从营养学角度看,这两类物质的营养价值差异很大。

粗纤维是组成植物细胞壁及其支持组织的一种结构物质。也是饲料中最难消化的营养物质。主要有下列几种:

①纤维素 纤维素主要是六碳糖的聚合物。不溶于水、乙醚、稀酸和稀碱,而溶于浓酸,为植物所特有,是组成植物细胞壁的主要成分。哺乳动物消化道内没有分解纤维素的酶,动物对它的消化主要是依靠瘤胃和盲肠内微生物所分泌的纤维素酶和纤维二糖酶将其分解为终产物乙酸,可作为动物的能源用。这一点,在肉牛营养中有重要意义。

②半纤维素 它是工业名词,不是纯化合物,成分不定。主要是五碳糖和六碳糖的聚合物,还有一些非碳水化合物。通常看作为植物的贮备物质与支持物质的中间类型,分布很广,能被稀酸、稀碱水解。在肉牛体内也依靠消化道微生物分解为木糖、阿拉伯糖、甘露糖、半乳糖,终产物也是乙酸。

③果胶 果胶在植物的木质化细胞中较少,只占 1% ,而果实、根茎和幼嫩植物中含量多,部分溶于稀酸和稀碱溶液,也靠微生物分解而被动物利用。

④木质素　木质素是植物细胞壁中最坚韧、最稳定的化学物质，72%的硫酸和浓盐酸不能使它分解，但是稀碱溶液可使它分解。木质素既不能被肉牛消化酶分解；也不受消化道内的微生物作用。相反，日粮中木质素含量多时，还会影响消化道内微生物的活动，降低饲料中其他养分的消化率。严格讲，木质素并不是碳水化合物，但是它因经常伴随纤维素同时存在，并且又不易将它们分开。

（2）无氮浸出物　它是一组非常非常复杂的化合物，包括淀粉、可溶性单糖、双糖及少量果胶、有机酸、木质素、不含氮的配糖体、苦涩物质、丹宁及色素等。在植物性的精料中，无氮浸出物以淀粉为主；青绿饲料中以五碳糖的聚合物为主。干粗饲料中淀粉和糖均很少，而无氮浸出物却为30%～40%，显然在干粗饲料中无氮浸出物不是淀粉及单糖、双糖。

无氮浸出物中的淀粉与单糖、双糖具有较高的消化性，能被动物消化、吸收、利用，营养价值较高。而其他成分的利用情况则大大低于淀粉和单、双糖。因此，在论及无氮浸出物时，必须进一步了解它来自那一类物质。秸秆中的粗纤维与无氮浸出物含量较多，前者约为38%左右，后者约为45%左右，粗纤维中含有大量的纤维素与半纤维素。例如，小麦秸含有35%的纤维素和24.5%的半纤维素。小麦秸秆无氮浸出物中含有53.8%的戊聚糖，32.5%的本质素。

2. 碳水化合物的营养作用

（1）碳水化合物在肉牛体内是形成体组织的重要基础物质，为组织器官不可缺少的部分。例如，五碳糖是细胞核酸的组成成分。许多糖类与蛋白质化合成糖蛋白，与脂肪化合成糖脂；低级羧酸与氨基化合物形成氨基酸。

（2）是肉牛热量的主要来源。任何碳水化合物在畜体内分解为葡萄糖后才能被吸收，在细胞内进行生物氧化而放出热能。以此来维持体温、各器官的正常活动和运动时的能量等。消化道中微生物正常的活动也需由碳水化合物提供热能。

（3）饲料中的碳水化合物除提供上述各项能源之外，尚有多余时，可被肉牛转化为乳糖和脂肪，这种脂肪主要是体脂。

（4）部分碳水化合物可转变成肝糖原、肌糖原贮备起来。

由上可以看出，一部分碳水化合物以化合态（能源形式）贮备起来，一部分构成体组织，一部分生热保持体温，而大部分则以动能形式（力）或潜能形式（体脂或乳脂）用于畜牧生产。

饲料中碳水化合物是肉牛能量最经济的来源。在饲养实践中，如果饲料中碳水化合物不能维持肉牛的生命需要时，肉牛为了保持正常的生活就开始动用体内贮备物质，首先是糖原和体脂。如若再不足，则用蛋白质代替碳水化合物，以解决所需热能。这样，机体开始消瘦、体重减轻，由此说明碳水化合物在肉牛机体营养中的重要性。

3. **碳水化合物在瘤胃中的降解与代谢**　肉牛的瘤胃容积大，饲料在此停留时间长，为瘤胃微生物发酵提供了有利条件。饲料中碳水化合物在瘤胃中发酵的终产物不是以葡萄糖为主，而是以低级脂肪酸（VFA）为主，因此，反刍动物的血糖浓度低于单胃动物。挥发性脂肪酸经瘤胃壁吸收，一部分进入肝脏。一部分直接运送到体组织，作为能源或构成体组织的原料。

低级挥发性脂肪酸是瘤胃纤维素和其他碳水化合物的主要产物。其总量为 90~150 mg/L，其成分主要是乙酸、丙酸和丁酸。在正常情况下，这三种酸的比例为 70∶20∶10。日粮结构发生改变时，这三种酸的比例相应会发生改变。

生产实践证实，由于肉牛日粮类型不同，引起瘤胃中 VFA 比例变化，可影响牛肉的生产。近年来，国外屠宰肉牛时发现内脏显著恶化者增多，主要表现为瘤胃壁黏膜脱落、出血、糜烂、角化不全、溃疡和肝病。其主要原因是由于精料过多，而引起瘤胃代谢发生变化。临床上常见到由于精料过多而引起消化道疾病。

瘤胃中未消化的淀粉、可溶性糖及细菌性多糖类在小肠被消化液分解为葡萄糖而吸收，参与代谢或蓄存于肝脏待用或形成脂肪。瘤胃中未经消化的纤维素，到盲肠和结肠后受细菌的作用，分解为 VFA 参与代谢。

（三）肉牛的蛋白质营养

饲料中含氮化合物总称为粗蛋白。它包括纯蛋白质和非蛋白质的含氮化合物（NPN），又称氨化物。

1. 蛋白质的构成及其营养作用

（1）构成蛋白质的物质　蛋白质主要由碳、磷、氢、氧、氮、硫等元素构成，其中碳的比例最高，占到55%～59%，其次是氧，占21%～24%，氮占15%～18%，氢占6%～7%，硫占0～3%。此外，尚有少量的磷、铁等元素。构成蛋白质的基本单位是氨基酸。氨基酸共有20多种，由于各种氨基酸之间排列组合的不同，构成自然界中数以千计的蛋白质。蛋白质营养实质是氨基酸营养。无论哪种蛋白质在畜体内吸收、利用都必须分解成氨基酸后才能进行。

（2）氨基酸的分类　就氨基酸的性质可分为中性氨基酸、酸性氨基酸和碱性氨基酸三大类。从营养学角度，常将它分为必需氨基酸和非必需氨基酸。所谓必需氨基酸，即在肉牛体内不能合成或合成的数量很少，不能满足肉牛正常需要而必须由饲料来供给。所谓非必需氨基酸，即在肉牛体内可以合成或需要量较少，不一定由饲料提供亦能保持肉牛正常生长，把这些氨基酸统称为非必需氨基酸。

对生长期肉牛必需氨基酸有10种，即赖氨酸、蛋氨酸、色氨酸、苯丙氨酸、亮氨酸、异亮氨酸、缬氨酸、苏氨酸、甘氨酸和胱氨酸。对成年肉牛来讲，一般不划分必需氨基酸与非必需氨基酸，因为它们瘤胃中的微生物可以合成某些必需氨基酸。

（3）蛋白质的营养作用　蛋白质是一切生命现象的物质基础，是所有生活细胞的基本组成成分，也是碳水化合物及脂肪所不能替代的，其主要功能表现在以下方面：

①蛋白质是构成体组织、体细胞的基本原料。肌肉、神经、结缔组织及皮肤、血液等都由蛋白构成。此外，各种保护组织如毛、蹄、皮、角等也都由蛋白质构成，还有机体内各种酶、抗体、色素的基本成分也是蛋白质。

②蛋白质是修补及组织更新所需要的基本物质。蛋白质在机体

内处于动态平衡状态。它必须通过新陈代谢作用,不断更新组织。研究测定结果表明,机体内的蛋白质在6~7个月即可更新一半,肌肉蛋白在3个月就可更新一半。饲料蛋白质供应不足时,会导致机体合成蛋白开始分解,表现出生长停滞、生命力减退、抗病力下降,进而出现体重降低等。

③蛋白质是形成畜产品的主要成分。无论是肉、蛋、奶还是毛、皮等畜产品,都是以蛋白质为组成成分。这些产品都是由饲料中的蛋白质转化而来的。换句话说当饲料蛋白质不足时,首先影响的是这些产品的产量,可见蛋白质营养在肉牛饲养中具有重要作用。

2. 瘤胃中蛋白质的降解与合成 瘤胃内主要的微生物(细菌、原虫和真菌)都具有很高的蛋白质水解活性,能将饲料蛋白质经过一系列酶的作用,分解成肽、氨基酸、氨及少量的挥发性脂肪酸(VFA),并以其中的肽、氨基酸和氨作氮源,以VFA作碳架合成微生物蛋白(MCP)。早在1938年,人们就发现瘤胃细菌能分解蛋白质,但是瘤胃内专营分解蛋白质的细菌种类并不是很多,约占细菌总数的12%~38%。目前,普遍认为数量上占优势的瘤胃蛋白质分解菌主要是糖类水解菌,包括居瘤胃杆菌、丁酸弧菌等。细菌的蛋白酶是一种类似胰蛋白酶的复合酶,其最适pH约为6.5~7.0,由肽链端解酶和肽链内切酶构成,大多与细胞膜结合在一起,约有20%~30%游离于基质中,因此当可溶性蛋白质与细菌接触时,能迅速被降解。但有些可溶性蛋白质如白蛋白、γ-球蛋白等降解却很缓慢,这是由于其分子中的二硫键(-S-S-)不能被蛋白质分解菌分解而造成的。

3. 肉牛的脂肪营养

(1)脂肪的分类 各种饲料以及畜体和畜产品均含有脂肪,从脂肪的性质而言,可分为两大类:中性脂肪(也称真脂)和类脂物质。中性脂肪是甘油和高级脂肪酸构成的,脂肪酸包括硬脂酸、软脂酸和油酸。硬脂酸和软脂酸属高级饱和脂肪酸,而油酸则是含有双链的不饱和脂肪酸。不饱和脂肪酸含量愈多,其油的熔点愈低,硬度愈小,与动物油比较,植物油含不饱和脂肪酸多。

(2)肉牛的脂肪营养 肉牛脂肪的需要量不多,各种饲料均含一定粗脂肪,所以一般情况下肉牛并不会缺脂肪。饲料中脂肪的饱和程度对体脂的饱和程度无多大影响。青草中的不饱和脂肪酸含量占脂肪酸总量的80%以上,而饱和脂肪酸则不到20%。然而肉牛的体脂肪中不饱和脂肪酸和饱和脂肪酸的含量为30%~40%与60%~70%。

(3)脂肪在瘤胃中的代谢　肉牛瘤胃内脂肪在微生物作用下,发生两种变化:一是水解作用,二是氢化作用,作用产物为甘油和脂肪酸,在小肠被吸收,运送到体脂肪组织中贮存。

饲料脂肪可以直接转变为体脂、乳脂,当采食过多脂肪饲料时,会影响瘤胃发酵,特别是降低粗纤维瘤胃消化率。因此、肉牛饲料中一般不添加脂肪、要添加时也需要进行保护处理,否则会使其微生物区系发生变化,引起消化紊乱,影响正常的瘤胃发酵。

第二节　肉牛的营养需要

一、能量需要量

牛只保持体温,各种生理活动,器官运动,生产肉、奶、皮毛等产品,都需要一定的能量,这些能量均需从饲料中得到供给,供需之间应达到平衡。同时,为了把饲料的各种营养物质的价值统一在相同的比较尺度上,饲养上用"焦耳"来表示。肉牛的能量需要包括,维持能量(维持净能)需要和增重净能需要。

(一)肥育肉牛能量需要

根据国内所做绝食呼吸测热试验和饲养试验的平均结果,生长肥育牛在全舍饲条件下维持净能需要为 322 kJ/kgW$^{0.75}$。当气温低于 12℃时,每降低1℃,维持能量需要增加1%。肉牛的能量沉积就是增重净能。增重的能量沉积用下列公式计算(Vanes,1978):RE(KJ) = (2092 + 25.1W) × 增重/(1 - 0.3 × 增重)。

(二)繁殖母牛能量需要

根据国内的饲养试验结果,妊娠母牛的维持净能为 322 kJ/kgW$^{0.75}$,

每千克增重需要的维持净能为：$NEm(MJ) = 0.197\ 69 \times$ 妊娠天数 $-$ 11.671。哺乳母牛维持的净能需要为 322 kJ/kgW$^{0.75}$，泌乳净能需要为每千克 4% 乳脂率的标准乳 3 138 kJ。代谢能用于维持和增重的效率相似，所以，维持和增重净能需要都以维持净能表示。总维持净能需要经校正后即为综合净能需要。

二、蛋白质营养需要

蛋白质是由各种氨基酸构成的复杂的有机化合物，蛋白质也可由非肽物质提供。蛋白质有粗蛋白（CP）、非蛋白氮（NPN）如尿素等。

（一）育肥肉牛蛋白质营养需要

根据国内的饲养试验和消化代谢试验结果，维持需要的粗蛋白质为 5.5g/kgW$^{0.75}$。根据国内生长阉牛氮平衡试验结果，增重的粗蛋白质沉积与英国 ARC（1980）公式计算的结果相似，生长阉牛增重的粗蛋白质平均利用效率为 0.34，所以，生长肥育牛的粗蛋白质需要为：

$$CP(g) = 5.5gW^{0.75} + 增重 \times (168.07 - 0.168\ 69\ W + 0.000\ 163\ 3\ W^2)$$
$$\times (1.12 - 0.123\ 3 \times 增重)/0.34$$

（二）繁殖母牛蛋白质营养需要

按维持需要加生产需要计算，维持的粗蛋白质需要为 4.6 g/kgW$^{0.75}$；妊娠第 6~9 个月时，在维持基础上分别增加 77 g，145 g，255 g 和 403 g 粗蛋白质。哺乳母牛维持粗蛋白质需要为 4.6 g/kgW$^{0.75}$；生产需要按每千克 4% 乳脂率的标准乳需要粗蛋白质 85 g。

三、矿物质营养需要

矿物质为无机元素，但可以以无机或有机的形式存在。因为牛对不同元素的需要量不同，可分为常量元素，如钠（Na）、氯（Cl）、钙（Ca）、磷（P）、镁（Mg）、钾（K）、硫（S）等微量元素，如铬（Cr）、钴（Co）、铜（Cu）、氟（F）、碘（I）、铁（Fe）、锰（Mn）、钼（Mo）、镍（Ni）、硅（Si）、硒（Se）、锌（Zn）等。

（一）常量元素

1. 食盐（氯化钠）　牛以食草为主，牧草中钾含量很高，必须喂盐以抵消钾含量高的不良作用。血液中含氯 0.25%，钠 0.22%，钾 0.02%～0.022%。氯是最主要的元素。钠是调节组织中渗透压的元素，与氯一起参与尿和汗的排泄。钠参与葡萄糖和某些氨基酸的输送，形成胆汁和促进肌肉收缩。氯在胃中形成盐酸，并激活许多消化酶进行消化。缺乏食盐时牛出现异嗜，丧失食欲，被毛粗糙，眼睛无光，不能正常生长，严重时也能引起死亡。

2. 钙　为骨骼的主要成分，动物体内 98% 的钙在骨骼中。血钙含量约为 10 mg/100 ml，缺钙不能正常生长，而血钙量正常时心跳节律才能正常。缺钙能导致产后母牛昏迷。生长中的犊牛因缺钙会形成佝偻病，但钙过多会引起磷和锌的吸收不足，引起尿石症等病。

3. 磷　磷是脂肪代谢的必要成分，也是遗传信息如核糖核酸和脱氧核糖核酸的组成成分。缺磷也会引起佝偻病，降低繁殖能力。牛的钙磷需要量之比为（1.5～2.0）：1。

4. 镁　镁主要存在于骨骼中，约占 60%，其余在软组织及体液中。镁的功能常与钙有联系，如参与骨组织的形成。缺镁易引起抽搐症，在生长阶段尤为重要。镁参加高能磷酸盐的代谢，并对一些肽酶起活化作用。镁缺乏则引起血压降低、神经兴奋和四肢抽搐。

5. 钾　主要存在于肌肉中，牛一般不缺钾，因为牧草中很多，吸收过多会妨碍钙的吸收。

6. 硫　是以蛋氨酸和胱氨酸等的形式存在。在毛中含量很高，也是维生素 B_1（硫胺素）和维生素 H（生长素）的组成成分。胰岛素和谷胱甘肽等能量代谢的调节剂都含硫。

（二）微量元素

1. 铜和铁　这两种元素共同参与血红蛋白的组成。大量存在于肝和脾中，对氧的代谢、过氧化酶的作用、肌肉和神经作用都十分重要，为代谢所必需，缺铜易引起腹泻；缺铁易引起贫血。

2.**氟**　一般情况氟不缺,但缺乏时影响生长。多氟则影响钙磷代谢,使骨质疏松,牙齿松动,对产犊母牛影响尤为严重,解除氟中毒要多加磷酸钙类添加剂。水中氟含量超过 3～5 mg/kg 会出现中毒症状,母牛往往引发佝偻病。严重时出现肋骨和尾骨软化,肢体疏松症状。

3.**碘**　碘主要存在于甲状腺中,少量地存在于肾、唾液腺、毛发、胃、皮肤、乳腺和卵巢之中,含碘量适中可缓解以上器官的病情,并降低患病机会。缺碘则甲状腺肿大,生长缓慢,皮肤干燥,毛发易脆,妊娠母牛出现流产、死胎和发情异常;喂碘盐是最好的补充方法。

4.**硒**　硒是与维生素 E(生育素)共同作用于繁殖的元素,缺硒易引起不孕。犊牛缺硒表现为白肌病,缺硒对肥育牛生长也有不利影响,适宜的饲料含硒量为 0.1 mg/kg。

5.**钴**　钴是瘤胃微生物繁育和合成维生素 B_{12} 的必需元素,因此钴的添加十分必要。牛饲料中钴含量为 0.1 mg/kg 即够。缺钴则牛毛倒立,皮肤脱屑,母牛乏情,流产,食欲不振,消瘦。饲料中含钴低于 0.07 mg/kg 时会出现钴缺乏症。

四、肉牛维生素营养需要

(一)维生素 A

维生素 A 通常以酯的形式存在于动物体内。维生素 A 与视觉有关,又与正常的生长及骨髓和牙齿的正常发育有关,还能保护皮肤、消化道、呼吸道和生殖道上皮细胞的完整。其计量单位用国际单位(IU)表示。胡萝卜素是维生素 A 的前体,牛将胡萝卜素转化为维生素 A 的效率很低,仅为 25%。1 毫克胡萝卜素转化为维生素 A,牛能得到400 IU。因为牛的品种、个体差异,胡萝卜素类型不同,其转化率不同。

(二)维生素 D

维生素 D,又称抗佝偻病维生素。它实际上是类固醇激素,由7－脱氢胆固醇转化而来。在牛有足够的时间接触阳光时,紫外线能将皮肤中的微量 7－脱氢胆固醇转化成维生素 D。其计量单位为 IU,

1毫克胆钙化醇相当于40 000 IU维生素D。维生素D的功能是促进肠道磷钙的正常吸收,消除肾脏内的磷酸盐及改进锌、铁、钴和镁等矿物质的吸收效率。

（三）维生素E

维生素E,又称抗不孕维生素,是一种生育酚。其活性的衡量单位为IU,共有8种。初乳维生素E是提高初生犊免疫力的因素之一,维生素E还有抗毒、抗肿瘤和抑制亚硝基化合物形成的作用,且能保护维生素A。

（四）维生素K

维生素K,也称抗凝血素。广泛地存在于饲料中,如K_1。瘤胃能合成足够的K_2。维生素K存在于凝血酶中,与磷钙代谢、谷氨酸代谢有关。

（五）B族维生素

能在瘤胃中合成。犊牛一般在6周龄后,瘤胃内微生物发酵就可以形成足量的B族维生素。B族维生素包括维生素B_1(硫胺素),维生素B_2(核黄素)、维生素B_6(吡哆醇)、维生素B_{12}(钴胺素)。只要给牛喂以充分的蛋白质,为瘤胃微生物提供足够的氮素,一般不会缺乏。

（六）维生素C

又称抗坏血酸。牛体组织有合成维生素C的能力,通常不发生坏血症。

五、肉牛水的需要量

水是牛体的组成部分,是生理作用的重要物质,如起溶解营养物质和促进整体呼吸和代谢的作用。水在牛体内占的比重极大,如在新生牛犊体内水占74%,可见水的重要。因此饮水量是牛场建设需要考虑的重要因素。饮水量因牛的年龄、体重和天气而异,有不同的需要。肉牛场一般采用自由饮水。

表4-2 生长肥育牛的营养需要

体重 (kg)	日增重 (kg)	干物质 (kg)	肉牛能量单位 (个/kg)	综合净能 (MJ)	粗蛋白质 (g)	钙 (g)	磷 (g)
	0	2.66	1.46	11.76	236	5	5
	0.3	3.29	1.87	15.10	377	14	8
	0.4	3.49	1.97	15.90	421	17	9
	0.5	3.70	2.07	16.74	465	19	10
	0.6	3.91	2.19	17.66	507	22	11
150	0.7	4.12	2.30	18.58	548	25	12
	0.8	4.33	2.45	19.75	589	28	13
	0.9	4.54	2.61	21.05	627	31	14
	1.0	4.75	2.80	22.64	665	34	15
	1.1	4.95	3.02	24.35	704	37	16
	1.2	5.16	3.25	26.28	739	40	16
	0	2.98	1.63	13.18	265	6	6
	0.3	3.63	2.09	16.90	403	14	9
	0.4	3.85	2.20	17.78	447	17	9
	0.5	4.07	2.32	18.70	489	20	10
	0.6	4.29	2.44	19.71	530	23	11
175	0.7	4.51	2.57	20.75	571	26	12
	0.8	4.72	2.79	22.05	609	28	13
	0.9	4.94	2.91	23.47	650	31	14
	1.0	5.16	3.12	25.23	686	34	15
	1.1	5.38	3.37	27.20	724	37	16
	1.2	5.59	3.63	29.29	759	40	17

体重 （kg）	日增重 （kg）	干物质 （kg）	肉牛能量单位 （个/kg）	综合净能 （MJ）	粗蛋白质 （g）	钙 （g）	磷 （g）
	0	3.30	1.80	14.56	293	7	7
	0.3	3.98	2.32	18.70	428	15	9
	0.4	4.21	2.43	19.62	472	17	10
	0.5	4.44	2.56	20.67	514	20	11
	0.6	4.66	2.69	21.76	555	23	12
200	0.7	4.89	2.83	22.89	593	26	13
	0.8	5.12	3.01	24.31	631	29	14
	0.9	5.34	3.21	25.90	669	31	15
	1.0	5.57	3.45	27.82	708	34	16
	1.1	5.80	3.71	29.96	743	37	17
	1.2	6.03	4.00	32.30	778	40	17
	0	3.60	1.87	15.10	320	7	7
	0.3	4.31	2.56	20.71	452	15	10
	0.4	4.55	2.69	21.76	494	18	11
	0.5	4.78	2.83	22.89	535	20	12
	0.6	5.02	2.98	24.10	576	23	13
225	0.7	5.26	3.14	25.36	614	26	14
	0.8	5.49	3.33	26.90	652	29	14
	0.9	5.73	3.55	28.66	691	31	15
	1.0	5.96	3.81	30.79	726	34	16
	1.1	6.20	4.10	33.10	761	37	17
	1.2	6.44	4.42	35.69	796	39	18

体重 （kg）	日增重 （kg）	干物质 （kg）	肉牛能量单位 （个/kg）	综合净能 （MJ）	粗蛋白质 （g）	钙 （g）	磷 （g）
	0	3.90	2.20	17.78	346	8	8
	0.3	4.64	2.81	22.72	475	16	11
	0.4	4.88	2.95	23.85	517	18	12
	0.5	5.13	3.11	25.10	558	21	12
	0.6	5.37	3.27	26.44	599	23	13
250	0.7	5.62	3.45	27.82	637	26	14
	0.8	5.87	3.65	29.50	672	29	15
	0.9	6.11	3.89	31.38	711	31	16
	1.0	6.36	4.18	33.72	746	34	17
	1.1	6.60	4.49	36.28	781	36	18
	1.2	6.85	4.84	39.08	814	39	18
	0	4.19	2.40	19.37	372	9	9
	0.3	4.96	3.07	24.77	501	16	12
	0.4	5.21	3.22	25.98	543	19	12
	0.5	5.47	3.39	27.36	581	21	13
275	0.6	5.72	3.57	28.79	619	24	14
	0.7	5.98	3.75	30.29	657	26	15
	0.8	6.23	3.98	32.13	696	29	16
	1.0	6.74	4.55	36.74	766	34	17
	1.1	7.00	4.89	39.50	798	36	18
	1.2	7.25	5.26	42.51	834	39	19

体重 （kg）	日增重 （kg）	干物质 （kg）	肉牛能量单位 （个/kg）	综合净能 （MJ）	粗蛋白质 （g）	钙 （g）	磷 （g）
	0	4.47	2.60	21.00	397	10	10
	0.3	5.26	3.32	26.78	523	17	12
	0.4	5.53	3.48	28.12	565	19	13
	0.5	5.79	3.66	29.58	603	21	14
	0.6	6.06	3.86	31.13	641	24	15
300	0.7	6.32	4.06	32.76	679	26	15
	0.8	6.58	4.31	34.77	715	29	16
	0.9	6.85	4.58	36.99	750	31	17
	1.0	7.11	4.92	39.71	785	34	18
	1.1	7.38	5.29	42.68	818	36	19
	1.2	7.64	5.60	45.98	850	38	19
	0	4.75	2.78	22.43	421	11	11
	0.3	5.57	3.54	28.58	547	17	13
	0.4	5.84	3.72	30.04	586	19	14
	0.5	6.12	3.91	31.59	624	22	14
	0.6	6.39	4.12	33.26	662	24	15
325	0.7	6.66	4.36	35.02	700	26	16
	0.8	6.94	4.60	37.15	736	29	17
	0.9	7.21	4.90	39.54	771	31	18
	1.0	7.49	5.25	42.43	803	33	18
	1.1	7.76	5.65	45.61	839	36	19
	1.2	8.03	6.08	49.12	868	38	20

体重 （kg）	日增重 （kg）	干物质 （kg）	肉牛能量单位 （个/kg）	综合净能 （MJ）	粗蛋白质 （g）	钙 （g）	磷 （g）
	0	5.02	2.95	23.85	445	10	12
	0.3	5.87	3.76	30.38	569	18	14
	0.4	6.15	3.95	31.92	607	20	14
	0.5	6.43	4.16	33.60	645	22	15
	0.6	6.72	4.38	35.40	683	24	16
350	0.7	7.00	4.61	37.24	719	27	17
	0.8	7.28	4.89	39.50	757	29	17
	0.9	7.57	5.21	42.05	789	31	18
	1.0	7.85	5.59	45.15	824	33	19
	1.1	8.13	6.01	48.53	857	36	20
	1.2	8.41	6.47	52.26	889	38	20
	0	5.28	3.13	25.27	469	12	12
	0.3	6.16	3.99	32.22	593	18	14
	0.4	6.45	4.19	33.85	631	20	15
	0.5	6.74	4.41	35.61	669	22	16
	0.6	7.03	4.65	37.53	704	25	17
1375	0.7	7.32	4.89	39.50	743	27	17
	0.8	7.62	5.19	41.88	778	29	18
	0.9	7.91	5.52	44.60	810	31	19
	1.0	8.20	5.93	47.87	845	33	19
	1.1	8.49	6.26	50.54	878	35	20
	1.2	8.79	6.75	54.48	907	38	21

体重 （kg）	日增重 （kg）	干物质 （kg）	肉牛能量单位 （个/kg）	综合净能 （MJ）	粗蛋白质 （g）	钙 （g）	磷 （g）
	0	5.55	3.31	26.74	492	13	13
	0.3	6.45	4.22	34.06	613	19	15
	0.4	6.76	4.43	35.77	651	21	16
	0.5	7.06	4.66	37.66	689	23	17
	0.6	7.36	4.91	39.66	727	25	17
400	0.7	7.66	5.17	41.76	763	27	18
	0.8	7.96	5.49	44.31	798	29	19
	0.9	8.26	5.64	47.15	830	31	19
	1.0	8.56	6.27	50.63	866	33	20
	1.1	8.87	6.74	54.43	895	35	21
	1.2	9.17	7.26	58.66	927	37	21
	0	5.80	3.48	28.08	515	14	14
	0.3	6.73	4.43	35.77	636	19	16
	0.4	7.04	4.65	37.57	674	21	17
	0.5	7.35	4.90	39.54	712	23	17
	0.6	7.66	5.16	41.67	747	25	18
425	0.7	7.97	5.44	43.89	783	27	18
	0.8	8.29	5.77	46.57	818	29	19
	0.9	8.60	6.14	49.58	850	31	20
	1.0	8.91	6.59	53.22	886	33	20
	1.1	9.22	7.09	57.24	918	35	21
	1.2	9.35	7.64	61.67	947	37	22

体重（kg）	日增重（kg）	干物质（kg）	肉牛能量单位（个/kg）	综合净能（MJ）	粗蛋白质（g）	钙（g）	磷（g）
	0	6.06	3.63	29.33	538	15	15
	0.3	7.02	4.63	37.41	659	20	17
	0.4	7.34	4.87	39.33	697	21	17
	0.5	7.66	5.12	41.38	732	23	18
	0.6	7.98	5.40	43.60	770	25	19
450	0.7	8.30	5.69	45.94	806	27	19
	0.8	8.62	6.03	48.74	841	29	20
	0.9	8.94	6.43	51.92	873	31	20
	1.0	9.26	6.90	55.77	906	33	21
	1.1	9.58	7.42	59.96	938	35	22
	1.2	9.90	8.00	64.60	967	37	22
	0	6.31	3.79	30.63	560	16	16
	0.3	7.30	4.84	39.08	681	20	17
	0.4	7.63	5.09	41.09	719	22	18
	0.5	7.96	5.35	43.26	754	24	19
	0.6	8.29	5.64	45.61	789	25	19
475	0.7	8.61	5.94	48.03	825	27	20
	0.8	8.94	6.31	51.00	860	29	20
	0.9	9.27	6.72	54.31	892	31	21
	1.0	9.60	7.22	58.32	928	33	21
	1.1	9.93	7.77	62.76	957	35	22
	1.2	10.26	8.37	67.61	989	36	23

体重 （kg）	日增重 （kg）	干物质 （kg）	肉牛能量单位 （个/kg）	综合净能 （MJ）	粗蛋白质 （g）	钙 （g）	磷 （g）
	0	6.56	3.59	31.92	582	16	16
	0.3	7.58	5.04	40.71	700	21	18
	0.4	7.91	5.30	42.84	738	22	19
	0.5	8.25	5.58	45.10	776	24	19
	0.6	8.59	5.88	47.53	811	26	20
500	0.7	8.93	6.20	50.08	847	27	20
	0.8	9.27	6.58	53.18	882	29	21
	0.9	9.61	7.01	56.65	912	31	21
	1.0	9.94	7.53	60.88	947	33	22
	1.1	10.28	8.10	65.48	979	34	23
	1.2	10.62	8.73	70.54	1 011	36	23

表4-3 生长母牛的营养需要

体重 （kg）	日增重 （kg）	干物质 （kg）	肉牛能量单位 （个/kg）	综合净能 （MJ）	粗蛋白质 （g）	钙 （g）	磷 （g）
	0	2.66	1.46	11.76	236	5	5
	0.3	3.29	1.90	15.31	377	13	8
	0.4	3.49	2.00	16.15	421	16	9
	0.5	3.70	2.11	17.07	465	19	10
150	0.6	3.91	2.24	18.07	507	22	11
	0.7	4.12	2.36	19.08	548	25	11
	0.8	4.33	2.52	20.33	589	28	12
	0.9	4.54	2.69	21.76	627	31	13
	1.0	4.75	2.91	23.47	665	34	14

续表

体重 （kg）	日增重 （kg）	干物质 （kg）	肉牛能量单位 （个/kg）	综合净能 （MJ）	粗蛋白质 （g）	钙 （g）	磷 （g）
	0	2.98	1.63	13.18	265	6	6
	0.3	3.63	2.12	17.15	403	14	8
	0.4	3.85	2.24	18.07	447	17	9
	0.5	4.07	2.37	19.12	489	19	10
175	0.6	4.29	2.50	20.21	530	22	11
	0.7	4.51	2.64	21.34	571	25	12
	0.8	4.72	2.81	22.72	609	28	13
	0.9	4.94	3.01	24.31	650	30	14
	1.0	5.16	3.24	26.19	686	33	15
	0	3.30	1.80	14.56	293	7	7
	0.3	3.98	2.34	18.91	428	14	9
	0.4	4.21	2.47	19.46	472	17	10
	0.5	4.44	2.61	21.09	514	20	11
200	0.6	4.66	2.76	22.30	555	22	12
	0.7	4.89	2.92	23.43	593	25	13
	0.8	5.12	3.10	25.06	631	28	14
	0.9	5.34	3.32	26.78	669	30	14
	1.0	5.7	3.58	28.87	708	33	15

体重 （kg）	日增重 （kg）	干物质 （kg）	肉牛能量单位 （个/kg）	综合净能 （MJ）	粗蛋白质 （g）	钙 （g）	磷 （g）
	0	3.60	1.87	15.10	320	7	7
	0.3	4.31	2.60	20.96	452	15	10
	0.4	4.55	2.74	22.09	494	17	11
	0.5	4.78	2.89	23.35	535	20	12
225	0.6	5.02	3.06	24.69	576	22	12
	0.7	5.26	3.22	26.02	614	25	13
	0.8	5.49	3.44	27.74	652	28	14
	0.9	5.73	3.67	29.62	691	30	15
	1.0	5.96	3.95	31.92	726	33	16
	0	3.90	2.20	17.78	346	8	8
	0.3	4.64	2.84	22.97	475	15	11
	0.4	4.88	3.00	24.23	517	18	11
	0.5	5.13	3.17	25.01	558	20	12
250	0.6	5.37	3.35	27.03	599	23	13
	0.7	5.62	3.53	28.53	637	25	14
	0.8	5.87	3.76	30.38	672	28	15
	0.9	6.11	4.02	32.47	700	30	15
	1.0	6.36	4.33	34.98	746	33	17

体重 （kg）	日增重 （kg）	干物质 （kg）	肉牛能量单位 （个/kg）	综合净能 （MJ）	粗蛋白质 （g）	钙 （g）	磷 （g）
	0	4.19	2.40	19.37	372	9	9
	0.3	4.96	3.10	25.06	501	16	11
	0.4	5.21	3.27	26.40	543	18	12
	0.5	5.47	3.45	27.87	581	20	13
275	0.6	5.72	3.65	29.46	619	23	14
	0.7	5.98	3.85	31.09	657	25	14
	0.8	6.23	4.10	33.10	696	28	15
	0.9	6.49	4.38	35.35	731	30	16
	1.0	6.74	4.72	38.07	766	32	17
	0	4.47	2.60	21.00	397	10	10
	0.3	5.26	3.35	27.07	523	16	12
	0.4	5.53	3.54	28.58	565	18	13
	0.5	5.79	3.74	30.17	603	21	14
300	0.6	6.06	3.95	31.88	641	23	14
	0.7	6.32	4.17	33.64	679	25	15
	0.8	6.58	4.44	35.82	715	28	16
	0.9	6.85	4.74	38.24	750	30	17
	1.0	7.11	5.10	41.17	785	32	17

体重 （kg）	日增重 （kg）	干物质 （kg）	肉牛能量单位 （个/kg）	综合净能 （MJ）	粗蛋白质 （g）	钙 （g）	磷 （g）
	0	4.75	2.78	22.43	421	11	11
	0.3	5.57	3.59	28.95	547	17	13
	0.4	5.84	3.78	30.54	586	19	14
	0.5	6.12	3.99	32.22	624	21	14
325	0.6	6.39	4.22	34.06	662	23	15
	0.7	6.66	4.46	35.98	700	25	16
	0.8	6.94	4.74	38.28	736	28	16
	0.9	7.21	5.06	40.88	771	30	17
	1.0	7.49	5.45	44.02	803	32	18
	0	5.02	2.95	23.85	445	12	12
	0.3	5.87	3.81	30.75	569	17	14
	0.4	6.15	4.02	32.47	607	19	14
	0.5	6.43	4.24	34.27	645	21	15
350	0.6	6.72	4.49	36.23	683	23	16
	0.7	7.00	4.74	38.24	719	25	16
	0.8	7.28	5.04	40.71	757	28	17
	0.9	7.57	5.38	43.47	789	30	18
	1.0	7.85	5.80	46.82	824	32	18

体重 （kg）	日增重 （kg）	干物质 （kg）	肉牛能量单位 （个/kg）	综合净能 （MJ）	粗蛋白质 （g）	钙 （g）	磷 （g）
	0	5.28	3.13	25.27	469	12	12
	0.3	6.16	4.04	32.59	593	18	14
	0.4	6.45	4.26	34.39	631	20	15
	0.5	6.74	4.50	36.32	669	22	16
375	0.6	7.03	4.36	38.41	704	24	16
	0.7	7.32	5.03	40.58	743	26	17
	0.8	7.62	5.35	43.18	778	28	18
	0.9	7.91	5.71	46.11	810	30	18
	1.0	8.20	6.15	49.66	845	32	19
	0	5.55	3.31	26.74	492	13	13
	0.3	6.45	4.26	34.43	613	18	15
	0.4	6.76	4.56	36.36	651	20	16
	0.5	7.06	4.56	38.41	689	22	16
400	0.6	7.36	5.03	40.58	727	24	17
	0.7	7.66	5.21	42.89	763	26	17
	0.8	7.96	5.65	45.65	798	28	18
	0.9	8.26	6.04	48.74	830	29	19
	1.0	8.56	6.50	52.51	866	31	19

表4-4 妊娠后期母牛的营养需要

体重 （kg）	妊娠 月份	干物质 （kg）	肉牛能量单位 （RND）	综合净能 （MJ）	粗蛋白质 （g）	钙 （g）	磷 （g）
300	6	6.32	2.80	22.60	409	14	12
	7	6.43	3.11	25.12	477	16	12
	8	6.60	3.50	28.26	587	18	13
	9	6.77	3.97	32.05	735	20	13
350	6	6.86	3.12	25.19	449	16	13
	7	6.98	3.45	27.87	517	18	14
	8	7.15	3.87	31.24	627	20	15
	9	7.32	4.37	35.30	775	22	15
400	6	7.39	3.43	27.69	488	18	15
	7	7.51	3.78	30.56	556	20	16
	8	7.68	4.23	34.13	666	22	16
	9	7.84	4.76	38.47	814	24	17
450	6	7.90	3.73	30.12	526	20	17
	7	8.02	4.11	33.15	594	22	18
	8	8.19	4.58	36.99	704	24	18
	9	8.66	5.15	41.58	852	27	19
500	6	8.40	4.03	32.51	563	22	19
	7	8.52	4.42	35.72	631	24	19
	8	8.69	4.92	39.76	741	26	20
	9	8.86	5.53	44.62	889	29	21
550	6	8.89	4.31	34.83	599	24	20
	7	9.00	4.73	38.23	667	26	21
	8	9.17	5.26	42.47	777	29	22
	9	9.34	5.90	47.61	925	31	23

表4-5 哺乳母牛的营养需要

体重 （kg）	干物质 （kg）	肉牛能量单位 （RND）	综合净能 （MJ）	粗蛋白质 （g）	钙 （g）	磷 （g）
300	4.47	2.36	19.04	332	10	10
350	5.02	3.65	21.38	372	12	12
400	5.55	2.93	23.64	411	13	13
450	6.06	3.20	25.82	449	15	15
500	6.56	3.46	27.91	486	16	16
550	7.04	3.72	30.04	522	18	18

表4-6 哺乳母牛每千克（kg）泌乳的营养需要

干物质 （kg）	肉牛能量单位 （RND）	综合净能 （MJ）	粗蛋白质 （g）	钙（g）	磷（g）
0.45	0.32	2.57	85	2.46	1.12

表4-7 哺乳母牛各泌乳月预计泌乳量（4%乳脂率）

泌乳力	哺乳月					
	1	2	3	4	5	6
较好	10.00	9.10	8.20	7.30	6.40	5.50
平均	7.50	6.90	6.20	5.50	4.80	4.20
较差	5.00	4.60	4.10	3.70	3.20	2.80

表4-8　矿物质需要量及最大耐受量(干物质基础)

矿物质		需要量		最大耐受量
		推荐量	范围*	
钙	%	—	**	2.0
钴	mg/kg	0.1	0.07~0.11	5.0
铜	mg/kg	8.0	4.0~10.0	115.0
碘	mg/kg	0.5	0.2~2.00	50.0
铁	mg/kg	50.0	50.0~100.0	1000.0
镁	%	0.10	0.05~0.25	0.4
锰	mg/kg	40.0	20.0~50.0	1000.0
磷	%	—	**	1.0
硒	mg/kg	0.20	0.05~0.30	2.0
钠	%	0.08	0.06~0.10	10.0
氯	%	—		
硫	%	0.10	0.08~0.15	0.4
锌	mg/kg	30.0	20.0~40.0	500.0
钼	mg/kg	—		6.0
钾	%	0.65	0.50~0.70	3.0

注:*矿物质需要量常因饲粮类型、动物体重、性别、生产水平等因素的不同而有差异,故列范围。**见表4-2至表4-8(引自冯仰廉等)。

第三节　常用饲料的种类及营养价值

一、常用饲料的种类

肉牛的主要饲料来源是蛋白质饲料、能量饲料、青绿饲料、粗饲料、糟渣类饲料、多汁饲料以及块根块茎饲料、矿物质饲料。在蛋白质饲料中,鉴于欧洲"疯牛病"的发病原因,我国政府已立法在反刍动物饲料中禁止使用动物源性饲料,因此,肉粉、磷酸氢钙等饲料已被禁止用于牛饲料中。青贮饲料和粗饲料是牛饲料的主要组成部分之一。饲料的营养价值,不仅决定于饲料本身,而且还受饲料加工调制的影响。科学的加工调制不仅可以改善适口性,提高采食量、营养价值及饲料利用率,而且是提高养牛经济效益的有效技术手段。

(一)蛋白质饲料

干物质中粗纤维含量在 18% 以下,粗蛋白质含量为 20% 及 20%以上的饲料。牛禁止使用的动物性饲料,主要是植物性蛋白质饲料、单细胞蛋白质饲料和非蛋白氮饲料。

1. 植物性蛋白质饲料 主要包括豆科籽实、饼粕类及其他加工副产品。

2. 单细胞蛋白质饲料 主要包括酵母、真菌及藻类。以酵母最具有代表性,其粗蛋白质含量 40% ~ 50%,生物学价值较高,含有丰富的 B 族维生素,牛日粮中可添加 1% ~ 2%,用量一般不超过 10%。

3. 非蛋白氮饲料 非蛋白氮可被瘤胃微生物合成菌体蛋白,被牛利用。常用的非蛋白氮主要是尿素,含氮 46% 左右,相当于粗蛋白288%,使用不当会引起中毒。用量一般与富含淀粉的精料混匀饲喂,喂后 1 h 再饮水。6 月龄以上的牛日粮中才能使用尿素。

(二)能量饲料

指干物质中粗纤维含量在 18% 以下,粗蛋白质含量在 20% 以下的饲料,是牛能量的主要来源。主要包括谷实类及其加工副产品(糠麸类)、块根、块茎类及其他。

1. 谷实类饲料 主要包括玉米、小麦、大麦、高粱、燕麦、稻谷等。其主要特点是:

(1)无氮浸出物含量高,一般占干物质的 66% ~ 80%,其中主要是淀粉;

(2)粗纤维一般在 10% 以下,适口性好,可利用能量高;

（3）粗脂肪含量在 3.5% 左右；

（4）粗蛋白质一般在 7%～10%，而且缺乏赖氨酸、蛋氨酸、色氨酸；

（5）钙及维生素 A、维生素 D 含量不能满足牛的需要，钙低磷高，钙、磷比例不当。

2. 糠麸类饲料 糠麸类饲料为谷实类饲料的加工副产品，主要包括麸皮和稻糠以及其他糠麸。其特点是除无氮浸出物含量（40%～62%）较少外，其他各种养分含量均较其原料高。有效能值低，含钙少而磷多，含有丰富的 B 族维生素，胡萝卜素及维生素 E 含量较少。

3. 块根、块茎饲料 块根、块茎类饲料种类很多，主要包括甘薯、马铃薯、木薯等。按干物质中的营养价值来考虑，属于能量饲料。

（三）青绿饲料

青绿饲料指天然水分含量 60% 以上的青绿多汁植物性饲料。一般有以下特点：

1. 青绿饲料粗蛋白质较丰富，品质优良，其中非蛋白氮大部分是游离氨基酸和酰胺，对牛的生长、繁殖和泌乳有良好的作用。

2. 干物质中无氮浸出物含量为 40%～50%，粗纤维不超过 30%。

3. 青绿饲料含有丰富的维生素，特别是维生素 A。

4. 矿物质中钙、磷含量丰富，比例适当，尤其是豆科牧草，还富含铁、锰、锌、铜、硒等必需的微量元素。

5. 青绿饲料易消化，牛对青绿饲料有机物质的消化率可达 75%～85%，还具有轻泻、保健作用。

6. 青绿饲料干物质含量低，能量含量也低，应注意与能量饲料、蛋白质饲料配合使用，青饲补饲量不要超过日粮干物质的 20%。

常见的青绿饲料有：天然牧草、栽培牧草、树叶类饲料、叶菜类饲料、水生饲料。

（四）粗饲料

干物质中粗纤维含量在 18% 以上的饲料均属粗饲料。包括青干草、秸秆及秕壳等。

1. 干草 干草是青绿饲料在尚未结籽以前刈割,经过日晒或人工干燥而制成的,较好地保留了青绿饲料的养分和绿色,是牛的重要饲料。

(1)优质干草叶多,适口性好,蛋白质含量较高,胡萝卜素、维生素 D、维生素 E 及矿物质丰富。

(2)不同种类的牧草质量不同,粗蛋白质含量禾本科干草为 7%~13%,豆科干草为 10%~21%,粗纤维含量为 20%~30%,所含能量为玉米的 30%~50%。

(3)调制干草的牧草应适时收割,刈割时间过早水分多,不易晒干;过晚营养价值降低。禾本科牧草以抽穗到扬花期,豆科牧草以现蕾期到开花始期即有 1/10 开花时收割为最佳。

(4)青干草的制作应干燥时间短,均匀一致,减少营养物质损失。另外,在干燥过程中尽可能减少机械损失、雨淋等。

2. 秸秆 农作物收获籽实后的茎秆、叶片等统称为秸秆。

(1)秸秆中粗纤维含量高,可达 30%~45%,其中木质素多,一般为 6%~12%。

(2)能量和蛋白质含量低,单独饲喂秸秆时,难以满足牛对能量和蛋白质的需要。

(3)秸秆中无氮浸出物含量低。

(4)缺乏一些必需的微量元素,并且利用率很低。

(5)除维生素 D 外,其他维生素也很缺乏。

3. 秕壳 指籽实脱离时分离出的荚皮、外皮等。营养价值略高于同一作物的秸秆,但稻壳和花生壳质量较差。

(五)糟渣类饲料

酿造、淀粉及豆制品加工行业的副产品。水分含量高,可达 70%~90%,干物质中蛋白质含量为 25%~33%,B 族维生素丰富,还含有维生素 B_{12} 及一些有利于动物生长的未知生长因子。

1. 啤酒糟 鲜糟中含水分 75% 以上,干糟中蛋白质为 20%~

25%,体积大,纤维含量高。鲜糟日用量不超过 10～15 kg,干糟不超过精料的 30% 为宜。

2. 白酒糟 因制酒原料不同,营养价值各异,蛋白质含量一般为 16%～25%,是肥育肉牛的好原料,鲜糟日喂量 15 kg 左右。酒糟中含有一些残留的酒精,对妊娠母牛不宜多喂。

3. 豆腐渣、酱油渣及粉渣 为豆科籽实类加工副产品,干物质中粗蛋白质含量在 20% 以上,粗纤维较高。维生素缺乏,消化率也较低。由于水分含量高,一般不宜存放过久。

(六)多汁类饲料

包括直根类、块根、块茎类(不包括薯类)和瓜类。

1. 含水量高,为 70%～95%,松脆多汁,适口性好,容易消化,有机物消化率高达 85%～90%。

2. 多汁饲料干物质中主要是无氮浸出物,粗纤维仅含 3%～10%,粗蛋白质含量只有 1%～2%,利用率高。

3. 钙、磷、钠含量少,钾含量丰富。

4. 维生素含量因饲料种类差别很大。胡萝卜、南瓜中含胡萝卜素丰富,甜菜中维生素 C 含量高,缺乏维生素 D。

5. 只能作为牛的副料,可以提高牛的食欲,促进泌乳,提高肉牛的肥育效果,维持牛的正常生长发育和繁殖。

6. 多汁类饲料适宜切碎生喂,或制成青贮料,也可晒干备用(但胡萝卜素损失较多)。

(七)矿物质饲料

矿物质饲料一般指为牛提供食盐、钙源、磷源的饲料。

食盐的主要成分是氯化钠,用其补充植物性饲料中钠和氯的不足,还可以提高饲料的适口性,增加食欲。牛喂量为精料的 1%～2%。

石粉和贝壳粉是廉价的钙源,含钙量分别为 38% 和 33% 左右,是补充钙营养的最廉价的矿物质饲料。

磷酸氢钙的磷含量 18% 以上,含钙不低于 23%;磷酸二氢钙含磷

21%,钙20%;磷酸钙(磷酸三钙)含磷20%,钙39%,均为常用的无机磷源饲料。

（八）饲料添加剂

饲料添加剂的作用是完善饲料的营养性,提高饲料的利用率,促进牛的生产性能和预防疾病,减少饲料在贮存期间的营养损失,改善产品品质。

二、肉牛的营养需要

牛的营养需要是指牛每天对能量、蛋白质、矿物质、维生素等营养素的需求量。牛的营养需要会因为品种、性别、年龄、生产目的、生产性能的不同而有所差异,但一般都可分为维持需要和生产需要两部分。

（一）维持需要

是指处在休闲状态时,肉牛不增重也不掉重,仅为维持正常生理机能,即维持生命所需要的营养物质。

（二）生产需要

是指满足动物正常生产的,经过动物的生物转化,转化成动物产品的那部分营养物质。

肉牛的营养需要主要包括:维持牛体正常生命的基础代谢需要和生产的需要,而生产需要中包括生长发育、繁殖、增重的需要。满足营养需要要靠供给多种营养物质来完成,例如水、干物质、能量、蛋白质、纤维素、矿物质及维生素。

1. **水** 对肉牛生理、总采食量有着不可缺少的作用,对水的需要受日粮中干物质、矿物质含量、肉牛生理状况(妊娠阶段)、环境(温、湿度以及通风程度、饮水温度)等的影响。每日需水量为30 L以上。

肉牛每日的饮水量也是有高峰期的(据说出现在每日下午的3时和夜间的9时,占全日用水量的40%以上),因此,水槽及供水设施的设计应以它的高峰期用水量为设计基础,保证在短时间内一群牛的用水,炎热的夏天更是如此。在生产中水的重要性往往被人们所忽视,除水量外,尚有供水温度、清洁度、质量等。

2.**干物质** 肉牛所需要的营养物质基本上全包括在干物质之中,所以,干物质的采食量对肉牛来说十分重要,尤其是三元杂交肉牛随着体重的增加,采食量必然增加。干物质采食量受下述因素的制约,体重、环境条件、饲料类型与品质(日粮水分过高、干物质采食量相对变低、粗饲料适口性与消化率可左右其干物质采食量)以及饲喂方式和体况等。

如果精粗饲料单独饲喂时,以粗饲料为主辅以精饲料的话,粗饲料干物质量占50%~70%,精饲料干物质占30%~50%,总干物质量为100%。

用精饲料干物质代替粗饲料干物质的关系是,代替的越多,粗饲料的采食量就减少的越多。

用于维持需要的干物质量举例:

体重350 kg时需干物质量为5.02 kg;

体重400 kg时需干物质量为5.50 kg;

体重450 kg时需干物质量为6.06 kg;

体重500 kg时需干物质量为6.56 kg;

体重550 kg时需干物质量为7.04 kg;

体重600 kg时需干物质量为7.52 kg;

体重650 kg时需干物质量为7.98 kg。

表4-9 生长牛各阶段的干物质采食量

月　龄	干物质占体重百分比(%)
2月龄以前的犊牛	1.5
3~6月龄间的犊牛	2.5
12月龄的育成牛	2.1
18月龄的育成牛	1.6

3.**能量** 肉牛所需要的能量来源主要有糖、淀粉、纤维素、脂肪等碳水化合物与类脂类,它们用于维持生命的基础代谢和生产,与外界温度、生长速度、增重等的变化有关。

与温度变化间的关系:母牛的最适宜温度在 13～18℃,低温时热的损失增加。在 18℃ 的基础上,平均每下降 1℃ 产热增加 2.512 KJ,据此应增加 1.2% 的维持能量。从 21℃ 增加到 32℃,为了散掉多余的热平均每上升 1℃ 要多消耗 3% 的维持能量。

与饲养方式也有所不同,在运动场逍遥运动就比拴饲时需要提高 15% 的维持能量。放牧时要按运动量也就是千米来增加维持能量。

能量的提供量超过需要量时,超过的部分就会变成脂肪贮存于体内,脂肪除提供能量之外,它还是脂溶性维生素的载体,但反刍动物日粮中脂肪量过多会影响到采食量导致瘤胃功能失调。

维持需要的净能计算公式:

维持净能（兆焦/日・头）$= 0.085 \times$ 体重$^{0.75}$（kg）

4.蛋白质　肉牛对蛋白质的需要主要用于生长、维持、繁殖,如果缺少蛋白质牛生长(包括胎儿)发育会变慢甚至停止,反刍动物除了可以利用真蛋白外,还可以利用酰胺类的非蛋白氮。非蛋白氮还包括尿素类的化学物质。蛋白氮中分为可降解部分与不可降解部分,但非蛋白氮则可以全部降解。

肉牛每增重 1 kg 体重需要 320 g 粗蛋白质,减重时同样可以提供 320 g 粗蛋白质。生长母牛的需要包括维持在内的粗蛋白质供应量。

0 月龄 250～260 g　　1 月龄 250～290 g　　2 月龄 320～350 g

3 月龄 350～400 g　　4 月龄 500～520 g　　5 月龄 500～540 g

6 月龄 540～580 g　　7～12 月龄 600～650 g　13～18 月龄 640～720 g

青年牛期 750～850 g

哺乳期间犊牛日粮中粗蛋白水平应为 22%～24%,3～6 月龄 16%～18%,7～12 月龄 14%,12～18 月龄 12%。在蛋白质的使用过程中应考虑到它们的降解率不同,便于更合理的使用蛋白质饲料。

表 4-10　不同饲料的蛋白降解率

名称	花生饼	玉米青贮	菜饼	干草	棉籽饼	麦秸	豆饼
降解率(%)	80	70	75	70	60	50	60

5.粗纤维　纤维对瘤胃的功能正常运转起着保证作用,如刺激瘤

胃蠕动与正常的反刍,维持瘤胃 pH 6～7 的环境有利于瘤胃细菌的正常繁殖和活动。肉牛日粮中的粗纤维含量应有 15%～17%,而其中不少于 75%～80% 来自粗饲料。犊牛(3～6月龄)粗纤维含量应大于 13%,育成牛期大于 15%,泌乳牛大于 17%～20%,干肉牛大于 22%。

6. 矿物质 它是构成动物体的重要组成部分,如骨骼、牙齿。与蛋白质结合构成体内软组织,众多的酶系统和组织间的渗透作用都与多种矿物质有关。矿物质不足会导致牛繁殖率低、生长牛发育不良、疾病等。

因此,在日粮中添加矿物质调整平衡是十分必要的。肉牛所需要的矿物质根据其量的多少把它分成常量元素与微量元素两大类,前者包括钙、磷、镁、钾、氯、硫,后者包括锰、铜、锌、钴、硒、铁等。生长牛钙、磷需要量(克)见表 4－11。

表 4－11　生长牛钙、磷需要量　　　　　　　　单位:g

阶段	钙	磷
1 月龄	12～14	9～11
2 月龄	14～16	10～12
3 月龄	14～18	12～14
4 月龄	20～22	13～14
5 月龄	22～24	13～14
6 月龄	22～24	14～16
7～12 月龄	30～32	20～22
13～18 月龄	35～38	24～25
青年牛期	45～47	32～34

食盐的需要量 泌乳母牛按日粮干物质采食量的 0.46% 或配合

饲料的1%。生长牛为9%。

钾的需要量,生长母牛需要量为0.65%。

镁的需要量 母牛按日粮干物质的0.2%,若添加氧化镁时为0.5%~0.8%。

硫的需要量 犊牛0.29%、生长牛为0.16%,维持高产肉牛最大饲料采食量的适宜氮、硫比为(10~12):1。

微量元素需要量 肉牛对它的需要量较小,但它是牛的多种功能所必需的物质,它的计算量是用毫克/千克干物质,也可用百万分几表示(mg/kg)。需要量及最大耐受量和中毒量如下列表4-12:

表4-12 需要量及最大耐受量和中毒量 单位:mg/kg

名称	需要量	耐受量	中毒量
铁(Fe)	75~100	500	>500
锰(Mn)	40	40	40~100
铜(Cu)	10	50	50~300
钴(Co)	0.1~0.2	30	>30
锌(Zn)	30~50	150	150~420
钼(Mo)	1	5	180
碘(I)	0.8~1.0	8~20	
硒(So)	0.3	3	3~4

7.**维生素** 维生素分脂溶性与水溶性两大部分,前者包括维生素A,D,E,K,后者有维生素B族与维生素C,肉牛容易缺乏的维生素是脂溶性的维生素A,D,E,其他维生素牛瘤胃微生物全能合成。维生素A能保持各种器官系统的黏膜上皮组织的健康及其正常生

理机能,维持牛的正常视力与繁殖机能。它的缺乏会引起一系列的黏膜上皮组织抵抗能力减弱的疾病和妊娠方面的疾病,如流产、死胎等。

牛的维生素 A 的需要量一般为每千克干物质 2 200 IU,干肉牛、泌乳早期牛 4 000 IU,犊牛 3 800 IU,一般泌乳牛 3 200 IU。饲料(青贮、青饲、胡萝卜等)基本正常情况下可以提供足够 β - 胡萝卜素,每 1 mg β - 胡萝卜素可以转化为维生素 A 400 IU。只有在下述情况下才应该补充维生素 A。①饲草以秸秆为主;②干草霜后收获;③单纯玉米青贮(甚至是掰棒后玉米)精料中玉米等品种占的比重很低;④初乳与常乳喂量不足,早期断奶的犊牛,自行配制的人工乳中;⑤在热应激中、运输时补充是十分必要的,一般补充 0.5 ~ 1.0 倍量。

维生素 D 的主要功能是调整钙与磷的吸收、代谢和骨骼的生长发育。缺乏时引起犊牛的佝偻症和成母牛的软骨症。以牛尾部骨骼的吸收程度随时可以判断。

一般认为犊牛与生长牛的需要量以每 100 kg 体重 660 IU。如果饲喂的饲草是经过充分晒制的中等以上质量,或者肉牛是放牧和有运动场围栏设施饲养并且能够充分进行日光浴的话,是没有必要补充维生素 D 的。

维生素 E,它的主要作用是生物抗氧化剂和游离基清除。可以提高细胞和体液的免疫反应。犊牛缺乏它时以肌肉营养不良为特征。成年牛从天然饲料中可以获得足够量。饲料的长期贮存其维生素 E 的含量会随贮存时间的延长而减少。犊牛维生素 E 的需要量,每千克日粮干物质 25 ~ 40 IU,育肥牛 15 IU。

水溶性维生素以 B 族为多,包括硫胺素、核黄素、吡哆醇、生物素、烟酸、维生素 B_{12}、胆碱等,都对生理代谢起着一定作用。但牛的瘤胃微生物是可以合成的。犊牛瘤胃发育正常以前维生素 B 族的供应多来自牛奶,因此,对喂牛用的鲜奶提温时的高度应予以注意,一般 40℃ 以内为宜。

第四节 精饲料的生产与储备

肉牛的精饲料来源是蛋白质饲料、能量饲料、矿物质饲料、维生素和微量元素等。

一、蛋白质饲料

干物质中粗纤维含量在18%以下,粗蛋白质含量为20%及以上的饲料。牛禁止使用动物源性饲料,主要使用植物性蛋白质饲料、单细胞蛋白质饲料和非蛋白氮饲料。

1. **植物性蛋白质饲料** 主要是豆类籽实及其加工副产品,如大豆、花生、棉籽、菜籽、芝麻等经提取油后的饼类,例如大豆饼(粕)、花生饼(粕)、棉仁饼(粕)、菜籽粕等等。这些饲料的特点是蛋白质含量高,占30%~50%,各种原料因榨油方法不同,营养价值差异较大。豆饼(粕)按干物质计算一般蛋白质含量为40%~50%、粗纤维为5%、钙0.36%、磷0.56%,是肉牛的主要蛋白质饲料。值得注意的是大豆饼中含有抗胰蛋白酶、血球凝集素、皂角苷和脲酶,花生饼中也含有抗胰蛋白酶,棉仁粕中含有棉酚,菜籽粕中含有芥子苷,它们都必须经过加热等办法做脱毒处理。大豆、豌豆、蚕豆等豆类本身也是较好的蛋白质饲料,但大豆喂肉牛前也必须经过加热处理后方可饲喂(如图4-2)。

图4-2 炒黄豆

图4-3 全棉籽

2.**单细胞蛋白质饲料** 主要包括酵母、真菌及藻类。以酵母最具有代表性,其粗蛋白质含量40%~50%,生物学价值较高,富含各种必需氨基酸,营养价值与乳蛋白相似,含有丰富的B族维生素,无机盐和未知促生长因子。牛日粮中可添加1%~2%,用量一般不超过10%。

图4-4 玉米溶浆蛋白

3.**非蛋白氮饲料** 非蛋白氮可被瘤胃微生物合成菌体蛋白,被牛利用。常用的非蛋白氮主要是尿素,含氮46%左右,相当于粗蛋白

288%,使用不当会引起中毒。用量一般与富含淀粉的精料混匀饲喂,喂后 1 h 再饮水。6 月龄以上的牛日粮中才能使用尿素。

肉牛可以利用非蛋白氮作为合成蛋白质的原料。一般常用的含氮物有尿素、双缩脲和某些胺盐,目前利用最广泛的是尿素。尿素含氮47%,是碳、氮与氢化合而成的简单非蛋白质氮化物。尿素的全部氮如果都被合成蛋白质,则 1 kg 尿素相当于 7 kg 豆饼的蛋白质。由于尿素有盐味和苦味,直接混于精料中喂牛,牛开始有一个不适应的过程,加上尿素在瘤胃中分解速度快于合成速度,就会有大量的尿素分解成氨进入血液。因此,用尿素饲喂肉牛要有一个由少到多的过渡阶段,还必须是在日粮中蛋白质不足 10% 时方可加入,且用量不得超过日粮干物质的 1%,成年肉牛以每头每日不超过 200 g 为限。日粮中也应含有一定量的高能量饲料,并配以 8 倍量糖蜜,充分拌匀,以保证瘤胃内微生物的繁殖、发酵。饲喂尿素后 1 h 内不要喂水。近年来,秸秆氨化技术已得到广泛普及,用3% ~5% 的氨处理秸秆,氨的消化率可提高 20%,秸秆干物质的消化率提高 10% ~ 17%。肉牛对秸秆的进食量比未处理的增加 10% ~20%。

二、能量饲料

指干物质中粗纤维含量在 18% 以下,粗蛋白质含量在 20% 以下的饲料,是牛能量的主要来源。主要包括谷实类及其加工副产品(糠麸类)、块根、块茎类及其他。

1.**谷物类饲料** 主要包括玉米、小麦、大麦、高粱、燕麦、稻谷等。其主要特点是:

(1)无氮浸出物含量高,一般占干物质的 66% ~80%,其中主要是淀粉;

(2)粗纤维一般在 10% 以下,适口性好,可利用能量高;

(3)粗脂肪含量在 3.5% 左右;

(4)粗蛋白质一般在 7% ~10%,而且缺乏赖氨酸、蛋氨酸、色氨酸;

(5)钙及维生素 A、维生素 D 含量不能满足牛的需要,钙低磷高,钙、磷比例不当。

玉米 玉米所含能量在谷实饲料中处于首位,含粗纤维少,易消化,适口性好,但蛋白质及氨基酸含量很低,不含维生素 D。

图 4 - 5 压片玉米

高粱 高粱的成分与玉米相似,但由于高粱中含有单宁,有涩味,适口性较差,而且缺乏赖氨酸和苏氨酸。

大麦 同玉米相比,大麦含蛋白质稍高,几种必需氨基酸也稍高于玉米,消化能略低于玉米。

稻谷 稻谷具有粗硬的种子外壳,粗纤维较高,能量低于玉米,粗蛋白质含量与玉米近似。

2. 糠麸类饲料 米糠是糙米加工白米时,分离出来的种皮、糊粉层与胚 3 种物质的混合物。其能量和蛋白质含量高,但由于不饱和脂肪酸含量高,容易因氧化而酸败。米糠在日粮中配比过高,易引起下泻;麸皮是小麦磨粉的副产品,是由小麦的种皮、糊粉层、少量的胚和胚乳组成。麸皮含粗纤维较高,粗蛋白质含量也较好,并含有丰富的 B 族维生素。由于其体积大,重量较轻,质地疏松,且含磷、镁高有轻泻性,故在母牛产犊后喂以麸皮水,可以促进母牛的消化机能和防止便秘。糠麸类饲料主要包括麸皮和稻糠以及其他糠麸。其特点是除无氮浸出物含量(40% ~62%)较少外,其他各种养分含量均较其原料高。有效能值低,含钙少而磷多,含有丰富的 B 族维生素,而胡萝卜素及维生素 E 含量较少。

图 4-6 赖氨酸

3.**块根、块茎饲料** 块根、块茎类饲料种类很多,主要包括甘薯、马铃薯、木薯等。按干物质中的营养价值来考虑,属于能量饲料。但带有黑斑病的甘薯不能喂牛,否则会导致气喘病或致死。发芽的马铃薯芽和芽眼中的龙葵素,也会引起肉牛的胃肠炎。胡萝卜是一种优良的多汁饲料,它含有丰富的胡萝卜素,并含有一定数量的蔗糖和果糖,它的主要作用是冬季可用作多汁饲料和供给胡萝卜素。

三、矿物质饲料

可供饲用的天然矿物质,称矿物质饲料,以补充钙、磷、镁、钾、钠、氯、硫等常量元素(占体重 0.01% 以上的元素)为目的。如石粉、碳酸钙、磷酸钙、磷酸氢钙、食盐、硫酸镁等。食盐的主要成分是氯化钠,用其补充植物性饲料中钠和氯的不足,还可以提高饲料的适口性,增加食欲。牛喂量为精料的 1%~2%。

石粉和贝壳粉是廉价的钙源,含钙量分别为 35% 和 33% 左右,是补充钙营养的最廉价的矿物质饲料。

图4-7 农达威益康XP

磷酸氢钙的磷含量16%以上,含钙不低于21%;磷酸二氢钙含磷21%,钙20%;磷酸钙(磷酸三钙)含磷20%,钙39%,均为常用的无机磷源饲料。

四、饲料添加剂

为补充营养物质、提高生产性能、提高饲料利用率、改善饲料品质、促进生长繁殖、保障肉牛健康而掺入饲料中的少量或微量营养性或非营养性物质,称饲料添加剂。饲料添加剂的作用是完善饲料的营养性,提高饲料的利用率,促进肉牛的生产性能和预防疾病,减少饲料在贮存期间的营养损失,改善产品品质。

肉牛常用的饲料添加剂主要有:维生素添加剂,如维生素A、D、E、烟酸等;微量元素(占体重0.01%以下的元素)添加剂,如铁、铜、锌、锰、钴、硒、碘等;氨基酸添加剂,如保护性赖氨酸、蛋氨酸;瘤胃缓冲、调控剂,如:碳酸氢钠、脲酶抑制剂等;酶制剂,如淀粉酶、蛋白酶、脂肪酶、纤维素分解酶等;活性菌(益生素)制剂,如乳酸菌、曲霉菌、酵母制剂等;饲料防霉剂,如双乙酸钠等;抗氧化剂,如乙氧喹(山道喹),可减少苜蓿草粉胡萝卜素的损失,二丁基羟基甲苯(BHT)、丁羟基茴香脑(BHA)均属油脂抗氧化剂。

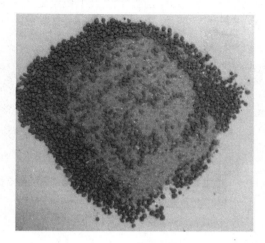

图4-8　赖氨酸硫酸盐

第五节　粗饲料的生产与储备

干物质中粗纤维含量大于或等于18%(CF/DM≥18%)的饲料统称粗饲料。粗饲料主要包括干草、秸秆、青绿饲料、青贮饲料四种。

图4-9　小麦秸秆捆　　　　图4-10　压块玉米秸秆

一、干草

干草为水分含量小于15%的野生或人工栽培的禾本科或豆科牧草。如野干草（秋白草）、羊草、黑麦草、苜蓿等。

图4-11　小麦秸秆

图4-12　稻草捆

二、秸秆

农作物收获后的秸、藤、蔓、秧、荚、壳等。如玉米秸、稻草、谷草、花生藤、甘薯蔓、马铃薯秧、豆秸、豆荚等。有风干和青绿两种。

三、青绿饲料

为水分含量大于或等于45%的野生或人工栽培的禾本科或豆科牧草和农作物植株。如野青草、青大麦、青燕麦、青苜蓿、三叶草、紫云英和全株玉米青饲等。

图4-13　黑麦草

图4-14　带棒青贮玉米

四、青贮饲料

是以青绿饲料或青绿农作物秸秆为原料,通过铡碎、压实、密封,经乳酸发酵制成的饲料。含水量一般在65%～75%,pH4.2左右。含水量45%～55%的青贮饲料称低水分青贮或半干青贮,pH4.5左右。

五、多汁饲料

干物质中粗纤维含量小于18%,水分含量大于75%的块根、块茎、瓜果、蔬菜类及粮食、豆类、块根等湿加工的副产品即糟粕料称多汁饲料。如胡萝卜、萝卜、甘薯、马铃薯、甘蓝、南瓜、西瓜、苹果、大白菜、甘蓝叶属能量饲料。糟粕料中的淀粉渣、糖渣、甜菜渣、酒糟属能量饲料;豆腐渣、酱油渣、啤酒糟属蛋白质补充料。

图4-15 胡萝卜

第六节 肉牛饲料配方制作技术

一、日粮配合技术

(一)牛的饲养标准

牛的饲养标准是根据牛的不同品种、性别、年龄、体重、生理状况、生产目的与水平,制定的一头牛每昼夜应给予的能量和各种营养物质的数量定额。牛的饲养标准是在多次试验和长期实践中产生的。各个国家分别制定了本国所适用的牛的饲养标准。

(二)日粮配合技术

日粮是指一昼夜内一头牛所采食的一组混合饲料,通常包括青饲料、粗饲料、精饲料和添加剂饲料。根据科学饲养原理和饲养标准配制的日粮中,能量和各种营养物质的种类、数量及其相互比例能满足肉牛的需要时,则称为全价日粮或平衡日粮。

在饲养实践中,并不是每天配制日粮,而是按照全价日粮配方比例,配合大批混合饲料即称为饲粮。

1.**配合日粮的原则**　配合日粮是肉牛业中的一个重要环节,只有合理地配合全价日粮,方能满足牛的营养需要,充分发挥牛的生产性能,提高肉牛业的经济效益。日粮配合并不是简单地把几种饲料混合在一起就行了,必须遵循一定的配合原则。

(1)必须以饲养标准为基础,灵活应用,结合当地实际,适当增减。

(2)必须首先满足牛对能量的需要,在此基础上再考虑对蛋白质、矿物质和维生素的需要。如将牛营养需要量以百分比表示,则矿物质和维生素为 1% ~2% ,蛋白质为 6% ~12% ,能量为 86% ~93% 。

(3)饲粮的组成要符合肉牛的消化生理特点,合理搭配。牛属草食动物,应以粗饲料为主,搭配少量精饲料,粗纤维含量可在 15% 以上。

(4)日粮要符合牛的采食能力。日粮组成既要满足牛对营养物质的需要,又要让牛吃得下,吃得饱。牛的采食量为每 100 kg 体重 2~3 kg 干物质/日。

(5)日粮组成要多样化,发挥营养物质的互补作用,使营养更加平衡。

(6)尽量就地取材,降低成本。饲料应尽可能就地生产,少用商品饲料。不同地区,不同季节,应采用不同的日粮配方。

2.**配合日粮的方法**　为了得到一个良好的日粮配方,首先要掌握饲养标准的内容和熟悉各类饲料的营养特点,然后按以下方法步骤进行:

(1)查表:查牛饲养标准和饲料营养价值表,确定所饲养肉牛的营养需要量和拟用饲料的营养价值。

(2)初配:确定日粮中饲草的种类和用量,通常可按每100 kg体重给予1~1.5 kg干草和3~4 kg青贮料。

(3)补充和平衡:将牛的营养需要减去饲草提供的养分量,即为由精料补充的养分量。矿物质和维生素的补充也应该在这一步骤内完成。

这里介绍一种叫做"四方法"的日粮配合方法。如给体重为300 kg、日增重为0.8 kg的肥育小阉牛配合日粮,所用饲料为玉米、玉米秸秆和豆饼,要求所配日粮的粗蛋白含量为12%。具体方法如下:

(1)查饲料营养价值表,三种饲料的粗蛋白含量如下:

玉米	玉米秸秆	豆饼
8.6%	8.5%	43%

(2)画一四方形,四方形中央为日粮所要求的粗蛋白含量。

玉米和玉米秸秆所含粗蛋白很接近,故将其组成一组(按四份玉米秸秆和1份玉米配合,即玉米秸秆占4/5,玉米占1/5)放在四方形的左上角,豆饼放在四方形的左下角。将玉米秸秆、玉米、豆饼所含粗蛋白与日粮所要求的粗蛋白含量的差数(按四方形内对角线的箭头所示方向取得两数的差值之绝对值)分别写在四方形的右下角和右上角。

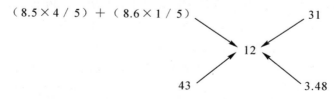

（8.5×4/5）＋（8.6×1/5）　　　　　　31

12

43　　　　　　3.48

然后计算日粮中玉米秸秆、玉米和豆饼的用量,其算式如下:
玉米秸秆与玉米用量:31.0%÷(31.0%＋3.5%)＝89.9%

其中:玉米秸秆用量:89.9%×4/5=71.9%

玉米用量:89.9%×1/5=18.0%

豆饼用量: 3.5%÷(31.0%+3.5%)=10.1%

（3）以上混合料,玉米秸秆占71.9%,玉米占18.0%,豆饼占10.1%。其粗蛋白含量已达到要求（如不满足需要,可调整玉米秸秆与玉米的比例,使玉米的比例加大,直至整个日粮能量符合肉牛生长之需要）,而混合料的矿物质含量不符合要求,经计算并与饲养标准比较,磷已达到要求,钙不足,可用石粉补充。

石粉的补充量,也用"四方法"计算。即将饲养标准中钙的需要量放在四方形的中央,上述混合料中钙的含量放在四方形的左上角,石粉含钙量放在左下角,其计算方法同上。计算出石粉在日粮中的用量以及上述混合料在日粮中的用量后,再补充维生素A 30 000万IU,并按混合精料2%的比例加进食盐。这样,按饲养标准肥育小阉牛的日粮就基本配合成功了。

值得说明的是,饲养标准中规定的营养定额,为肉牛的平均营养需要量,在实际配合日粮时,允许根据牛群体况酌情调整。但是,能量的实际供给量应不超过标准的±5%,蛋白质实际供给量则不宜超过±5%~10%。此外,在采用矿物质饲料补充日粮中的钙和磷时,必须注意二者保持适当比例(1.5~2):1。肉牛日粮中含有大量青饲料和青贮料时,其中所含胡萝卜素往往超过肉牛的实际需要,这对肉牛的健康和生长一般无不良影响,可不予考虑。

二、饲养日程

合理的工作日程,能使肉牛场的工作和职工生活趋于规律化,劳动效率提高。同时也能保证肉牛有合理的饲养管理制度,充分发挥产肉性能。工作日程规定后,要严格执行。一般采用日喂2次,早晚各喂1次,间隔12 h的方法。工作日程因季节及饲养方式等原因需要变更时,不要突变,采取逐渐过渡的方式。一般是冬季贪黑不起早,夏季起早不贪黑。在工作日程里,肉牛夜间休息的时间不少于6~7 h,合理的肉牛舍工作顺序应为清粪、饲喂、刷拭、运动、清洁等。

第七节　哺乳肉牛饲料配方实例

一、哺乳犊牛的生理特点和饲养管理要点

(一)哺乳犊牛的生理特点

哺乳犊牛是指 0～2 月龄之内以乳汁为主要营养来源的初生小牛。或者从初生至断乳前的小牛,一般称为犊牛。它生长发育快,新陈代谢旺盛,但消化器官尚未充分发育,适应能力较弱,对外界环境的抵抗力较低,在饲养上应进行精心的管理和供给富含营养且易消化的食物。由于其消化特点和成年牛有显著不同,因此,犊牛饲养管理要做到"三早、四定、三细四看、三防"原则。"三早":早吃初乳、早补饲、早断奶。"四定":定时、定量、定温、定人。"三细":细养、细喂、细管。"四看":看食槽、看粪便、看食相、看肚腹。"三防":防拉稀、防肺炎、防脐炎 。

(二)哺乳犊牛的饲养管理要点

1. 新生牛接产严格按规范要求操作　母牛应在清洁干燥的场所、安静的环境下产犊。产犊舍铺垫新的柔软褥草,应以自然分娩为主,适当辅以助产。犊牛出生后应立即用碘酊消毒脐部,擦干周身黏液,特别是口鼻内黏液。

2. 早喂初乳　母牛分娩后最初 7 d 内所分泌的乳汁称为初乳。7 d 后分泌的乳汁称为常乳。初乳中含有丰富而且容易消化吸收的干物质、蛋白质、脂肪、矿物质及维生素等;含有 3 种免疫球蛋白(免疫球蛋白 M、G、A),能增强犊牛的抗病力;含有免疫活性细胞干扰素、补体(C、C3、C4)、溶菌霉等免疫物质,可增强犊牛的免疫机能;含有 K 抗原凝集素,能抵抗特殊品系的大肠杆菌,保护犊牛不受侵袭;含有较多的盐类,有轻泻作用,利于胎便的排出。初乳可使胃液与肠道内容物变成酸性,形成不利于细菌生存的环境,甚至可杀死有害细菌。初

生犊牛的皱胃和肠壁上没有黏膜,初乳能覆盖在肠壁上代替黏膜,阻止细菌侵入血液中。

初乳对犊牛免疫机能的建立具有重要作用。犊牛出生后,随着时间的推移,其吸收初乳中免疫球蛋白的能力减弱,因此及早哺喂初乳十分重要。一般在犊牛出生后 0.5 ~ 1 h,最迟不超过 2 h 哺喂初乳,而且喂量不应少于 1 kg。肉用犊牛喂乳量可根据体型大小、健康状况合理掌握,其喂量可参照表 4 - 13。

表 4 - 13 肉用犊牛喂乳量参照 单位:kg

	周龄	1 ~ 2	3 ~ 4	5 ~ 6	7 ~ 8	9 ~ 13	14 周以后	全期喂量
日喂量	小型牛	3.7 ~ 5.0	4.2 ~ 6.0	4.4	3.6	2.6	1.5	400
	大型牛	4.5 ~ 6.5	5.7 ~ 8.0	6.0	4.8	3.5	2.0	540

对纯种肉用牛和杂交肉用牛,一般采用随母哺乳方法培育犊牛,在其出生后能站立时即引导犊牛吃初乳。具体作法为:将犊牛头引至乳房下,挤出乳汁于手指上,让犊牛舔食,并引至乳头吮乳。对肉乳兼用牛,由于母牛产犊后奶水增加较快,以避免犊牛一次吃乳太多,引起消化不良,前三天可随母哺乳,以后通常采用人工哺乳。可利用乳桶或奶瓶饲喂,日哺乳量占体重的 12% ~ 16%,分三次等量供给,第一次喂量不得低于 1.5 kg。为减轻人工哺乳的劳力负担,最好通过调教使犊牛在盆或桶等容器中自己吃奶。喂奶 1 h 后,要喂温热水 0.5 kg以上,以补充体内所需水分。

3. 早饮水 母牛产后应供给充足的饮水,有条件的可喂温水食盐麸皮汤。牛奶中虽然含有大量水分,但仍不能满足犊牛正常代谢的需要,因此,需要在出生后 1 周即开始训练其饮水(水中加适量奶借以引诱),以补充奶中水的不足。开始需饮 36 ~ 37℃ 的温开水,10 ~ 15 d后改饮常温水。1 月龄后可在运动场饮水池贮满清水,任其自由饮用,水温不应低于 15℃。

4. 犊牛舍要干燥通风　犊牛应尽可能放在干燥通风处饲养,但不应有穿堂风或贼风。冬季应保暖,勤换晒垫草。

5. 适时补饲　犊牛在一周龄时开始出现反刍。此时在其牛栏内投入一些优质干草,任其自由咀嚼,训练采食。及早开食,一方面能促进犊牛胃肠的发育和机能的健全,另一方面可防止犊牛舔食脏物、污草和形成"舔癖",并可减少喂奶量。

为犊牛能及早开食,最好采用"开食料"。开食料要求营养丰富,易于消化,适口性好,不必配得很复杂。常用的原料有玉米、小麦、大麦、大豆粉、豆粕、棉籽粕、菜籽粕、麦麸等。也可加 10% ~ 20% 的苜蓿粉。开食料粗蛋白水平为 20% 以上,粗纤维 15% 以下,粗脂肪 10% 以下。另加矿物质微量元素 0.3%,食盐 0.5%,每千克料加维生素 A 4 400 IU,维生素 D 660 IU,金霉素 22 mg。最好制成颗粒。

适时补饲是促进犊牛瘤胃早期发育的重要措施,因此,以出生后 1 周龄开始,就应投给优质干草,任其自由采食,2 周龄开始补喂开食料(代乳料),参照配方为:玉米 40%、豆粕 30%、小麦 25%、棉粕 2%、磷酸氢钙 2%、食盐 0.5%、微量元素添加剂 0.5%。每千克饲料另加维生素 A 4 400 IU、维生素 D 660 IU、金霉素或土霉素 22 mg。以干湿料生喂,方法是把饲料用热水拌湿(水料比为 0.5 ~ 0.8 : 1),经 4 ~ 6 h 糖化后饲喂,便于提高采食量,2 月龄日喂 2 ~ 3 次,日喂量应根据年龄和采食量逐渐添加并加喂青贮饲料,日喂量 100 ~ 4 000 g,按采食情况逐渐增加。当犊牛每日能采食精料 1 kg 以上,青贮料 2 kg 以上时,便可人为断奶。考虑到农村开展补饲难度较大、经济条件限制等因素,犊牛饲养过程中,尤其杂交犊牛,以适当补饲,延长哺乳期至 4 ~ 6 月龄为宜。

6. 及时断奶　为使犊牛早期断奶,犊牛生后 10 d 左右应用代乳品(又称为人工乳)代替常乳哺喂。它是一种粉末状或颗粒状的商品饲料,饲喂时必须稀释成为液体,且具有良好的悬浮性和适口性,浓度 12% ~ 16%,即按 1 : 8 ~ 1 : 6 加水,饲喂温度为 38℃。代乳品原料以乳业副产品如脱脂乳、乳清蛋白浓缩物、干乳清等为主要成分。使用代乳品除节约常乳,降低培育成本外,尚有补充常乳某些营养成分不足的作用。

犊牛断奶一般在6月龄,可根据饲料补饲效果,结合犊牛生长发育情况,尽量提前断奶。犊牛哺乳期一般为3个月。喂7d初乳,第八天喂代乳料,一个月后喂混合精料及优质干草。喂料量为体重的1%。代乳料配比是:豆粕27%、玉米面50%、麦麸子10%、棉粕10%、维生素和矿物质添加剂3%。

7.去角 犊牛去角后,便于管理。去角时间一般在出生后5~7d内,对犊牛影响小。去角方法有碱法和电烙法。碱法:是用苛性钠在角的基部画圈,当该部位出现烧伤时即可停止,牛角会自动脱落或不能长出。注意此法应在晴天及哺乳后进行,在伤口未干前不要让犊牛哺乳,以免伤及母牛乳房及皮肤。用电烙法去角,做法是将电烙器加热到一定温度后,牢牢地压在角的基部直到其下部组织烧灼成白色为止(不宜太久太深,以防烧伤下层组织),再涂以青霉素软膏或硼酸粉。但要注意不能太久太深,以防烧伤深层组织。

8.运动 在犊牛出生后5~6d,每日必须刷拭牛体一次,并要注意进行适当运动。天气晴好时,应让犊牛户外自由运动,多晒太阳,以增强体质。也可通过和母牛一起放牧,达到运动的目的。要注意控制犊牛的运动量。

9.科学合理分群 按照犊牛体格、体重、性别、月龄、采食速度进行分群。

10.防好"三炎一痢" 生产中,对犊牛危害最大的疾病是肺炎、胃肠炎、脐带炎和白痢,因此,要高度重视犊牛疾病的防治工作。

11.做好记录 每次添加饲料时要随手记录,并填写在饲养记录表上,交办公室并录入电脑。

12.断奶的标准 开食料喂到1 000~1 500 g/d/头,连食3~5d,即可断奶。

13.称重 犊牛出生后,应立即称量初生体重,以后每月称重一次。

14.犊牛喂奶时要做到四定 定时、定量、定温、定人。

二、哺乳犊牛饲料配方

表4-14 哺乳犊牛全价饲料配方1

原料名称	含量(%)
玉米(GB3)	22.34
玉米秸秆	20.00
DDG-玉米酒精糟	10.00
小麦麸(GB1)	10.00
花生粕(GB2)	10.00
玉米蛋白粉(60CP)	10.00
米糠(GB2)	7.06
葵花粕(GB2)	4.60
石粉	2.91
磷酸氢钙	1.79
肉牛(1%)	1.00
盐	0.30

营养素名称	营养含量(%)
粗蛋白	21.0
钙	1.50
总磷	0.76

表4-15 哺乳犊牛全价饲料配方2

原料名称	含量(%)
玉米(GB3)	21.74
玉米秸秆	20.00
米糠(GB2)	10.00
DDG-玉米酒精糟	10.00
小麦麸(GB1)	10.00
花生粕(GB2)	10.00
玉米蛋白粉(60CP)	6.13
棉籽粕(GB2)	3.47
石粉	2.93
米糠粕(GB1)	2.67
磷酸氢钙	1.76
肉牛预混料(1%)	1.00
盐	0.30
营养素名称	营养含量(%)
粗蛋白	19.0
钙	1.50
总磷	0.80

表4－16　哺乳犊牛全价饲料配方3

原料名称	含量(%)
玉米(GB3)	41.77
DDG－玉米酒精糟	20.00
玉米蛋白粉(60CP)	12.47
米糠(GB2)	10.00
花生粕(GB2)	6.21
小麦麸(GB1)	3.59
石粉	2.84
磷酸氢钙	1.82
肉牛(1%)	1.00
盐	0.30
营养素名称	营养含量(%)
粗蛋白	22.0
钙	1.50
总磷	0.80

表4－17　哺乳犊牛全价饲料配方4

原料名称	含量(%)
玉米(GB3)	38.40
DDG－玉米酒精糟	20.00
玉米蛋白粉(60CP)	20.00
米糠(GB2)	10.00

原料名称	含量%
米糠粕（GB1）	4.47
石粉	3.00
磷酸氢钙	1.86
肉牛（1%）	1.00
小麦麸（GB1）	0.97
盐	0.30

营养素名称	营养含量（%）
粗蛋白	24.0
钙	1.56
总磷	0.85

表4-18　哺乳犊牛全价饲料配方5

原料名称	含量（%）
DDG-玉米酒精糟	20.00
小麦（GB2）	20.00
高粱（GB1）	19.19
玉米蛋白粉（60CP）	12.17
葵花粕（GB3）	11.61
米糠（GB2）	10.00
石粉	3.00
磷酸氢钙	1.74
贝壳粉	1.00
肉牛（1%）	1.00

原料名称	含量（%）
盐	0.30
营养素名称	营养含量
粗蛋白%	23.0
钙%	1.92
总磷%	0.86

表4-19　哺乳犊牛全价饲料配方6

原料名称	含量（%）
DDG-玉米酒精糟	20.00
小麦（GB2）	20.00
高粱（GB1）	18.29
葵花粕（GB3）	15.00
米糠（GB2）	10.00
玉米蛋白粉（60CP）	6.95
石粉	3.00
米糠粕（GB1）	2.74
磷酸氢钙	1.73
贝壳粉	1.00
肉牛（1%）	1.00
盐	0.30
营养素名称	营养含量（%）
粗蛋白	21.0
钙	1.93
总磷	0.91

表4-20　哺乳犊牛全价饲料配方7

原料名称	含量(%)
DDG-玉米酒精糟	20.00
小麦(GB2)	20.00
高粱(GB1)	18.29
葵花粕(GB3)	15.00
米糠(GB2)	10.00
玉米蛋白粉(60CP)	6.95
石粉	3.00
米糠粕(GB1)	2.74
磷酸氢钙	1.73
贝壳粉	1.00
肉牛(1%)	1.00
盐	0.30
营养素名称	营养含量(%)
粗蛋白	21.0
钙	1.93
总磷	0.91

表4-21 哺乳犊牛全价饲料配方8

原料名称	含量(%)
DDG-玉米酒精糟	20.00
小麦(GB2)	20.00
高粱(GB1)	17.29
葵花粕(GB3)	15.00
米糠(GB2)	10.00
米糠粕(GB1)	5.95
玉米蛋白粉(60CP)	4.75
石粉	3.00
磷酸氢钙	1.72
贝壳粉	1.00
肉牛(1%)	1.00
盐	0.30
营养素名称	营养含量(%)
粗蛋白	20.0
钙	1.92
总磷	0.95

表4-22　哺乳犊牛全价饲料配方9

原料名称	含量(%)
DDG-玉米酒精糟	20.00
小麦(GB2)	20.00
高粱(GB1)	17.29
葵花粕(GB3)	15.00
米糠(GB2)	10.00
米糠粕(GB1)	5.95
玉米蛋白粉(60CP)	4.75
石粉	3.00
磷酸氢钙	1.72
贝壳粉	1.00
肉牛(1%)	1.00
盐	0.30
营养素名称	营养含量(%)
粗蛋白	20.0
钙	1.92
总磷	0.95

表 4 −23 哺乳犊牛全价饲料配方 10

原料名称	含量（%）
大豆粕（GB1）	21.59
玉米（GB3）	20.00
菜籽粕（GB2）	13.78
米糠（GB2）	10.00
稻谷（GB2）	10.00
米糠粕（GB1）	10.00
麦饭石	7.25
牛（1%）	3.00
磷酸氢钙	2.00
石粉	1.42
赖氨酸（Lys）	0.50
盐	0.30
蛋氨酸（DL − Met）	0.16
营养素名称	营养含量（%）
粗蛋白	20.0
钙	1.10
总磷	1.00

第八节　断奶犊牛的饲料配方实例

一、断奶犊牛的生理特点与饲养管理要点

(一)断奶犊牛的生理特点

犊牛的断奶一般在 3～4 月龄时进行,当犊牛能够日采食 1.0～1.5 kg 的犊牛料,且可以有效进行反刍时即可进行断奶。在自由采食的条件下,3～6 月龄犊牛饲料干物质采食量随月龄增加而呈直线上升,平均每月增加 1.35 kg/头,这个阶段的犊牛叫做断奶犊牛。断奶犊牛开始采食精料补充料和粗饲料,但是营养物质主要依靠真胃进行消化,瘤胃消化起辅助作用;因此,断奶犊牛的消化生理特点接近单胃动物;同时具有生长快、瘤胃发育快、抗病力弱等特点。

(二)断奶犊牛的饲养管理要点

犊牛饲养管理的好坏,直接关系到成年时的体型结构和生长性能。育种水平再高,如果没有良好的饲养管理,犊牛的优良生产水平也难以得到发挥。因此,加强犊牛的培育和饲养管理,是提高牛群质量、加速发展肉牛业的重要一环。

犊牛饲喂干草时,可将优质干草或青草装入草架或小篮子,让犊牛自由采食。同时也要添加精料,3～4 月龄犊牛可采食 1.2～2.0 kg,5～6 月龄可采食 2.0～2.5 kg。犊牛料要求营养丰富,易于消化,且无腐败、变质。可根据当地饲料资源,确定适宜的配方和喂料。犊牛饲料应用含粗蛋白 16%～18%、粗脂肪 20%、粗纤维 3%～5%、钙 0.6%、磷 0.4%的配合饲料。

1. 分群饲养或放牧　犊牛应按月龄、体格大小和健康状况进行分群,每群 30～50 头,分群后固定专人进行饲养或放牧。

2. 防暑与防寒　冬季天气严寒风大,北方地区要特别注意犊牛舍的保暖,防止穿堂风。若是水泥或砖石地面,应铺垫些麦秸、锯末等,舍温不可低于 0℃;夏季炎热时,运动场应搭建凉棚,以免中暑。

3.**适宜的运动**　运动对促进断奶犊牛的采食量和健康发育都非常重要,应安排适当的运动场进行运动。犊牛生后即可在犊牛舍外的运动场做短时间的运动,活动时间的长短应根据气候及犊牛日龄掌握,随着日龄的增加逐渐延长时间。断奶犊牛的运动量如表4-21。

表4-24　断奶犊牛的运动量

日　龄	每日运动时间(min)	运动量(km/d)
91~120	120	3~4
121~180	180	5~6

4.**消毒与防疫**　犊牛舍或犊牛栏要定期进行消毒,可用2%苛性钠溶液进行喷洒,同时用高锰酸钾液冲洗饲槽及饲喂工具。对犊牛也要进行防疫,做好疫苗接种工作。在断奶前3周要进行传染性牛鼻气管炎疫苗(IBR)的接种,在断奶后2~3周应进行牛病毒性腹泻疫苗接种。此外,还要进行布氏杆菌及结核病的预防接种。

5.**去势**　如果是专门用于生产小白牛肉,公犊牛在没有表现出性特征以前就可达市场收购体重,则没有必要去势。一般除特殊生产外,公犊均要去势,以便沉积脂肪,改善牛肉风味。为便于管理,一般在公犊4~6月龄时去势,并与春季或晚秋后进行,此时手术创口恢复快,管理较容易。犊牛去势的方法有手术法、去势钳钳夹法、扎结法、提睾去势法、锤砸法、注射法等,目前应用较多的方法是去势钳钳夹法和扎结法。扎结法的操作方法是将睾丸推至阴囊下部,用橡胶皮筋尽可能紧地扎结精索即可。

6.**卫生管理**　(1)牛体刷拭:犊牛基本上在舍内饲养,其皮肤易被粪及尘土所黏附而形成皮垢,不仅降低皮毛的保温与散热力,也会使皮肤血液循环受阻,易患病,所以每日至少刷拭一次。刷拭牛体不仅能保持牛体清洁,防止体表寄生虫滋生,而且还能对皮肤起到按摩作用,促进皮肤血液循环、加强代谢、驯养犊牛性格。(2)清扫牛舍:犊牛舍要做到每日清扫两次,每周消毒一次,保持地面干燥,垫草勤换勤晒。(3)清洁水料:犊牛舍要设置饮水池并定期更换清水,保持饮水和饲料卫生。不可给犊牛饲喂放置时间过长的饲料,并且饲草和饲料应来自非疫区。

二、断奶犊牛饲料配方

表4-25　断奶犊牛全价饲料配方1

原料名称	含量(%)
小麦麸(GB1)	20.00
荞麦	20.00
玉米(GB2)	15.42
苜蓿草粉(GB1)	11.65
粉浆蛋白粉(蚕)	11.52
甘薯干(GB)	10.00
DDG-玉米酒精槽	7.44
磷酸氢钙(二钙)	1.31
石粉	1.26
牛(1%)	1.00
盐	0.40
营养素名称	营养含量(%)
粗蛋白	19.0
钙	1.00
总磷	0.70

表4-26 断奶犊牛全价饲料配方2

4 原料名称	含量(%)
玉米(GB2)	40.00
苜蓿草粉(GB1)	20.00
粉浆蛋白粉(蚕)	14.02
甘薯干(GB)	10.00
DDG-玉米酒精糟	8.79
米糠(AVT)	2.00
磷酸氢钙(二钙)	1.92
牛(1%)	1.00
麦饭石	0.93
石粉	0.60
盐	0.40
玉米(优质)	0.33
营养素名称	营养含量(%)
粗蛋白	20.0
钙	1.00
总磷	0.70

表4-27 断奶犊牛全价饲料配方3

原料名称	含量(%)
玉米(优质)	20.00
葵花粕(GB3)	20.00
玉米蛋白粉(50CP)	16.79
麦饭石	12.78

原料名称	含量(%)
甘薯干(GB)	10.00
DDG – 玉米酒精糟	8.29
玉米(GB2)	5.60
米糠(AVT)	2.00
磷酸氢钙(二钙)	1.83
石粉	1.31
牛(1%)	1.00
盐	0.40
营养素名称	营养含量(%)
粗蛋白	20.0
钙	1.00
总磷	0.70

表4-28 断奶犊牛全价饲料配方4

原料名称	含量(%)
玉米(优质)	20.00
DDG – 玉米酒精糟	20.00
麦饭石	20.00
玉米(GB2)	17.71
玉米蛋白粉(60CP)	14.33
磷酸氢钙(二钙)	2.24
米糠(AVT)	2.00
玉米秸秆	1.23

原料名称	含量(%)
石粉	1.09
牛(1%)	1.00
盐	0.40

营养素名称	营养含量(%)
粗蛋白	19.0
钙	1.00
总磷	0.70

表4-29　断奶犊牛全价饲料配方5

原料名称	含量(%)
玉米(优质)	20.00
DDG-玉米酒精糟	20.00
麦饭石	20.00
玉米蛋白粉(60CP)	16.24
玉米(GB2)	14.33
玉米秸	2.71
磷酸氢钙(二钙)	2.24
米糠(AVT)	2.00
石粉	1.08
牛(1%)	1.00
盐	0.40

营养素名称	营养含量(%)
粗蛋白	20.0
钙	1.00
总磷	0.70

表4-30　断奶犊牛全价饲料配方6

原料名称	含量(%)
玉米(GB2)	37.90
玉米(优质)	20.00
小麦(GB2)	20.00
土豆浓缩蛋白(AVT)	10.34
菜籽粕(GB2)	5.00
棉籽粕(GB2)	2.30
磷酸氢钙(二钙)	2.14
牛(1%)	1.00
石粉	0.91
盐	0.40
营养素名称	营养含量(%)
粗蛋白	19.0
钙	0.90
总磷	0.70

表4-31　断奶犊牛全价饲料配方7

原料名称	含量(%)
玉米(GB2)	40.00
小麦(GB2)	20.00
槐叶粉	15.95
高蛋白啤酒酵母(AVT)	7.85
棉籽粕(GB2)	5.00
菜籽粕(GB2)	5.00

原料名称	含量(%)
磷酸氢钙(二钙)	2.08
米糠(AVT)	2.00
牛(1%)	1.00
石粉	0.61
盐	0.40
大豆粕(GB2)	0.12

营养素名称	营养含量(%)
粗蛋白	19.0
钙	1.00
总磷	0.70

表4-32　断奶犊牛全价饲料配方8

原料名称	含量(%)
玉米(GB2)	39.78
小麦(GB2)	20.00
棉粕(去皮 AVT)	20.00
棉籽粕(GB2)	5.00
菜籽粕(GB2)	5.00
菜粕(AVT)	3.39
磷酸氢钙(二钙)	2.26
米糠(AVT)	2.00
牛(1%)	1.00
石粉	0.83

原料名称	含量（%）
盐	0.40
大豆粕（GB2）	0.35
营养素名称	营养含量（%）
粗蛋白	20.0
钙	0.90
总磷	0.70

表4－33　断奶犊牛全价饲料配方9

原料名称	含量（%）
玉米（GB2）	26.43
菜籽粕（GB2）	20.00
干蒸大麦酒糟	14.92
棉籽粕（GB2）	12.33
麦饭石	10.00
高粱（AVT）	5.00
小麦麸（AVT）	5.00
石粉	2.03
米糠（AVT）	2.00
牛（1%）	1.00
盐	0.70
磷酸氢钙	0.59
营养素名称	营养含量（%）
粗蛋白	20.0
钙	1.00
总磷	0.50

表 4 - 34　断奶犊牛全价饲料配方 10

原料名称	含量（%）
玉米（GB2）	36.02
菜籽粕（GB2）	20.00
棉籽粕（GB2）	17.90
麦饭石	10.00
高粱（AVT）	5.00
小麦麸（AVT）	5.00
石粉	2.29
米糠（AVT）	2.00
牛（1%）	1.00
盐	0.70
磷酸氢钙	0.09
营养素名称	营养含量（%）
粗蛋白	20.0
钙	1.00
总磷	0.50

第九节　育成的饲料配方实例

一、育成牛的生理特点和饲养管理要点

（一）育成牛的生理特点

育成牛是育肥各阶段生长发育的最快时期,性器官和第二性征发育很快,体躯向高度和长度两方面急剧增长。同时,前胃虽然经过了

犊牛期粗饲料的锻炼已较为发达,容积扩大了1倍左右,但是不能保证采食足够的青饲料来满足此时的强烈生长发育所需的营养物质,另外消化器官本身还处于强烈的生长发育阶段,需增加青粗饲料的喂给量进行继续锻炼。这一时期饲养管理的好坏与育成牛的繁育和未来的生产潜力关系极大。因此,对育成牛,必须按不同年龄发育特点和所需营养物质进行正确饲养,以实现健康发育、正常繁殖、尽早投产的目标。育成母牛的生长分三个阶段:7~12月龄:生长速度最快,是适应大量采食粗饲料的过程,也是锻炼和培育瘤胃消化能力的阶段,饲养上逐渐增加青、粗饲料的喂量,精粗比:30:70;13月龄~初配:消化器官已发育,可采食大量的粗饲料,精粗比15:85;初配受胎到分娩:分娩前3~4个月,精料喂量每天可增至2.5~3.0 kg。

(二)育成牛的饲养管理要点

1. 育成公牛的饲养管理 育成公牛的培育直接影响着牛的生长发育,体型结构及其种用性能及整个牛群的质量。实际生产中,由于育成牛不产生直接的经济效益,而体质又不像犊牛那么脆弱,也不易患病,因而人们往往对育成牛的饲养较为粗放,但育成公牛的培育方向是种用,它培育的好坏直接会影响到以后整个牛群的质量和养牛的经济效益,故育成公牛的培育应给予足够的重视,虽然可以比犊牛的培育粗放一些,但决不能太过于粗心大意。

(1)足够营养供给 育成公牛所需的营养物质较多,特别需要以精料的形式提供能量,以促进其迅速地生长和性欲的发展。饲养粗放,营养水平较低,不能满足其营养需要会延迟性成熟的到来,并导致生产品质低劣的精液和生长速度减慢。育成公牛的饲料应与成年公牛一样,尽可能地选用优质干草、青干草,而不要用酒糟、秸秆、菜籽粕,棉籽粕等饲料。冬春季节没有青草时,可采用每天每头牛喂0.5~1.0 kg胡萝卜来补充维生素的不足,日粮中的矿物质也要补足。

育成公牛的饲养,应保证青粗饲料的品质,增加精饲料的饲喂量,以获得较高的日增重并防止形成"草腹"。10月龄时让其自由采食牧草、青贮料、青刈饲料或干草,作为日粮的主要部分,精料也要同时供给,具体喂量依粗饲料的质量和数量而定。以青草为主时,精粗料的干物质比例为55~50:45~50;以干草为主时,其比例为60:40。在饲喂豆科或禾本科优质粗料的情况下,对于周岁公牛乃至成年公牛,精料中粗蛋白质的含量以12%左右为宜。育成公牛应与母牛隔离,单槽饲喂。

(2)穿鼻带环与牵引 为了便于管理和调教,育成公牛在10~12月龄时应进行穿鼻带环,用皮带栓最好,沿公牛额部固定在角基下面。鼻环以不锈钢的最好。牵引公牛时应注意左右两侧双绳牵导。对性烈的公牛,需用引棒牵引。由一人在牵住缰绳的同时,另一人握住勾棒,勾搭在鼻环上以控制其行动。鼻环要经常检查,发现损坏要及时更换。

(3)适量运动 肉用公牛可不考虑其人为运动,以免体内消耗较大而影响育肥。而对于种用公牛来讲,必须坚持运动,要求上下午各进行一次,每次1.5~2.0 h,行走距离约为4 km。运动的方式有旋转架运动、套爬犁或拉车运动等,运动可加强育成公牛的器官运动,促进新陈代谢、强壮肌肉,防止过肥,还可提高性欲和精液质量。实践表明,运动量不足或长期的栓系,会使公牛性情变暴躁,精液品质下降,易患肢蹄病和消化道疾病等。但运动过度或使役过重,同样对于公牛的健康和精液品质不利。

(4)刷拭牛体 应经常刷拭牛体,最好每天刷拭一次,以保证牛体的清洁卫生和健康。同时也利于做到人牛亲和,防止发生恶癖。

(5)按摩睾丸 每日按摩睾丸一次,每次5~10 min,增加按摩次数和延长按摩时间,可改善精液品质。

2. 育成母牛的饲养管理 育成期是母牛的骨骼、肌肉发育最快时期,体形变化大。此外,消化器官中瘤胃的发育迅速,随着年龄的增长,瘤胃功能日趋完善,12月龄左右接近成年水平。一般在18月龄左右,体重为成年体重的70%时可配种。母牛进入育成期后应根据年龄阶段,发育特点以及消化能力正确饲养。尤其12月龄以后母牛已配种受胎,进入妊娠期,应加强饲养管理,提高其生产性能。可以采用拴系饲养,也可以散养,但是要加强运动,促进其肌肉组织和内脏器官,尤其是呼吸和循环系统的发育,使其具备高产母牛的特征,提高生产性能。

(1)足够营养供给 在饲养上要求供给足够的营养物质,所喂饲料必须具有一定的容积,精粗料比例适当以刺激其前胃的生长。一般而言,日粮中干物质的75%应来源于饲料中的青粗饲料,25%来源于精饲料。在放牧条件下,牧草良好时日粮中的粗饲料和大约一半的精饲料可由牧草代替,牧草较差时则必须补饲青饲料和精料,如以农作物秸秆为主要粗饲料时每天每头牛应补饲1.5 kg混合精料,以期获得0.6~1.0 kg较为理想的日增重。

(2)分群 性成熟之前分群,最好不要超过7月龄,以免早配,影响生长发育。并按年龄、体重大小分群,月龄差异最好不要超过1.5~2.0个月,活重不要超过25~30 kg。

(3)制订生长目标 根据不同品种、年龄的生长发育特点,饲草、饲料的储备状况,确定不同日龄的日增重幅度。

(4)转群 根据年龄、发育情况,按时转群。一般在12月龄、18月龄、初配定胎后进行3次转群。同时进行称重和体尺测量,对于达不到正常生长发育要求的进行淘汰。

(5)加强运动 在舍饲条件下,每天至少要运动2 h左右。这对保持育成母牛的健康和提高繁殖性能有重要意义。

(6)刷拭 为了保持牛体清洁,促进皮肤代谢和养成温驯的气质,每天刷拭1~2次,每次约5 min。

(7)初配 在12月龄左右根据生长发育情况决定是否参加配种,生长发育较快,体重已达到成年牛体重70%的育成母牛,可参加初次配种,否则可推迟到18月龄左右进行初配。初配前1个月应注意观察育成母牛的发情日期,以便在以后的1~2个发情期内进行配种。

(8)防寒、防暑 炎热地区夏天做好防暑工作,冬季气温低于 −13℃的地区做好防寒工作。受到热应激后牛的繁殖力大幅下降。持续高温时胎儿的生长受到抑制,配种后32℃温度持续72 h则牛无法妊娠。还会影响处女牛的初情期。

二、育成牛饲料配方

表4-35 育成牛全价饲料配方1

原料名称	含量(%)
玉米(GB3)	46.49
大豆粕(GB1)	10.34
DDG-玉米酒精糟	10.00
麦饭石	10.00
苜蓿草粉(GB1)	10.00
玉米蛋白粉(60CP)	8.77
磷酸氢钙	1.63
石粉	1.51
牛(1%)	1.00
盐	0.26
营养素名称	营养含量(%)
粗蛋白	19.0
钙	1.10
总磷	0.61

表4-36 育成牛全价饲料配方2

原料名称	含量(%)
玉米(GB3)	22.12
棉粕(部分去皮 AVT)	20.00
高粱(GB1)	10.00
DDG-玉米酒精糟	10.00
麦饭石	10.00

原料名称	含量(%)
苜蓿草粉(GB1)	10.00
稻谷(GB2)	5.00
玉米蛋白粉(60CP)	4.79
花生粕(GB2)	3.59
磷酸氢钙	1.72
石粉	1.50
牛(1%)	1.00
盐	0.26
赖氨酸(Lys)	0.02
营养素名称	营养含量(%)
粗蛋白	19.0
钙	1.10
总磷	0.55

表4-37 育成牛全价饲料配方3

原料名称	含量(%)
甘薯干(GB)	51.95
麦芽根	24.65
花生粕(GB2)	17.20
豆粕	2.00
磷酸氢钙(二钙)	1.99
牛(1%)	1.00
石粉	0.76

原料名称	含量(%)
盐	0.45
营养素名称	营养含量(%)
粗蛋白%	18.0
钙%	1.00
总磷%	0.70

表4-38 育成牛全价饲料配方4

原料名称	含量(%)
次粉(NY/T2)	20.00
花生粕(GB2)	20.00
DDG-玉米酒精糟	20.00
麦饭石	15.36
甘薯干(GB)	10.00
碎米	6.79
麦芽根	3.93
磷酸氢钙(二钙)	1.68
石粉	1.23
牛(1%)	1.00
营养素名称	营养含量(%)
粗蛋白%	20.0
钙%	1.00
总磷%	0.70

表 4 -39　育成牛全价饲料配方 5

原料名称	含量(%)
碎米	20.00
麦芽根	20.00
花生粕(GB2)	19.88
次粉(NY/T2)	14.52
麦饭石	11.10
甘薯干(GB)	10.00
磷酸氢钙(二钙)	1.67
石粉	1.36
牛(1%)	1.00
盐	0.47
营养素名称	营养含量(%)
粗蛋白	19.0
钙	1.00
总磷	0.70

表 4 -40　育成牛全价饲料配方 6

原料名称	含量(%)
大麦(皮 GB1)	20.00
麦芽根	20.00
荞麦	20.00
小麦麸(GB1)	10.75
甘薯干(GB)	10.00
DDG - 玉米酒精糟	7.92

原料名称	含量（%）
粉浆蛋白粉（蚕）	5.92
玉米蛋白粉（50CP）	1.41
石粉	1.30
磷酸氢钙（二钙）	1.30
牛（1%）	1.00
盐	0.40
营养素名称	营养含量（%）
粗蛋白%	19.0
钙%	0.90
总磷%	0.70

表4-41 育成牛全价饲料配方7

原料名称	含量（%）
玉米（GB2）	40.00
苜蓿草粉（GB1）	20.00
粉浆蛋白粉（蚕）	12.25
甘薯干（GB）	10.00
DDG - 玉米酒精糟	8.80
玉米3（优质）	2.17
米糠（AVT）	2.00
磷酸氢钙（二钙）	1.95
肉牛（1%）	1.00
麦饭石	0.86

原料名称	含量(%)
石粉	0.58
盐	0.40
营养素名称	营养含量(%)
粗蛋白	19.0
钙	1.00
总磷	0.70

表4-42　育成牛全价饲料配方8

原料名称	含量(%)
玉米(优质)	20.00
葵花粕(GB3)	20.00
玉米蛋白粉(50CP)	14.02
麦饭石	10.75
玉米(GB2)	10.38
甘薯干(GB)	10.00
DDG-玉米酒精糟	8.31
米糠(AVT)	2.00
磷酸氢钙(二钙)	1.82
石粉	1.32
牛(1%)	1.00
食盐	0.40
营养素名称	营养含量(%)
粗蛋白	19.0
钙	1.00
总磷	0.70

表 4 – 43　育成牛全价饲料配方 9

原料名称	含量(%)
玉米(GB2)	34.73
玉米(优质)	20.00
小麦(GB2)	20.00
土豆浓缩蛋白(AVT)	10.05
棉籽粕(GB2)	5.00
菜籽粕(GB2)	5.00
磷酸氢钙(二钙)	2.02
牛(1%)	1.00
石粉	0.97
大豆粕(GB2)	0.83
盐	0.40
营养素名称	营养含量(%)
粗蛋白	20.0
钙	0.90
总磷	0.70

表 4 – 44　育成牛全价饲料配方 10

原料名称	含量(%)
玉米(GB2)	40.00
小麦(GB2)	20.00
槐叶粉	13.85
高蛋白啤酒酵母(AVT)	9.86
棉籽粕(GB2)	5.00

原料名称	含量(%)
菜籽粕(GB2)	5.00
磷酸氢钙(二钙)	2.10
米糠(AVT)	2.00
牛(1%)	1.00
石粉	0.67
盐	0.40
大豆粕(GB2)	0.12
营养素名称	营养含量(%)
粗蛋白	20.0
钙	1.00
总磷	0.70

第十节　成年牛的饲料配方实例

成年牛指 24 月龄以上,已经具有完全生殖能力,身体已基本达到成熟,体躯和骨骼不再生长或生长已较缓慢的牛。这一生理阶段的牛,根据其用途分为成年种公牛、成年母牛和阉牛。成年母牛又根据其所处身体生理变化分为妊娠母牛、哺乳母牛、干乳母牛。

一、成年牛的消化生理特点

牛属反刍动物,胃由四个胃室构成,即瘤胃、蜂窝胃(网胃)、重瓣胃和真胃(皱胃)。牛胃的容量随年龄及个体大小而有差异,小型牛胃的容量为 80 L 左右,中型牛为 120 L 左右,大型牛为 150 L 左右。四个胃的相对大小随年龄而发生变化。牛胃的消化作用同其他单胃家畜不同,牛采食饲料时不经过细嚼,迅速吞入瘤胃,经过在瘤胃内充分混合、浸软和发酵,休息时再吐出来细嚼,然后再咽下,经蜂窝胃、重瓣胃到真胃,这种动作称为反刍。牛每天所需的反刍时间以犊牛最少,成年牛每天所需的时间较长,约占全天时间的1/3左右。每日反刍的时间一般是夜间多于白天,舍内饲喂的,一般在1个小时以内就开始反刍。

二、成年牛的饲养管理要点

(一)种公牛的饲养管理要点

种公牛对发展牛群、提高肉牛质量起着极为重要的作用。一头优质的肉用种公牛采用人工授精,每年能配千头至万头以上的母牛。种公牛要保持体质健壮、生殖机能正常、性欲旺盛、精液量多,且密度大、品质好,能延长其使用年限,必须要有正确的饲养管理。

1. 成年种公牛的饲养　种公牛的饲养是一个关键的环节,是影响种公牛精液品质的重要因素之一。喂给种公牛的饲料应营养全面,各种营养成分必须完全。种公牛饲料的全价性是保证正常生产及生殖器官正常发育的首要条件,特别是饲料中应含有足够的蛋白质、矿物质和维生素,这些营养物质对精液的生成与质量提高,以及对成年种公牛的健康均有良好的作用。根据种公牛的营养需求特点,其日粮组成应种类多,品质好,适口性强,易于消化,而且青、粗、精料的搭配要适当。

2. 种公牛的管理　为了使种公牛体质健壮,精力充沛,除了饲喂全价稳定的日粮之外,还必须有相应的管理方法。如穿鼻戴环单圈饲养、坚持每天 1~2 h 行程 4 km 的适量运动,促进代谢和血液循环,保证精液品质;刷拭牛体,保持牛体清洁卫生;每天坚持按摩睾丸 5~10 min,促进性欲和精液质量;加强护蹄,每年春秋各修蹄 1 次;合理利用种公牛,3 岁以上每周采精 3~4 次,交配或采精的时间,应在饲喂后2~3 h 进行;保持种公牛舍干净、平坦、坚硬、不漏,远离母牛舍。

(二)成年母牛的饲养管理要点

母牛饲养管理的好坏标准主要以观察犊牛健康与否、初生重和断奶重的大小、哺育犊牛能力的好坏、断奶成活率的高低、产犊后的返情早晚、泌乳量的高低。因此,对母牛的饲养管理要本着上述原则,采取相应的措施。

1. 妊娠母牛的饲养管理

(1)妊娠母牛的饲养 犊牛初生重的大小对生后的生长和育肥影响甚大,提高犊牛初生重必须从母牛抓起。妊娠母牛的营养需要和胎儿的生长有着直接关系。胎儿的增重主要在妊娠后期,需要从母体供给大量的营养。若胚胎期胎儿生长发育不良,出生后就难以补偿,造成增重速度减慢,饲养成本增加。妊娠前 6 个月胚胎生长发育较慢,胎儿各组织器官处于分化形成阶段,营养上不必增加需要量,但要保证日粮的全价性。应以优质青干草及青贮料为主,添加适当的精料和青绿多汁料,尤其是满足矿物元素和维生素 A、D、E 的需要量。

妊娠最后 2～3 个月胎儿增重加快,胎儿的骨骼、肌肉、皮肤等生长最快,需要大量的营养物质,其中蛋白质和矿物质的供给尤为重要。如营养不足,就会使犊牛体高增长受阻,身体虚弱,这样的犊牛初生重小,食欲差,发育慢,而且常易患病。尤其在怀孕最后 3 个月,胎儿的增重占犊牛初生重的 75% 以上。同时,母体也需要贮存一定的营养物质,以供分娩后泌乳所需。因此,饲养上应增加精料量,多供给蛋白质含量高的饲料。对于放牧的妊娠母牛,应选择优质草场,延长放牧时间,放牧后对妊娠后期的母牛每天补饲 1～2 kg 的精料。

分娩前母牛饲养应采取以优质干草为主,逐渐增加精料的方法,对体弱的临产牛可适当增加喂量,对过肥的临产母牛可适当减少喂量。分娩前两周,通常给混合精料 2～3 kg。临产前 7 d,可酌情多喂些精料,其喂量应逐渐增加,但最大喂量不宜超过母牛体重的 1%。这有助于母牛适应产后泌乳和采食的变化。分娩前 2～8 d,精料中要适当增加麸皮含量,以防止母牛发生便秘。

(2)妊娠母牛的管理 妊娠母牛应保持中上等膘情。一般母牛在妊娠期间,至少要增重45~70 kg,才足以保证产犊后的正常泌乳与发情。妊娠母牛最好禁喂棉籽粕、菜籽粕,酒糟等饲料和冰冻、发霉的饲料。此外,妊娠母牛舍应保持清洁、干燥、通风良好、阳光充足、冬暖夏凉。母牛妊娠期禁止防疫注射,避免使用对胎儿不利的刺激性较强的药物。在妊娠母牛管理上特别做好保胎工作严防受惊吓、滑跌、挤撞、鞭打等,防止流产。另外每天保持适当的运动,夏季可在良好的草地上自由放牧,但必须与其他牛群分开,以免出现挤撞而流产。雨天不要进行放牧和进行驱赶运动,防止滑倒。冬季可在舍外运动场逍遥运动2~4 h,临产前停止运动。

产房要经过严格的消毒,而且要求宽敞、清洁、保暖性能好、环境安静。产前要在产房的地面上铺些干燥、经过日光照射的柔软垫草。为了减少环境改变对母牛的应激,一般在预产期前10 d左右就将母牛转入产房。母牛在产房内可以取掉缰绳,让其自由活动,在此期间要饲喂青干草或少量的精饲料等容易消化的饲料;要给母牛饮用清洁的水,冬季最好是喂给温水。为减少病菌感染,产房必须事先用2%火碱水喷洒消毒,然后铺上清洁干燥的垫草。分娩前母牛后躯和外阴部用2%~3%来苏尔水溶液洗刷,然后用毛巾擦干。发现母牛有临产症状,即表现腹痛,不安,频频起卧,则用0.1%高锰酸钾液擦洗生殖道外部,做好接产准备。

2.哺乳母牛的饲养管理

(1)哺乳母牛的饲养 哺乳母牛饲养的主要任务是多产奶,满足犊牛生长发育所需营养。母牛在哺乳期所消耗的营养比妊娠后期还多。犊牛生后2个月内每天需母乳5~7 kg,此时若不给哺乳母牛增加营养,就会使泌乳量下降,不仅直接影响犊牛的生长,而且会损害母牛健康。

母牛分娩前30 d和产后70 d,这是非常关键的100 d,这时期饲养的好坏直接对母牛的分娩、泌乳、产后发情、配种受胎、犊牛的初生重和断奶重、犊牛的健康和正常生长发育都十分重要。能量饲料的需要比妊娠时高出50%左右,蛋白质、钙、磷的需要量加倍。此时,应增加精料饲喂量,每日干物质进食量以9~11 kg,日粮中粗蛋白含量

12%～13%为宜,并要供给优质粗饲料。饲料要多样化,一般精、粗饲料各由3～4种组成,并大量饲喂青绿、多汁饲料,以保证泌乳需要和母牛发情。

(2)哺乳母牛的管理 母牛产后到生殖器官等逐渐恢复正常状态的时期为产后期。这一时期应对母牛加强护理,促使其尽快恢复到正常状态,并防止产后疾病。在正常情况下,母牛子宫大约在产后9～12 d就可以恢复,但要完全恢复到未妊娠时状态,约需26～47 d;卵巢的恢复约需1个月时间;阴门、阴道、骨盆及韧带等在产后几天就可恢复正常。

母牛产后立即驱赶让其站立,让其舔初生牛犊,并把备好的麦麸盐温水让母牛充分饮用,以补充体内水分,帮助维持体内酸碱平衡、暖腹、充饥,增加腹压,以避免产犊后腹内压突然下降,使血液集中到内脏,造成“临时性贫血”而休克。产后1～2 d的母牛在继续饮用温水的同时,喂给质量好、易消化的饲料,但投料不宜过多,尤其不应突然增加精料量,以免引起消化道疾病。一般5～6 d后可以逐渐恢复正常饲养。另外,要加强外阴部的清洁和消毒。产后期母体生理过程有很大变化,机体抵抗力降低,产道黏膜损伤,可能成为疾病侵入的门户。因此,对刚产完犊的母牛,可在外阴及周围用温水、肥皂水或1%～2%来苏尔或0.1%的高锰酸钾水冲洗干净并擦干。母牛产后从生殖道排出大量分泌物,最初为红褐色,之后为黄褐色,最后变为无色透明。这种分泌物叫恶露。母牛产后排出恶露持续时间一般为10～14 d,要注意及时更换清除被污染的垫草。要防止贼风吹入,以免发生感冒,影响母牛的健康。胎衣排出后,可让母牛适当运动。同时,要注意乳房护理,哺乳前应用温水洗涤,以防乳房的污染,保证乳汁的卫生,并帮助犊牛吸吮乳汁,杜绝犊牛吸吮被污染的乳汁而发生消化道疾病的现象。因此,要经常打扫,加强牛舍的卫生,保持乳房的清洁卫生,避免有害微生物污染母牛的乳房和乳汁,引起犊牛疾病。对放牧的哺乳母牛要特别注意食盐的补给,由于牧草含钾多钠少,适当补给食盐,维持体内的钠钾平衡。归放后对哺乳母牛进行补饲,满足泌乳所需的营养,提高泌乳量。

3. 育肥牛的饲养管理

（1）育肥牛的饲养 育肥牛的快速肥育时间一般为 3 ~ 4 个月。在这一段时间内,饲养水平应有所调整,由低到高。以适应肉牛的营养需要。肉牛自由采食青粗饲料,如青草、青贮全株玉米、氨化秸秆等,而在第一个月每头牛供给 2 kg 由玉米、豆粕和麦麸组成的精料,第二个月供给2.5 kg,第三个月供给 3 kg。这种饲喂方式,每头牛每天可增重 1 kg 左右。整个育肥期可增重 90 ~ 120 kg。有些年龄较大或因为品种的原因,增重较慢,这种牛要尽早出栏。因为牛的年龄越大,肉质就越差,而且饲料的利用率就越低。一般情况下,肉牛应在 2 岁出栏,最好不要超过2.5 岁。

（2）育肥牛的管理 育肥牛到牛场后,不要与正在育肥的其他牛混养,要单独饲养。要根据新来牛的特点采取不同的措施。首先要对牛驱虫;其次,饲养环境和饲料的改变,牛的适应过程一般需要 1 ~ 2 周,有的牛采食量较少,所以饲喂时要由少到多,逐渐增加;牛适应后,应根据育肥牛的年龄、体重和品种分组;此外,为了了解育肥牛的增重情况,还可以给牛编号,分别称重记录。传统的肉牛育肥场大多数都是拴系式,这种方式便于管理,减少了牛的运动,节约能量,提高饲料的利用率,但拴系式饲养也有一些不利方面,现代化规模肉牛场大多采用散放饲养方式进行育肥。

三、成年牛饲料配方

表4 –45　成年牛全价饲料配方1

原料名称	含量(%)
玉米(GB3)	45.00
玉米秸	13.59
米糠(GB2)	10.00
小麦麸(GB1)	9.63
菜籽粕(GB2)	8.71

续表

原料名称	含量(%)
米糠粕(GB1)	4.67
石粉	3.00
玉米蛋白粉(60CP)	1.75
磷酸氢钙	1.69
肉牛(1%)	1.00
大豆油(毛NRC)	0.65
盐	0.30

营养素名称	营养含量(%)
粗蛋白	12.0
钙	1.49
总磷	0.80

表4-46　成年牛全价饲料配方2

原料名称	含量(%)
玉米(GB3)	43.35
玉米秸	16.68
米糠(GB2)	10.00
DDG-玉米酒精糟	9.81
棉籽粕(GB2)	7.99
米糠粕(GB1)	5.66
石粉	2.92
磷酸氢钙	1.88
肉牛(1%)	1.00

续表

原料名称	含量(%)
菜籽粕(GB2)	0.51
盐	0.20
营养素名称	营养含量(%)
粗蛋白	13.0
钙	1.50
总磷	0.80

表4-47 成年牛全价饲料配方3

原料名称	含量(%)
玉米(GB2)	20.99
玉米(GB3)	20.00
大豆粕(GB1)	10.69
米糠(GB2)	10.00
稻谷(GB2)	10.00
米糠粕(GB1)	10.00
麦饭石	10.00
牛(1%)	3.00
磷酸氢钙	2.00
贝壳粉	1.92
赖氨酸(Lys)	0.50
蛋氨酸(DL-Met)	0.50
盐	0.40
营养素名称	营养含量(%)
粗蛋白	12.0
钙	1.10
总磷	0.86

表4－48　成年牛全价饲料配方4

原料名称	含量(%)
大麦(裸 GB2)	15.00
稻谷(GB2)	15.00
高粱(GB1)	11.37
次粉(NY/T2)	10.00
米糠(GB2)	10.00
小麦麸(GB1)	10.00
米糠粕(GB1)	10.00
葵花粕(GB3)	9.91
石粉	3.00
小麦(GB2)	1.90
磷酸氢钙	1.53
贝壳粉	1.00
肉牛(1%)	1.00
盐	0.30
营养素名称	营养含量(%)
粗蛋白	13.0
钙	1.78
总磷	0.96

表4-49　成年牛全价饲料配方5

原料名称	含量(%)
高粱(GB1)	20.00
大麦(裸GB2)	15.00
稻谷(GB2)	15.00
米糠(GB2)	10.00
米糠粕(GB1)	10.00
次粉(NY/T2)	8.65
小麦麸(GB1)	8.28
葵花粕(GB3)	6.25
石粉	3.00
磷酸氢钙	1.52
贝壳粉	1.00
肉牛(1%)	1.00
盐	0.30
营养素名称	营养含量(%)
粗蛋白	12.0
钙	1.78
总磷	0.93

表4-50　成年牛全价饲料配方6

原料名称	含量(%)
米糠(AVT)	20.00
苜蓿草粉(GB1)	14.78
米糠(GB2)	10.00

原料名称	含量(%)
米糠粕(GB1)	10.00
麦饭石	10.00
玉米淀粉	10.00
玉米秸	10.00
荞麦	6.89
土豆浓缩蛋白(AVT)	2.22
磷酸氢钙(二钙)	2.14
DDG – 玉米酒精糟	1.62
石粉	1.04
牛(1%)	1.00
盐	0.30
赖氨酸(Lys)	0.01

营养素名称	营养含量(%)
粗蛋白	12.0
钙	1.10
总磷	0.82
盐	0.37

表4–51　成年牛全价饲料配方7

原料名称	含量(%)
苜蓿草粉(GB1)	20.00
米糠(AVT)	20.00
米糠(GB2)	10.00

原料名称	含量(%)
米糠粕(GB1)	10.00
麦饭石	10.00
玉米秸	10.00
玉米淀粉	7.50
麦芽根	5.51
磷酸氢钙(二钙)	2.02
DDG – 玉米酒精糟	1.62
土豆浓缩蛋白(AVT)	1.11
牛(1%)	1.00
石粉	0.89
盐	0.30
荞麦	0.04

营养素名称	营养含量(%)
粗蛋白	13.0
钙	1.10
总磷	0.84

表 4 – 52　成年牛全价饲料配方 8

原料名称	含量(%)
苜蓿草粉(GB1)	20.00
米糠(AVT)	20.00
小麦麸(GB1)	16.92
米糠(GB2)	10.00

原料名称	含量(%)
米糠粕(GB1)	10.00
麦饭石	10.00
荞麦	8.90
磷酸氢钙(二钙)	1.75
石粉	1.04
牛(1%)	1.00
盐	0.30
乳清粉	0.10
赖氨酸(Lys)	0.00

营养素名称	营养含量(%)
粗蛋白	13.0
钙	1.10
总磷	0.92

表 4-53　成年牛全价饲料配方 9

原料名称	含量(%)
苜蓿草粉(GB1)	20.00
荞麦	20.00
米糠(AVT)	20.00
米糠(GB2)	10.00
米糠粕(GB1)	10.00
麦饭石	10.00
玉米淀粉	3.22

原料名称	含量（%）
磷酸氢钙(二钙)	1.87
小麦麸(GB1)	1.84
牛(1%)	1.00
石粉	0.97
乳清粉	0.53
盐	0.30
土豆浓缩蛋白(AVT)	0.26
赖氨酸(Lys)	0.01
营养素名称	营养含量（%）
粗蛋白	12.0
钙	1.10
总磷	0.85

表 4-54 成年牛全价饲料配方 10

原料名称	含量（%）
次粉(NY/T2)	20.00
小麦麸(GB1)	20.00
米糠(AVT)	20.00
小麦麸(GB2)	13.40
麦饭石	10.00
玉米淀粉	10.00
磷酸氢钙(二钙)	2.20
石粉	1.53

原料名称	含量（%）
土豆浓缩蛋白（AVT）	1.48
牛（1%）	1.00
盐	0.30
赖氨酸（Lys）	0.09
营养素名称	营养含量（%）
粗蛋白	12.0
钙	1.10
总磷	0.80

第五章　规模肉牛场的饲养与管理

第一节　规模肉牛场饲养管理方略

规模肉牛场要坚持"四方管理"原则,即品种是肉牛业成功的基础;管理是肉牛业成功的关键;防疫是肉牛业成功的保证;饲料是肉牛业成功的最好投资。其饲养管理方略包括在充分利用当地饲料资源的前提下,尽可能地发挥肉牛生产性能的遗传潜力;提高饲料利用率,降低饲养成本;达到理想的繁殖性能指标;保证牛群健康;保证牛肉品质和安全;减少肉牛养殖对环境的污染。

一、全进全出制

所谓"全进全出制"是指同一栋牛舍在同一时间内只饲养同一批肉牛,又在同一时期育肥出栏。这种饲养制度简单易行,优点多。在饲养期内管理方便,易于控制适当的内环境,便于机械作业。牛舍空出后,便于彻底打扫、清洗、消毒,杜绝各种传染病的继代循环感染。全进全出是牛场饲料管理、控制疾病的核心。要切断牛场疾病的循环,必须实行全进全出。因为在牛舍内有牛的情况下,始终难以彻底清扫、冲洗和消毒。目前还没有任何一种消毒剂可以完全杀灭粪便和排泄物中的病原体,因为穿透能力较低,所以在消毒前最好使用高压水枪将粪便和其他的排泄物彻底冲洗干净。牛舍内有牛则不能彻底冲洗,消毒效果也不能保证。

即使当时消毒非常好,但由于病牛或带毒牛可以通过呼吸道、消化道、泌尿生殖道不断向环境中排放病源、污染牛舍、牛栏。下一批牛进入牛舍后,就可能被这些病原体感染。有些肉牛场虽然在设计的时候是按照全进全出设计的,但由于生产方面存在问题,如生长缓慢或有些牛发病,可能在原来的牛舍继续饲养,而病牛或生长缓慢的牛带毒量更高,毒力更强,所以更危险。正确的做法是,应该保证牛舍内所有牛出栏后彻底清洗、消毒空舍 14 d 以上,这样才能保证消毒效果。

二、分批育肥制

所谓"分批育肥"是指根据饲料贮存、青草生长情况以及市场价格、行情变化进行的分批育肥、分批出栏的饲养方法。

(一)育肥前期

育肥前期指进场第 20 ~ 30 d,也叫适应期。该期主要完成免疫注射、驱虫、编号等工作,让牛只适应新的饲养环境,调理胃肠功能,增进食欲。饲料以粗饲料为主,保证供给充足清洁的饮水,开始 3 ~ 5 d 内,只喂给容易消化的青草或青干草,不喂精饲料,并注意牛体重变化和精神食欲状况。以后补加适量麸皮,每天可按 0.5 kg 的喂量递增,待能吃到 2 ~ 3 kg 麸皮时,逐步更换育肥期饲料,减少麸皮给量,约用 2 ~ 3 周的时间,用精料把麸皮全部替换下来。此阶段精粗料配方中,粗饲料比例应占总量的 60% ~ 70%。

(二)育肥中期

中期阶段 60 ~ 90 d,中期阶段也叫增重期。要求精粗料配方中精料的比例占 40% ~ 60%。精饲料每天大约 3.5 ~ 4.5 kg,粗饲料自由采食。

(三)育肥后期

后期阶段 30 ~ 60 d 不等。这时精粗饲料配方中,精料比例占 60% ~ 70%。粗饲料自由采食,以不限量的方法饲喂,直到牛吃饱为止。饲料中严禁使用动物源性饲料和违禁药物、添加剂,严格执行休药期的规定。

三、分群管理制

所谓"分群管理制",是指根据不同肉牛的年龄、性别、生理阶段将肉牛群分为哺乳犊牛群、断奶犊牛群、育成牛群、育肥前期牛群、育肥中期牛群、育肥后期牛群,每个肉牛群所饲喂的饲料种类不同,数量不同;不同牛群分别饲养、分别管理、按群核算生产费用,并计算各牛群的产品成本来考核经济成果。这种方法的优点是:饲养、管理、核算、考核口径一致,成本管理工作可以结合肉牛的饲养情况具体、细致地进行,有利于降低生产耗费,提高经济效益;缺点是核算的工作量较大。

表5-1　肉牛不同的生理阶段

生长阶段	月龄阶段
哺乳犊牛	出生~断奶(60 d)
断奶犊牛	61 d~6月龄
育成牛	7月龄~18月龄
育肥牛	19月龄~24月龄
成年牛	24月龄以后

四、自繁自养制

所谓"自繁自养"是指以自繁的犊牛进行一条龙育肥,利用犊牛在12月龄前生长发育最为迅速、增重快的特点,直接育肥出售。

采用科学的饲养育肥方式,各地要根据牛种资源、农作物秸秆和牧草资源的实际,选择一条低成本、节粮型、出栏快的高效肉牛养殖路子。在以家庭饲养为主的情况下,要适当发展一定规模的肉牛育肥场饲养,这是推行科学养牛与提高肉牛养殖效益的基础。根据具体情况可以选择专业繁育、自繁自养、集中育肥等方式。同时,开展杂交改良,杂交能产生"杂种优势",即杂交一代能表现出比其上一代更优越的生长优势和适应能力。杂交不仅是肉用生产的手段,也是牛种改良的手段。实践证明,杂交改良的后代,初生重大、生长发育快、体躯高大,产肉能力强。

五、异地育肥制

所谓"异地育肥制"是指肉牛在一个地区繁育和培育的肉牛或架子牛,被转移(买卖)到另一个地区进行育肥。

异地育肥肉牛,一般是从较远的外地或牧区购买犊牛或架子牛。这些地方饲草资源丰富,可以充分利用当地的牧草及农副产品资源饲养母牛,把断奶后的犊牛或长到 1.5 岁时转移到精饲料条件较好的地区进行短期强度育肥,然后出售或屠宰。异地育肥的优点是:一是对牧区或犊牛繁育场来说,出售当年牛犊,可以减少犊牛越冬期的管理和冬春死亡;同时可以增加牛群中母牛的数量,专门用来繁殖犊牛,促进肉牛养殖专业化,提高了牧区和繁殖场的经济效益。二是对农区的育肥场、农户和专业户来说,购进 6 月龄育成牛,到第二年越冬前,牛已到出售和屠宰时间,不再第二次越冬,能减少饲养成本,增加经济收入。三是如果购买犊牛进行易地强度育肥,经短期育肥后,所生产的牛肉能达到上等品质标准,其经济效益显著。现将异地育肥肉牛的技术及应注意的问题介绍如下:

(一)恢复期

从异地(外地)买进的架子牛,一般在原地的饲喂条件较差,大多数牛都是喂粗饲料或少量精料,买来后应在短时间内尽快过渡到以喂精料为主,在 120 ~ 150 d 育肥出栏。具体安排是:恢复期 10 ~ 15 d。架子牛从外地买来,经过长途运输或赶运造成的疲劳,需要一段时间恢复;架子牛到达育肥地点后,对饲料、饲养方法、饮水及环境也需要有个适应过程。所以在恢复期饲料以干粗料(玉米秸秆、干青草)或加 50% 玉米青贮饲料为主。

(二)过渡期

经 10 ~ 15 d 的恢复期饲养,架子牛已基本适应新的生活环境和饲养条件,饲料应由粗料型向精料型过渡。具体做法是:将精料和粗料加适量水充分拌匀,使精料能附着在粗料上;或将精料和玉米青贮饲料充分拌匀后饲喂。这样连续饲喂几次后,架子牛就习惯吃精料了。以后逐渐增加精料在日粮中的比例。过渡期结束时,肉牛日粮中精料比例应占 40%～45%。

（三）催肥期

催肥期 120 d 左右,肉牛的日粮中精料所占的比例越来越高,具体安排是:1～20 d,日粮中精料的比例为 55%～60%,粗蛋白质水平12% 左右。21～50 d,日粮中精料的比例上升到 70%,粗蛋白质水平10%。51～90 d,日粮中精料的比例增加到 75%,粗蛋白质水平 10%。91～120 d,日粮中精料的比例达到 80%～85%,粗蛋白质水平 10%。

1.**一日多餐制**　为防止育肥牛一次吃得过多而造成胀肚,在最初的三四天,一天要饲喂五六次,每次喂量不要太多,以后保证饲槽内昼夜有饲料,任其自由采食。

2.**充分供给新鲜、清洁的饮水**　每天应饮水三四次,最好让其自由饮水。

3.**提供良好的生活环境**　牛舍应做到冬暖夏凉,并保持通风干燥;催肥期应固定拴系饲养,以尽量减少运动;保持牛体卫生,经常刷拭,预防体内外寄生虫病的发生。

第二节　规模肉牛场的饲养管理制度

一、规模肉牛场一般管理制度

（一）工作人员管理制度

（1）不准喝酒、不准打架斗殴、不准拉帮结派,一经发现,严肃处理,直至开除。

（2）吸烟应远离易燃物品,同时不影响工作,不影响环境卫生。

（3）服从领导指挥，认真完成本职工作。

（4）及时发现问题，及时汇报，及时解决。对每位员工提出的合理建议进行鼓励并奖励。

（5）保持肉牛养殖场环境卫生，不许将生活垃圾乱扔，应采取措施对生活垃圾统一堆放，定期销毁。

（6）保持水槽，食槽，肉牛舍清洁，工具摆放有序。

（7）肉牛养殖场物品实行个人负责制，注意保管、保养，丢失按价赔偿；如因丢失影响生产，另行处罚。

（8）实行请假销假制度。有事提前请假，以便调整安排，以不耽误生产为原则。全体员工应团结配合，扎实工作，以场为家，以场为荣。

（二）个人负责制

肉牛养殖场的管理，实行个人负责制，对每个员工赋予一定的权力，同时员工承担相应的责任，责权利统一。

（1）肉牛养殖场人员实行个人负责制，赋予权力，承担责任。

（2）肉牛养殖场主管负责对全体员工和日常事务的管理，对上级负责，及时汇报肉牛养殖场生产情况。

（3）员工坚守岗位职责，做好本职工作，不得擅自离岗。

（4）做好肉牛养殖场的防盗措施和安全工作。

（5）晚上轮班，看护好场部的肉牛和其他物品。

（6）做好每日考勤登记，不得作假或叫同事代签。

（7）分工与协作统一，在一个合作团队下，开展各自的工作。

（8）做好安全防范工作。

（三）饲料管理制度

（1）饲料原料需来自无农药全生态的农作物，如玉米、水稻、黄豆等。

（2）饲料中不得添加国家禁止使用的药物或添加剂。

（3）饲料原料进仓应由采购人员与仓库管理员当面交接，并填写入库单，仓管员还必须清点进仓饲料数量及质量。

（4）仓管员应保持仓库的卫生，库内禁止放置任何药品和有害物质，饲料必须隔墙离地、分品种、整齐堆放。

（5）建立饲料进出仓库记录，详细记录每天进出仓情况。

（6）饲料生产应严格按照饲料配方和生产工艺、操作规程进行。

（7）生产车间、搅拌机及用具应保持清洁，做到不定时的消毒，生产车间禁止放置有害物品。

（四）卫生防疫管理制度

（1）生活区的垃圾应及时清理，保持清洁。

（2）肉牛养殖用具每天清洗一次，保持干净。

（3）外来人员未经许可，不得进入肉牛养殖生产区。

（4）发现局部发生疫病时，肉牛养殖用具食槽、水槽专用，并进行消毒，做好发病食料槽、水槽的有效隔离。

（5）病、死牛只当天烧毁或深埋，用过的药品外包装等统一放置并定期销毁。

（6）购进的肉牛经过检疫，防止病原体传入。

（7）定期对肉牛养殖场进行消毒和防疫药品投放。

（五）药物管理制度

（1）建立完整的药品购进记录。记录内容包括：药品的品名、剂量、规格、有效期、生产厂商、供货单位、购进数量、购货日期。

（2）药品的质量验收。包括药品外观性质检查、药品内外包装及标识的检查，主要内容有：品名、规格、主要成分、批准文号、生产日期、有效期等。

（3）搬运、装卸药品时应轻拿轻放、严格按照药品外包装标志要求堆放和采取措施。

（4）药品仓库专仓专用、专人专管。在仓库内不得堆放其他杂物，特别是易燃易爆物品。药品按剂量或用途及储存要求分类存放，陈列药品的货柜或厨子应保持清洁和干燥。地面必须保持整洁，非相关人员不得进入。

（5）药品出库应开《药品领用记录》，详细填写品种、剂型、规格、数量、使用日期、使用人员、何处使用，需在技术员指导下使用，并做好记录，严格遵守停药期。

（6）不向无药品经营许可证的销售单位购买兽药，用药标签和说明书符合农业农村部规定的要求，不购进禁用药、无批准文号、无成分的药品。

（7）用药施行处方管理制度，处方内容包括：用药名称、剂量、使用方法、使用频率、用药目的，处方需经过监督员签字审核，确保不使用禁用药和不明成分的药物，领药者凭用药处方领药使用。

（六）有毒有害物质防护制度

（1）日常重视四周卫生，及时隔离、防护清除生活垃圾。

（2）严格执行专人管理、专库存放制度，制定完整进仓和领用记录，记录需有相关人员签名。

（3）值班人员遵守相关守则、制度，防止外来人员投毒、投害。

（4）下列有毒有害物质禁止进入肉牛养殖场，汞、甲基汞、砷、无机砷、铅、镉、铜、硒、氟、组胺、甲醛、六六六、滴滴涕、麻痹性贝类毒素、腹泻性药物。

（七）奖惩制度

有下列情形之一者，将得到一定的奖励。

（1）对肉牛养殖场的疾病防治得力，挽救肉牛养殖场重大损失的；

（2）进行自主创新，节约成本，成效显著的；

（3）进行立体综合肉牛养殖，效益明显的；

（4）管理措施有力，保障肉牛养殖场连续18个月没有发生事故的等等。

有下列情形之一的，将受到一定的惩罚。

（5）弄虚作假的，如考勤、采购作假的；

（6）经常迟到早退的（一个月累计≥3次）；

（7）无故旷工的（一个月累计≥18 h）；

（8）打架斗殴的，情节严重的交司法机关处理；

（9）盗窃或与他人合伙，使公司肉牛养殖场经受损失的，严重的交司法机关处置；

（10）私自宰杀肉牛养殖场肉牛，照价赔偿，并追究法律责任；

（11）出现肉牛养殖场无人看管时间超过35分钟的情况等等。

二、饲养管理制度

所谓"饲养管理制度"是指在饲养管理过程中根据肉牛营养和饲养学的原理而人为制定的有利于肉牛生产的制度。其基础是肉牛的饲养管理技术。肉牛养殖习语"初生少一斤、断奶少十斤、出栏少百斤""鱼靠水，树靠根，牛靠人""早喂喂到嘴上，晚喂喂到腿上""寸节草，铡三刀，不上料，也长膘""有料无料，四角拌到""勤添少给，先饮后喂""同样草同样料，不同喂法不同膘"富含一定的饲养管理科学原理。

要做到人本化、牛本化。以牛为本，建立人牛亲和；做到"三早"：早吃初乳、早补饲、早断奶；"三看"：看粪便、看精神、看采食；"三勤"：勤喂、勤饮、勤休息；"四知"：知热、知冷、知饥、知饱；"四定"：定时、定量、定质、定人；"六净"：草净、料净、水净、槽净、体净、圈净。

（一）哺乳犊牛的饲养管理制度

1. 新生牛接产严格按规范要求操作　母牛应在清洁干燥的场所、安静的环境下产犊。产犊舍铺垫新的柔软褥草，应以自然分娩为主，适当辅以助产。犊牛出生后应立即用碘酊消毒脐部，擦干周身黏液，特别是口鼻内黏液。

2. 早喂初乳　母牛分娩后最初7 d内所分泌的乳汁称为初乳。一般采用随母哺乳方法培育犊牛，在其出生后能站立时即引导犊牛吃初乳。具体作法为：将犊牛头引至乳房下，挤出乳汁于手指上，让犊牛舐食，并引至乳头吮乳。

3. 早饮水　母牛产后应供给充足的饮水，有条件的可喂温水食盐麸皮汤。犊牛出生后1周即开始训练其饮水，温度以36～37℃为宜。

4. 犊牛舍要干燥通风　犊牛应尽可能放在干燥通风处饲养，但不应有穿堂风或贼风。冬季应保暖，勤换晒垫草。

5. **适时补饲**　犊牛在一周龄时开始出现反刍。采用"开食料"进行补饲,开食料要求营养丰富,易于消化,适口性好。

6. **及时断奶**　犊牛断奶一般在 6 月龄,可根据饲料补饲效果,结合犊牛生长发育情况,尽量提前断奶。犊牛哺乳期一般为 3 个月。为使犊牛早期断奶,喂 7 d 初乳,第八天喂代乳料,一个月后喂混合精料及优质干草。喂料量为体重的 1%。

7. **去角**　犊牛去角后,便于管理;去角时间一般在出生后 5～7 d 内,对犊牛影响小。去角方法有碱法和电烙法。

8. **运动**　在犊牛出生后 5～6 d,每日必须刷拭牛体一次,并要注意进行适当运动。

(二)断奶犊牛的饲养管理制度

(1)犊牛是规模肉牛场育肥牛的种苗基础,对犊牛的要求应根据牛群的现状,拟定选种、选配和培育计划。

(2)犊牛饲养原则应着重精、粗料的品质,精料应单独调配,蛋白质水平在 20% 左右;全场最好的粗饲料,应首先满足于犊牛群饲喂。

(3)保持犊牛栏干燥和卫生,每周消毒 1 次,舍内的牛栏底用石灰水清扫。

(4)每天刷拭 2 次以上,保持体躯清洁,每月做好秤重工作。

(5)注意观察犊牛的发病情况,发现病牛及时找兽医治疗,并且做好记录。犊牛生长发育快,抵抗能力弱,要预防好"三炎一痢",即肺炎、脐带炎、胃肠炎、犊牛痢疾。

(6)断奶犊牛在犊牛岛内应挂牌饲养,牌上记明犊牛出生日期、母亲编号等信息,避免造成混乱。

(7)及时清理犊牛岛和牛棚内粪便,犊牛岛内犊牛出栏后及时清扫干净并撒生石灰消毒,舍内保持卫生,定期消毒。

(8)协助资料员完成每月的犊牛照相、称重工作。

(二)育成牛的饲养管理制度

(1)饲喂制度实行 3 次上槽或 2 次上槽,并在运动场设饲槽,自由采食干草。

（2）日粮以干草、玉米青贮为主。根据粗饲料质量，饲喂精料，一般每天 2～3 kg，注意补充蛋白质饲料。

（3）注意观察母牛发情情况，并及时与配种员联系。

（4）保证夜班饲草数量充足。

（5）严格按照饲养规范进行饲养，每天刷拭 2 次以上。

（6）16～18 月龄体重达到 320～350 kg，体高达到 1.3 m 进行配种。

（7）妊娠 3 个月后，应加强管理，观察食欲，注意生理变化，体况不宜过肥。

（三）成母牛饲养管理制度

（1）根据牛只的不同阶段特点，按照饲养规范进行饲养。同时要灵活掌握，防止个别牛只过肥或瘦弱。

（2）爱护母牛，熟悉所管理牛群的具体情况。

（3）按照固定的饲料次序饲喂；饲料品种有改变时，应逐渐增加给量，一般在一周内达到正常给量，不可突然大量改变饲料品种。

（4）产房要遵守专门的管理制度，协助技术人员进行母牛产后监控。

（四）育肥牛饲养管理制度

（1）饲料配方应根据牛的育肥阶段、体重和饲料原料种类来制定。

（2）肉牛按体重大小、强弱等分群饲养，喂料量按要求定量给予。

（3）饲料加工人员要认真负责，按要求添加各类饲料原料，特别是维生素、微量元素、氨基酸添加剂等必须充分搅拌、混匀。

（4）自由采食情况下，24 h 食槽有饲料饲草；自由饮水，24 h 水槽有水。如定时定量饲喂肉牛时，要制定饲喂计划，按时饲喂，杜绝忽早忽晚。

（5）一次添饲料不能太多，饲料中不能混有铁丝、铁钉等异物，不能将霉烂变质的饲料喂牛；牛下槽后及时清扫饲槽，防止草料残渣在槽内发霉变质，注意饮水卫生，避免有毒有害物质污染饮水。

（6）保持牛舍清洁卫生、干燥、安静；搞好环境卫生，减少蚊蝇干扰,确保育肥牛快速增重。

(7)每天根据牛舍和运动场实际情况及时清除牛粪,做好雨天运动场排水工作。

(8)饲养人员喂料、消毒、清粪等要按操作规程进行,动作要轻。

(9)要做好夏季防暑降温、冬季御寒保暖工作。

(10)贯彻防重于治的方针,定期做好疫苗注射、防疫保健工作。

(11)饲养人员对牛只随时注意看采食、看饮水、看粪尿、看反刍、看精神状态是否正常。

(12)每天上、下午定时给牛体刷拭一次,以促进血液循环,增进食欲。

(13)牛舍及设备常检修,要经常检修、更换缰绳、围栏等易损品。

(14)饲养员报酬实行基本工资加奖金制度,奖励工资以育肥牛每日增重量计算。奖励工资的内容还可以增加饲料消耗量(饲料报酬)、劳动纪律、兽药费(每头牛)、出勤率等等,每一项都细化为可衡量的等级,让饲养员体会到奖励制度经过努力可以达到,努力越多,奖励越高。

(五)新购买架子牛饲养管理制度

1.隔离饲养新购入架子牛进场后应隔离饲养15 d以上,防止随牛引入疫病。

2.合理饮水由于运输途中饮水困难,架子牛经常会发生严重缺水,因此架子牛进入围栏后要掌握好饮水。第一次饮水量以10~15 kg为宜,可加入工盐(每头100 g);第二次饮水在第一次饮水后的3~4 h,饮水时,水中可加些麸皮。

3.**粗饲料饲喂方法**　首先饲喂优质青干草、秸秆、青贮饲料,第一次喂量应限制,每头4~5 kg;第二、三天以后可以逐渐增加喂量,每头每天8~10 kg;第五、六天以后可以自由采食。

4.**饲喂精饲料方法**　架子牛进场以后4~5 d可以饲喂混合精饲料,混合精饲料的量由少到多,逐渐添加,10 d后可喂给正常供给量。

5.**分群饲养**　按大小强弱分群饲养,每群牛数量以牛舍为单位较好;傍晚时分群容易成功;分群的当天应有专人值班观察,发现格斗,应及时处理。

6. 驱虫 体外寄生虫可使牛采食量减少,抑制增重,育肥期增长。体内寄生虫会吸收肠道食糜中的营养物质,影响育肥牛的生长和育肥效果。一般可选用阿维菌素,一次用药同时驱杀体内外多种寄生虫。驱虫可从牛入场的第 5~6 d 进行,驱虫 3 日后,每头牛口服"健胃散" 350~400 g 健胃。可每隔 2~3 个月进行一次驱虫工作。

六、分娩牛饲养管理制度

(1)产房 24 h 有专人值班 根据预产期,做好产房、产间及所有器具清洗消毒等产前准备工作。保证产圈干净、干燥、舒适。

(2)母牛临产前 1~6 h 进入产间,后驱消毒;保持安静的分娩环境,尽量让母牛自然分娩。破水后必须检查胎位情况,需要接产等特殊处理时,应掌握适当时机且在兽医指导下进行。

(3)母牛产后喂温麸皮盐水,清扫产房内污物,更换褥草,请兽医检查,老弱病牛单独护理。

(4)观察母牛产后胎衣脱落情况,如不完整或 24 h 胎衣不下,请兽医师处理。

(5)母牛出产房应测量体重,并经人工授精员和兽医检查签字。

(6)犊牛出生后立即清除口、鼻、耳等部位内的黏液,距腹部 5 cm 处断脐、挤出脐带内污物并用 5% 碘酒浸泡消毒,擦干牛体,称重、填写出生记录,放入犊牛栏。如犊牛呼吸微弱,应立即采取抢救措施。

第三节 规模肉牛场牛舍内环境控制

一、肉牛场牛舍内保温措施

牛的饲养由放牧变为集约化养殖,实现了密度高、省力、生产性能优越、讲究卫生等目的,并正在达到各种各样的技术目标。牛舍环境变得尤为重要。

（一）牛舍环境的构成和特征

牛舍的环境构成如表5-2。

表5-2　牛舍的环境构成

区　分	环境因素	对应机体	管　　　理
物理性环境	温度	体温调节	温热环境管理（绝热构造、冷、暖气）
	湿度	体温调节	温热环境管理（加湿、除湿）
	风	体温调节	温热环境管理（送风、防风）
	辐射热	体温调节	温热环境管理（辐射、遮断、利用）
	音	听觉	音环境管理、噪音（防音、音负荷）
	光、色彩	视觉	光环境管理（照明、遮光、无窗化）
化学性环境	饲料成分	味觉、食欲	饲养管理（调整饲料、饲喂方式、添加物的利用）
	营养素	消化、代谢	饲养管理（调整饲料、饲喂方式、添加物的利用）
	空气成分	呼吸、代谢	卫生环境（换气、床构造、饲养密度、清扫、粪尿处理）
	臭气	嗅觉	卫生环境（换气、床构造、饲养密度、清扫、粪尿处理）
	灰尘	呼吸器官	卫生环境（换气、床构造、饲养密度、清扫、粪尿处理）
生物性环境	微生物	抗病体、机体防御机构	卫生环境（清扫、消毒、换气、驱虫、预防液和药物作用）
	内、外寄生虫	防御机构	卫生环境（清扫、消毒、换气、驱虫、预防液和药物作用）
	卫生动物	防御机构	卫生环境（清扫、消毒、换气、驱虫、预防液和药物作用）
	伙伴、人	行为、学习	卫生环境（清扫、消毒、换气、驱虫、预防液和药物作用）
			社会环境、行为控制、动物福利

（二）舍内环境的管理目标

为了保证牛优质、高效、安全的生产，同时达到肉牛福利的要求，使肉舍内环境达到理想目的，应从以下几点来进行。

1. **适当的温热环境** 牛舍外和放牧场地饲养的牛群，时常受到严酷的气候环境的影响。对这种环境的牛群来说可能会有行为的、生理的、形态上的适应。一方面，舍内环境隔绝了外界严酷的自然环境，可使牛的行为等被拴系、被牛床等拘束，居住场所和环境的选择被限制。另一方面，舍内温热环境对牛来说不冷不热能够保持生产的理想适温域，舍内管理程度好的牛群受到温热刺激较小，而牛的适应能力并不发达。与之相对的，环境变化大的场所，环境更为直接和剧烈地影响牛的适应性。

2. **保障饲料的摄取** 牛舍担负着减少牛能量消耗的使命，对节约饲料和提高生产效率起到重要作用。在群体管理中容易出现个体间的不平衡，为了解决这个问题，使用了不断给予饲料的方法，附有自动个体识别装置的自动给饲机等有效措施。

3. **清净的环境** 舍内温度达到高于适温域的时候，增大换气量，舍外气温小于适温域是舍内换气减少。换气的要点除了温湿度的调节以外，还可以除去污染舍内环境的灰尘、霉类、有害气体等污染物。舍内的空气污染原因不只是换气不良，还与容易被灰尘污染的床的构造、群体饲养、密集饲养或搬运舍内粪尿的方法不合理等有密切关系。

4. **发挥正常行为的条件** 在肉牛舍内饲养可能掠夺肉牛行为发挥的自由，其结果可以观察到很多的异常行为。认为使肉牛发挥正常行为的条件是空间、明亮度、伙伴的存在，是非常重要的。通过肉牛的行为观察，可以准确地判断牛的饲养密度、牛床等是否合理。

第六章　规模肉牛场经营管理

肉牛生产要追求最大的经济效益,需要处理好肉牛生产、经营的各个环节,减少支出,降低成本,提高经济效益。不仅要重视科学技术在养牛业中的应用,还要注意管理工作。

第一节　规模肉牛场的经营管理原则

要根据国家有关政策,结合本地、本场的主观条件,确定一定时期内生产发展的方向。然后进行认真的分析研究,尤其是对生产技术的实况和发展趋向、市场需求、饲料供应、能源条件、销源条件、销售渠道、肉牛价格等进行仔细的预测。制定出近远期奋斗目标,制定出实现该目标必须采取的重大措施。以决策中所制定的方向目标为基础进行全面细致的调查,收集大量的资料,拟定出一定时间内适当的经营目标以及实施的步骤和计划。

对生产经营过程中的人和物的使用,要进行系统的检查和核算。首先,根据劳动定额的完成情况,给予恰当的劳动报酬、奖励制度。确保不断降低消耗,减少成本,提高盈利水平,调节处理好生产经营活动中各方面的关系,解决它们之间的分歧,达到协调一致,实现共同目标。

充分发挥以上各职能,指挥不当,同样完不成任务。当然,充分发挥以上各职能,人是决定性因素,因此,要全心全意依靠全场干部职工,团结一心,共同努力,育肥出最高档的肉牛。

整个肉牛场工作是一个系统工程,各个环节必须协调发展,才能经营好肉牛场,提高肉牛养殖业经济效益,不仅要重视科学技术在养牛业中的应用,还要注意管理工作,两者有机地结合才能产生最大的经济效益。

肉牛场成本60%～70%来自饲料,实施科学饲养管理,提高肉牛群的质量,使产出投入比增加;重视肉牛群的选育工作,制定合理的选育指标,选出高产、体健的肉牛进行生产育肥,使母牛终身价值提高。抓好母牛配种,提高牛群的繁殖力是提高产肉量、扩大牛群的核心工作。组织好技术人员、饲养员观察母牛的发情,适时配种,降低母牛产犊间隔时间,及时淘汰老残肉牛和失配不孕的肉牛。

如果条件允许的话,还要组建牛业集团,开展多种经营,肉牛养殖业集团化,可增力承受市场风险的能力,对牛肉实行深加工,增加产品价值。制定各项制度,确保肉牛生产顺利,对肉牛、肉牛场各生产环节,制定生产管理制度,以制度约束员工,调动并保护员工积极性。

第二节　规模肉牛场的岗位责任制度

为了节约和降低成本,提高效益,实施科学、规范、制度化管理,明确员工权力与职责,规模肉牛场要实行岗位责任制。肉牛场的岗位责任制度包括场长、财务主管、销售主管、采购主管、技术主管、会计、车间主任、库管、生产工人、监督员、技术员、采购员等岗位职责。

一、场长岗位职责

(1)负责肉牛场内部管理构架的设置,推荐管理机构人选,组建管理团队负责规模肉牛场全面工作,在规定的用人指标内,合理安排各岗位员工,在权限范围内科学有效地组织与管理生产。

(2)决定聘用或解聘公司各级管理及生产技术人员。

(3)参与制定公司年度经营方案,并组织经营计划的实施。

(4)负责制定公司基本管理制度,推行两本化(人本化、牛本化)管理理念,对员工实施绩效考核。

(5)负责监督执行规模肉牛场各项规章制度、操作规程和管理规范。制订并实施规模肉牛场内各岗位的考核管理目标和奖惩办法。

（6）定期对所有技术人员和各岗位员工进行考评，根据考核成绩对员工予以适当的经济奖惩、教育或辞退。

（7）负责公司工资方案和考核奖罚细则，上级审批后负责实施。

（8）负责各种供销合同的制定和产品价格的议定。

（9）负责职工培训计划的制定实施。

（10）负责公司各项费用开支的管理与控制。

（11）组织全体员工按时完成董事会下达的生产经营目标。

（12）带领企业合法经营，严格遵守国家各项法律、法规。

（13）努力学习，不断提高自身管理水平和业务能力。定期对职工组织业务技术培训，提高规模肉牛场整体生产技术水平。

（14）增产节约，努力提高规模肉牛场经济效益。

（15）安全生产、杜绝隐患。

二、会计岗位职责

（1）负责公司行政事务的安排，协调办理人事关系的管理及全场职工食宿生活，场区治安、绿化、环卫等事务管理。

（2）负责办公及生产日用品的采购工作。

（3）按生产计划制定公司月度资金周转预算计划。

（4）按时编制公司月度，季度，年度会计核算报表。

（5）审核公司内部发生账务票据的合法性、合理性。

（6）按时向董事会及经理提交公司有关经营报表和考核汇总资料，对单位产品成本动态变化进行核算。

（7）负责公司对外（工商、税务、银行等）职能部门的关系协调，及有关资料上报工作。

（8）负责出纳及库管员日常工作的指导及检查。

（9）按时完成公司领导交办的其他临时性工作。

三、技术员岗位职责

（1）参与牛场全面生产技术管理，熟知牛场管理各环节的技术规范。

（2）负责各群牛的饲养管理，根据后备牛的生长发育状况及成母牛的产犊情况，依照营养标准，参考季节、体况，合理、及时地调整饲养方案。

（3）负责各群牛的饲料配给，发放饲料供应单，随时掌握每群牛的采食情况并记录在案。

（4）负责牛群周转工作。记录牛场所有生产及技术资料。

（5）负责各种饲料的质量检测与控制。

（6）掌握牛只的体况评定方法，负责组织选种选配工作。

（7）熟悉牛场所有设备操作规程，并指导和监督操作人员正确使用。

（8）熟悉各类疾病的预防知识，根据情况进行疾病的预防。

四、兽医师岗位职责

（1）负责牛群卫生保健、疾病监控与治疗，贯彻执行防疫制度、制订药械购置计划、填写病例和有关报表。

（2）合理安排不同季节、时期的工作重点，及时做好总结工作。

（3）每次饲喂仔细巡视牛群，发现问题及时处理。

（4）认真细致地进行疾病诊治，充分利用化验室提供的科学数据。遇到疑难病例，组织会诊，特殊病例要单独建病历。认真做好发病诊断和处方记录。

（5）及时向领导反馈场内存在的问题，提出合理化建议。配合畜牧技术人员，共同搞好饲养管理。认真贯彻"以防为主，防重于治"的方针。

（6）如发生重要疫病及重要事项时，应及时做好隔离措施。同时应将重要疫病及重要事项报告领导及检验检疫局部门。

（7）努力学习、钻研技术知识，不断提高技术水平。普及肉牛卫生保健知识，提高职工素质。掌握科技信息，开展科研工作，推广应用成熟的先进技术。

五、配种员岗位职责

（1）年底负责制订下年母牛配种繁殖计划，参与制订选配计划。

（2）认真观察牛群,做好发情鉴定,适时配种,按规定时间做妊娠诊断。

（3）做好母牛产后监护工作,做好母牛繁殖疾病的预防及诊疗。

（4）及时记录母牛发情、配种、妊检、流产、产犊、治疗等技术数据,填写繁殖卡片。

（5）做好精液、药品的出入库记录和汇总,月底上报财务室。

（6）按时整理、分析各种繁殖技术资料,及时上报并提出合理化建议。

（7）向职工普及母牛繁殖知识,努力学习,掌握科技信息,推广先进技术和经验。

六、资料员（兼统计员）岗位职责

（1）正确填写母牛谱系,依照谱系的有关内容和规定,定期测量后备牛的体重、体尺,并及时填写。

（2）负责母牛各项育种指标分析、日粮营养分析和生长发育分析。

（3）负责收集饲养参数,及时把数据输入电脑并做数据分析。

（4）负责牛群异动、生长发育、健康情况,人员任用等各项数据的整理,于每月初(4日前)填写生产报表,上报经理。

（5）每月月底完成计件工资所需的数据统计。

（6）妥善保存各类原始资料。

（7）努力钻研业务,热爱本职工作,实事求是,保证数据真实可靠。

七、库管岗位职责

（1）严格执行公司主管部门的操作规范,严格做好饲料饲草库存、机械设备、各种办公耗材、实物保管工作。

（2）进出物资要严格检查质量、数量,各项记录及时完整,各种报表要及时准确。

（3）妥善保管和调用物资,先进先出,避免霉坏、变质及非正常损耗。注意防火、防盗。每月盘存,做到账实相符,实事求是。

（4）如实记录各类饲料的进出库及肉牛饲喂情况,及时核算肉牛饲料成本。

（5）每月底根据物资周转周期及适当库存，按实际需要做好下月的采购计划，及时上报主管领导。

（6）做好食堂伙食调整、管理饭票，把握伙食价格，做好非营利性服务工作。

八、饲养员岗位职责

（1）保证肉牛充足的饮水供应；经常刷拭饮水槽，保持饮水清洁。

（2）熟悉肉牛饲养规范。保证饲喂每头肉牛的饲料给量，应先粗后精、以精带粗。勤填少给、不堆槽、不空槽，不浪费饲料。正常班次之外补饲粗饲料。饲喂时注意拣出饲料中的异物。不喂发霉变质、冰冻饲料。

（3）牛粪、杂物要及时清理干净。牛舍、运动场保持干燥、清洁卫生，夏不存水、冬不结冰。上下槽不急赶，坚持每天刷拭牛体。

（4）熟悉每头牛的基本情况，注意观察牛群采食、粪便、精神等情况，发现异常及时向技术人员报告。

（5）配合技术人员做好检疫、医疗、配种、测定、消毒等工作。

九、饲料生产工岗位职责

（1）严格按照饲料配方配合精饲料。饲料原料、成品料要按照不同品种分别摆放整齐，便于搬运和清点。

（2）严格按照操作规程操作各类饲料机械，确保安全生产。

（3）每天按照技术员的发料单，给各个班组运送饲料。要有完整的领料、发料记录，并有当事人签字。

（4）运送或加工饲料时，注意检出异物和发霉变质的饲料。

（5）每月汇总各类饲料进出库情况，配合财务人员清点库存。

十、电工、维修工岗位职责

（1）严格遵守上下班时间，不迟到，不早退。

（2）严格按操作规程安全操作，不违章作业。

（3）及时处理各种紧急故障，如停水、停电。

(4)除工作时间外,因场内紧急工作需要应随叫随到。

(5)定时检修维护各种机械设备,保持设备完好性,不能耽误正常生产,不能跑、冒、滴、漏。

(6)完成领导交给的各项临时性工作。

十一、司机岗位职责

(1)爱护车辆,按时保养,保持车内清洁卫生。

(2)安全行驶,遵守交通规则,严禁酒后驾驶,严禁飞车。

(3)经常检查车辆,确保运转良好,不耽误生产需要。

(4)按时完成领导交给的各项任务,工作时间不干私活。

(5)合理安排出车计划,提高工作效率,降低行驶成本。

十二、监督员的职责

(1)遵守检验检疫有关法律和规定,诚实守信,忠实履行职责。

(2)负责肉牛养殖场生产、卫生防疫、药物、饲料等管理制度的建立和实施。

(3)负责对肉牛养殖用药品、饲料的采购的审核以及技术员开具的处方单进行审核,符合要求方可签字发药。

(4)监管肉牛养殖场药物的使用,确保不使用禁用药,并严格遵守停药期。

(5)应积极配合检验检疫人员和公司实施日常监管和抽样。

(6)如实填写各项记录,保证各项记录符合公司和其他管理和检验检疫机构的要求。

(7)监督员必须持证上岗。

(8)发现重要疫病和事项,及时报告公司和检验检疫部门。

十三、采购员岗位职责

(1)采购员采购药品物品,必须领导签字,采购单要上交一份到公司财务办公室存档备案。

(2)合理科学管理备用金,不能拿备用金做其他用途使用,更不能拿去做私人事情。

（3）采购药品、物品及时入库,办好相关手续。

十四、肉牛场销售主管的岗位职责

（1）在经理领导下,负责主持本部门工作,组织并监督部门人员全面完成公司下达的销售任务。

（2）贯彻落实本部门岗位责任制和工作任务,加强与生产、人事、财务、技术等部门的沟通与协调工作。

（3）组织制定与实施销售管理制度,明确任务分工,建立销售网络,认真做好下属人员的协调、指导、调度、检查与考核工作。

（4）负责制定与监督实施销售计划,节约销售费用,及时回收货款,加速资金周转,减少坏账、死账、滞账。

（5）指导销售内勤的日常工作,做好销售统计核算管理工作,建立和规范各种原始记录、汇总销售统计报表。

（6）负责销售工作运输车辆的联系。

（7）负责市场调研、分析和预测工作,做好市场信息的收集、整理和反馈,掌握市场动态,及时向上级主管提出合理化建议。

（8）负责做好售后服务工作,及时解决客户的实际困难。

（9）负责业务人员的培训工作,提高销售队伍的整体素质。

（10）按时完成上级领导交办的其他任务。

十五、肉牛场生产工人的岗位职责

（1）明确自己每天的工作职责与生产任务。

（2）按时按要求完成车间主任布置的所有生产任务。

（3）严格按照生产工艺流程进行规范操作,保证产品的生产过程安全、科学、合理。

（4）要随时牢记安全生产,防止火、电、盗、人身意外伤害等事故的发生。

（5）要严格按要求使用劳动保护物资和工具。

（6）闲暇时间要进行学习与探讨,提高自身业务能力与技巧。

（7）端正工作态度，严肃工作纪律，并同其他同事搞好配合与协作。

（8）工作仔细留心，发现生产中的问题要及时向车间主任汇报并予以解决。

（9）按时上下班，有事必须请假，需要加班时必须按时赶到工作地点。

（10）服从领导，随时完成车间主任交代的其他任务。

十六、门卫岗位职责

（1）看好大门，监督、检查人员、车辆进、出场消毒操作。

（2）对持物进出场人员要询问清楚，检验相关手续，做好记录。

（3）负责全场的治安、防火、防盗等安全工作。

（4）上班时间要坚守岗位，不准私自脱岗、不准串岗聊天、睡觉、做游戏等有碍工作的事情。

（5）认真执行上下班的交接班制度。

（6）认真完成其他各自分管的工作。

十七、炊事员岗位职责

1. 保证食堂环境和饭菜的卫生，按时开饭。

2. 非营利性操作，公布菜价，每月底公布食堂账目。

3. 接受职工监督，不断改善炊事水平。

4. 满足职工的合理要求。

第三节　规模肉牛场生产组织与经营管理

随着商品经济的发展，许多规模化、现代化肉牛企业在品种、饲料、防疫、环境控制、饲养管理等方面，不同程度地采用了先进的科学技术，使养牛生产水平有了明显提高，但经济效益却高低不一，盈亏各异，这在很大程度上取决于经营管理水平的高低。因此，要使肉牛生产取得更大经济效益,在注重科学技术、提高生产水平的同时,更要注重科学的经营管理。因此,规模肉牛场生产要取得良好的经济效益,需要合理组织生产,科学管理,根据自然的、技术的、经济的和社会条件,做到适度规模健康养殖,从而使经济目标效益达到最佳状态。

　　肉牛场的生产管理是通过制定各种规章、制度和方案作为生产过程中管理的纲领或依据,对生产进行计划、组织、指挥、协调和统一等一系列工作,保证一切生产顺利进行,并取得好的效益。肉牛场的生产管理包括:建立肉牛场机构;肉牛场生产计划制定;肉牛场定额管理;肉牛场饲养过程管理。

一、肉牛场的行政组织管理

　　行政管理的根本任务是管好人、用好人,调动全体员工的积极性,全场上下,同心同德按计划完成各项任务,去实现管理目标。行政管理的内容主要有:建立健全合理的组织机构和人员编制;制定岗位职责;聘用优秀人才,竞争上岗;制定生产销售计划等,确定企业的目标并组织实施。

　　(一)健全组织机构,实行定编定员

　　1.设立合理的组织机构　要根据管理需要而定,根据实际的工作任务而定,谨防人浮于事。人员的编制要根据工作需要而定,与机械化、自动化程度关系密切。一般对于规模化大型肉牛场来说,包括董事长、总经理,副总经理,下设总经理办公室、人力资源部、财务部、项目部、畜牧事业部、营销公司、工程技术中心等部门。畜牧事业部包括行政办公室、生产调度室、采供计划部、牛源基地部、各肉牛养殖分场、饲料厂、有机肥厂、技术部等部门。各部门应该设专门负责人,负责各部门的日常工作。董事长为规模肉牛场的最高决策人,领导董事会选举产生并任命总经理,研究制定企业的重大决策、经营思路,总经理全面负责规模肉牛场的生产经营活动。

　　生产技术部根据需要可分为饲料生产和肉牛生产 2 个部门。饲料生产由 1 名生产主管负责,根据生产的机械化程度和饲料用量配备合适的工作人员;肉牛生产是整个肉牛场的主体,设技术员(主要是营养师、兽医师)、饲养员等岗位。后勤财务部由专业人员组成,购销部根据业务量大小设 3~5 人。肉牛场的组织机构设置如图 6-1 所示。

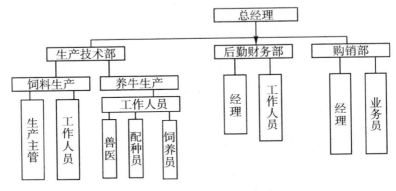

图 6-1 肉牛场的组织机构设置

2. 明确岗位职责 整个肉牛场实行总经理负责制,按照岗位职责权限,部门经理对总经理负责,生产班组长对部门经理负责,每个岗位要有岗位职责和要求,受聘人员必须竞争上岗,并遵守职责,严格按要求办事,受聘人员必须与企业签订劳动合同,明确责权利关系。

3. 建立健全各种规章制度 肉牛场的各项规章制度和规定必须健全,做到有章可循,按规定办事,避免管理上的随意性。规章制度一般包括:财务制度、物品原料管理制度、生产管理制度、劳动纪律及有关购销后勤保障的规章制度和奖罚制度等。

（二）行政管理的工作程序

1. 日管理 每天早上 7:30~7:50,进行一次日工作协调安排会议,由班组长或部门经理汇报昨天发生的重要工作事件,并根据工作计划汇报当天将要从事的工作项目、任务及工作管理中可能出现的问题。然后由总经理协调安排当日工作,组织解决已出现的问题,避免可能出现的问题,鼓励员工做好当日工作。

在生产过程当中,如果出现重大问题应及时汇报给经理或主管部门经理,以便及时组织、协调解决。每天下班后由各班组长,填写好当日的工作日记并及时报送管理人员。

2. 周管理 每周的行政管理必须结合该周的生产安排进行。每周一次行政会议,主要任务是对本周的工作做一个小结,肯定本周的工作成绩,找出存在的问题,提出解决问题的对策,以便在下周解决。其议程主要由各班组长汇报本周工作任务完成情况,存在的困难和问题。由部门经理和总经理共同协商解决问题的对策。如果是人的问题,要做好人的思想工作;是客观原因诸如水电、饲料原料、设备、仪器等,尽量满足这些条件。对表现优秀的员工给予口头表扬和鼓励;对表现差的要做好思想工作,以理服人,以情感人;对不适宜从事此项工作的人员要及时作出人事调整。周行政会的另外一项内容由总经理通报本周国内外所发生的与生产有关的重大事件,以及最新的科技信息、市场信息、疫情信息,使员工提高认识,增强工作意识。

3. 月管理 每月一次月总结会,在该月的生产成绩,统计出来以后的一个周末进行。由于有日管理和周管理作为基础,对计划目标任务经常性的检查、督促,使月管理变得简单易行。月管理主要是总结表彰和奖励,要求各项生产指标的统计、计算方法要一致统一、公开明确。

4. 年终工作总结 有了每月严格的总结、认真的管理,年终的总结就简单多了。主要任务是对照本年度的生产计划和各部门的目标,结合全年的统计资料分析计划完成情况,总结一年来的工作经验,吸取教训、表彰先进。各部门提出来年的工作目标,制订出来年的工作计划。鼓励全体员工团结一致,努力做好来年的工作。

二、肉牛场的生产组织管理

(一)肉牛场生产定额管理

劳动是构成生产力的主要因素。劳动管理是一种组织生产、管理企业的重要方法。肉牛养殖场的劳力需进行定额核算,对于劳力资源,一方面要提高劳动力的利用率。另一方面要提高劳动生产率,前者是劳动力管理的主要内容,后者才是劳动者本身应有的职责。

肉牛养殖场的劳动定额也可称工作定额,是指在一定生产条件下,一个中等劳动力在单位劳动时间内能生产出符合质量要求的产品或完成作业的数量,或者是生产单位产品或完成单位作业所需的劳动时间。其表现的形式相应有数量定额、作业定额和工时定额。

提高劳动力的利用率,是指在一定时间内如何提高劳动力的使用,包括合理安排劳力,根据常年与季节调配相结合的原则,充分合理地利用劳力资源,减少窝工,提高出勤率等手段。而提高劳动生产率是指通过产量与劳动消耗量之间的对比,来反映劳动生产效率的指标,即单位时间内所生产的产品数量,或生产单位产品所支出的时间。即劳动生产率等于产品数量除以劳动时间,通过每个劳动生产力一年中生产的产量,或所创造的总产值来表示,后者在不同产品之间的劳动生产率比较上更具有可比性。提高劳动力的利用率,在一定程度上是对管理者来说的,而对提高劳动生产率是对劳动者而言的,当然后者在两者之间也有一定的联系。因为提高劳动生产率,一部分也要通过管理者对劳动者实施。牛舍养殖场和其他企业一样必须正确估算劳动力的需要量,并按岗位和生产特点确定人员定额。

除此之外,人员定额还可以按比例(如食堂厨工人数)、按岗位(如仓库保管、无定额的机修工、产品推销等)及按组织机构(如技术员、行政管理、财务)等来估算。所以对人员的定额只要在肉牛养殖场规模、设备、饲喂、出栏数量、管理、供销、运输的工作量估算后,总共所需的劳动力或工时、工量也可估算出来。

定额是计划管理的基础,是企业科学管理的前提。为了增强计划管理的科学性,提高经营管理水平,取得经营的预期效果,应当在计划管理的全过程中搞好定额工作,充分发挥定额管理的作用。

1. 定额的作用

(1)定额是编制生产计划的基础　在编制计划时,对肉牛场人力、物力、财力的配备和消耗,产、供、销的平衡,经营效果的考核等计划指标,都是根据定额指标进行计算和确定的。没有定额,就不能合理安排生产计划。

（2）定额是生产计划实施的前提　任何生产都必须有组织地进行,以便充分而有效地利用劳动力和生产资料,保证计划的实施。有了正确的定额,肉牛场生产力的计算,生产任务的安排,劳动力的配备和调度,工时的充分利用,物资的合理储备和适时供应,资金的合理应用和核算等就有依据,就能合理地组织生产各环节,使之互相衔接、协调有序地进行。

（3）定额是检查计划执行情况的依据　定额是一定生产技术水平和管理水平的衡量标准。定额的执行情况,直接影响到计划的实施。因此,在计划检查中,检查定额的完成情况,通过分析就能发现计划中的薄弱环节。在一些计划指标中,定额的完成情况,就是计划的完成情况,进行计划检查不能离开定额来进行。

此外,定额还可作为考核职工的贡献大小以及劳动报酬分配的依据,对于提高劳动生产率,搞好经济核算也是不可缺少的有效手段。

2. 定额的种类　定额就是养殖场在进行生产经营过程中,对人力、物力、财力的配备、占用、消耗以及生产成果等方面规定的标准。各种计划编制的基础是各种定额。定额按照用途,包括以下几个方面:

（1）劳动手段配备定额　即完成一定任务所规定的机械设备或其他劳动手段应配备的数量标准。如运输工具、饲料加工机具、饲喂工具和牛栏等。

（2）劳动力配备定额　即按照生产的实际需要和管理工作的需要所规定的人员配备标准。如:每个饲养员饲养的各类畜群头数定额,技术人员的配备定额,管理人员的编制定额等。

（3）劳动定额　即在一定质量要求规定的单位工作时间内应完成的工作量或产量。如:饲养员每天作业定额等。

（4）物资消耗定额　为生产一定产品或完成某项工作所规定的原材料、燃料、工具、电力等的消耗标准。如饲料消耗定额、药品使用定额等。

（5）工作质量和产品质量定额　如母畜的受胎率、产仔率、成活率、出栏率、员工的出勤率、机械的完好率等。

（6）财务收支定额　在一定的生产经营条件下，允许占用或消耗财力的标准，以及应达到的财力成果标准。如资金占用定额、成本定额、各项费用定额，以及产值、收入、支出、利润定额。

（7）饲料储备定额　即按照牛的维持需要、生长需要、生产需要来确定饲料供应量。包括各种精饲料、粗饲料、矿物质饲料及预混料储备和供应。

3. 定额的确定　要充分发挥定额在计划管理中的作用，就需要正确制定定额标准。如果定额水平不能正确反映肉牛场的技术和管理水平，它就会失去意义。定额偏低，用于制定的计划，不仅是保守的，而且会造成人力、物力、财力的浪费；定额偏高，制定的计划是脱离实际的，也是不能实现的，且影响员工的生产积极性。因此，定额水平是增强计划管理科学性的关键。

4. 定额的修订和完善　定额是在一定条件下制定的，反应一定时期的技术水平和管理水平。由于生产的主、客观条件不断发生变化，因此，每年编制计划前，对上年制定的定额标准进行一次全面地收集、整理、分析，对不符合新情况、新条件的定额及时进行修补、完善和调整。

5. 各种生产管理定额的制定

（1）人员配备定额

①肉牛场人员组成　肉牛场的人员由工人、管理人员、技术人员、后勤及服务人员等组成。具体工种有：饲养人员、饲料加工人员、司机、维修工（电焊工、电工、锅炉工、机械工等）、技术人员（畜牧技术员、兽医、配种员、资料员）、管理人员（场长、会计、出纳等）、服务人员（门卫、卫生员、保育员等）。

②定员计算方法　肉牛场对牛应该实行分群、分舍、分组管理，定群、定舍、定员。分群是按牛的年龄和饲养管理特点，分为成年母牛群、育成牛群、犊牛群及肥育牛群等；分舍是根据牛舍床位，分舍饲养；分组是根据牛群头数和牛舍床位，分成若干组。然后根据人均饲养定额配备人员。其他人员则根据全年任务、工作需要和定额配备人员。

（2）劳动定额　劳动定额是在一定生产技术和组织条件下，为生产一定的合格产品或完成一定的工作量,所规定的必要劳动消耗量,是计算产值、成本、劳动生产率等各项经济指标和编制生产、财务和劳动等项计划的依据。

劳动定额包括:各年龄肉牛群饲养管理定额、饲料加工供应定额、配种定额、疫病防治定额、产品处理定额等。这些定额的制定,主要是根据生产条件、职工技术状况和工作要求,并参照历年统计资料和职工能力,经综合分析来确定。以肉牛育肥为例来说明劳动定额的制定方法。若每栋牛舍饲养 100 头育肥牛,每昼夜 3 次饲喂,每个班次投喂草料、刷拭牛体、清粪,总计需耗时 4.5 ~ 5.0 小时。经对饲养员在每次饲喂时间内的各项操作实际测定,完成 100 头牛的饲料准备、上料、赶牛进舍与拴牛、刷牛、粪便清理等,若 4 人来完成,每次每人3.0 小时,合计消耗约 12 工时。再按每日 3 次计算,共需 36 个工时。按每人每天工作 8 小时计算需 4.5 人(36÷8),即约为 5 人,再加上替班工 2 人,共需 7 人,每头牛昼夜约需 0.36 个工时(36÷100)。

用同样方法可计算出人均饲养管理青年母牛的定额为 40 ~ 50头;犊牛的定额为 50 ~ 60 头。当然,定额依据机械设备种类、饲养机械化程度等,还可适当增减。

劳动定额的质量要求 劳动定额不但表现为数量要求,还必须有具体的工作质量要求。以某肉牛场为例来说明定额的质量要求。

饲养成母牛:定额为 30 ~ 40 头,全部手工操作。饲养管理的任务和质量要求为按操作规程工作,牛昼夜饲喂 3 次,刷牛 2 次,保持牛体、牛舍、饲槽和用具清洁卫生,按要求上料添草,随时注意牛只状况,发现异常及时汇报。

饲养青年母牛:定额 40 ~ 50 头,全部手工操作。按操作规程工作,牛只每日饲喂 2 次,刷牛 2 次,协助技术员测量体尺体重,对产前两月的妊娠牛。

饲养育成牛:定额 50 ~ 60 头,全部手工操作。按操作规程工作,饲喂 2 次,刷牛 2 次,协助技术员测量体尺体重,保证 7 ~ 12 月龄增重105 kg,13 ~ 17 月龄增重达 90 kg,17 ~ 18 月龄体重达到 375 kg 开始配种。

饲养犊牛:定额为 50~60 头,全部手工操作。按饲养管理规程工作,每昼夜饲喂 3 次,刷牛 2 次,随时观察体况,发现异常及时报告,保证牛日增重 700~720 g,6 月龄体重达到 165 kg,成活率 98%,发病率 6% 以下。

饲养分娩母牛:定额 10 头,全部手工操作。按操作规程工作,保证犊牛成活率 97%,昼夜守圈,精心喂养。

饲料加工供应:定额 100 头,手工和机械操作相结合。饲料称重入库,加工粉碎,清除异物,配制混合,按需要供应各牛舍等。

配种:定额 250 头,人工授精。按配种计划适时配种,保证受胎率在 96% 以上,受胎母牛平均使用冻精不超过 3.5 粒(支)。

兽医:定额 120 头,手工操作。检疫、治疗、接产,医药、器械的购买、保管,修蹄、牛舍消毒等。

(3)饲料消耗定额 饲料定额是肉牛场提高经济效益,实行经济责任制,加强定额管理的重要内容。饲料消耗定额是生产牛奶、牛肉等产品所规定的饲料消耗标准,是确定饲料需要量、合理利用饲料、节约成本和实行经济核算的重要依据。

①饲料消耗定额的制订方法 由于牛种类和品种、性别和年龄、生长发育阶段、体重不同,其饲料的种类和需要量也不同,即不同的牛有不同的饲养标准。因此,制订不同牛不同饲料的消耗定额所遵循的方法,首先应查找其饲养标准中对各种营养成分的需要量,参照不同饲料的营养价值确定日粮的配给量;再以日粮的配给量为基础,计算不同饲料在日粮中的占有量;最后再根据占有量和牛的年饲养日即可计算出年饲料的消耗定额。由于各种饲料在实际饲喂时都有一定的损耗,尚需要加上一定损耗量。

②饲料消耗定额 一般情况下,成年牛每天平均需 6 kg 优质干草,需青贮玉米 25 kg;育成牛(青年牛)每天平均需干草 4 kg,青贮玉米 15 kg。成母牛精饲料 3 kg/头·d;青年母牛平均每天 2 kg/头;育成牛平均每天 2 kg/头·d;犊牛平均每天 1.5 kg/头·d。

(4)成本定额 成本定额是肉牛场财务定额的组成部分,肉牛场成本分产品总成本和产品单位成本。成本定额通常指的是成本控制指标,是生产某种产品或某种作业所消耗的生产资料和所付的劳动报酬的总和。肉牛生产成本,主要有饲养日成本、增重成本、活重成本和主产品成本。

牛群饲养日成本等于牛群饲养费用除以牛群饲养头日数。牛群饲养费定额,即构成饲养日成本各项费用定额之和。牛群和产品的成本项目包括:工资和福利费、饲料费、燃料费和动力费、医药费、产牛摊销、固定资产折旧费、固定资产修理费、低值易耗品费、其他直接费用、共同生产费、企业管理费等。这些费用定额的制订,可参照历年的费用实际消耗、当年的生产条件和计划来确定。

①工资和福利费　是指直接从事肉牛生产的饲养员的工资和福利开支。

②饲料费　是指直接用于各类牛群的各种饲料方面的开支。

③燃料和动力费　是指饲养过程中所消耗的煤、柴油、电等方面的开支。

④兽药费　是指养牛过程中所耗用的医药费、防疫费等方面的开支。

⑤种牛摊销费　是指购买、饲养种公牛和生产母牛的总支出在产品中的摊销费用。

⑥固定资产折旧费　是指养牛生产中建造牛舍、购买专用机械设备的折旧费。

⑦固定资产修理费　是指固定资产所发生的一切维护保养和修理费用。如牛舍的维修费、机械设备的修理费等。

⑧低值易耗品费用　是指能够直接记入成本的低值工具和劳保用品价值。如购买水桶、扫帚、手套等的开支。

⑨凡不能列入以上各项的其他费用。

⑩共同生产费　是指几个车间的劳动保护费、生产设备费用等。

肉牛场管理费　是指应按一定标准分摊记入的场部、分场管理费和生产车间经费。

以上共10项,前9项为直接费用,最后1项为间接费用。

计算成本,需要有一些基础性资料。首先要在一个生产周期或一年内,根据成本项目记账或汇总,核算出牛群的总费用;其次是要有各类牛群的头数、活重、增重、主副产品产量等统计资料。运用这些数据资料,才能计算出各类牛群的饲养成本和各种产品的成本。

在养牛生产中,一般需要计算牛群的饲养日成本、增重成本、活重成本和主产品成本等。

(二)肉牛场生产计划管理

肉牛生产计划工作,关系着肉牛生产能否在一段较长时间内发挥其应有作用。一般说来,它包括对规模肉牛场的生产品种进行预测,对人力和物质资源进行合理调配和使用,达到最有效地生产出所需育肥牛。用较专门的行话来说,生产计划要寻求这样的一种生产率,它能满足需求,同时又使因劳动力变动所发生的费用以及存贮费用均能降到最低限度。

包括肉牛养殖规模、粗饲料贮存、人员定额、周转次数、高档肉牛比例、产值及效益、资金预算等。规模肉牛养殖场,首先要确定肉牛生产规模及数量,然后按此进行规划。在市场经济条件下,生产计划在资金许可时,通常根据市场需求和估算的盈利率如何为导向。对已在正常生产的肉牛养殖场来说,年度生产计划的制定,主要根据生产设备的利用率及评价上年度的生产业绩后,结合分析可控的生产潜力,来制定年度生产计划。这里的生产设备利用率,主要是指牛舍,这是因为牛舍是养牛的主要生产设施。如牛舍面积,生产潜力要从历史生产或上年度生产中的成活率、出栏率和饲料报酬等产技术指标的完成情况,经分析后来确定。在实际进行时,由于具体的可挖掘生产潜力的判断比较复杂,因此,制定正确的生产计划不是很容易的事,但通常如上年度的成活率因疫病而下降或生产率及出栏率因饲料营养、饲养管理水平未达到原来水平,这些技术因子经分析后,认为在下年度部分或大部分能得到改进,则表明该肉牛场还具备较大的生产潜力,在制定下年度的生产计划时,可以再适当提高数量指标;反之则潜力不大,或生产计划因设备老化,技术力量不足而无法完成。表明该场的生产计划要稳定一个时期,待更新生产设备及提高技术管理后出栏数量才有进一步增长的可能。肉牛养殖场制定生产计划的方法,基本上有以下两种。

1. **经验估计法** 以生产实践的经验为基础,根据生产技术、人员组织和设备条件的变化情况,通过估计的办法来制定,一般可由技术较高、经验丰富的管理者、技术人员和劳动者组成估产小组,根据讨论后选定的生产技术指标来制定生产计划。

2. **统计分析法**

(1)历年出栏数量分析法 以建场以来历年的生产数据为基础,剔除特殊年份的出栏数量,观察出栏数量的年变化情况,求出历年平均出栏数量的平均年增长百分率,用以作为下年度的生产计划的参考。可以前3~5年的单位牛舍出栏数量为参照,求出平均年增长率,作为制定下年度生产计划时的出栏数量指标,最后乘上全场牛舍面积,则可计划出下年度该牛舍场的规模及出栏数量。

(2)先进平均数法 以上一年同类型各牛舍的单位出栏数量为依据,求出出栏数量平均数,然后取平均出栏数量以上的牛舍单位出栏数量,进行相加后再除以出栏数量在平均数以上的牛舍数量。

3. **计划管理的作用** 计划管理是指通过计划来组织、领导、监督生产经营活动的一项管理制度。在肉牛场经营活动中,有了周密的生产经营计划,层次分明的计划结构,分期分批的计划目标,才能使整个企业正常运转。肉牛场实行计划管理具有以下作用:

(1)明确生产经营活动的发展方向和奋斗目标,对员工有鼓舞、动员和组织作用。

(2)不断挖掘生产潜力,合理利用人力、物力、财力和各种自然资源,加强畜群周转,提高产畜和畜舍利用率,正确组织配备劳动力、饲料供应和实行畜产品核算等都有重要作用。

(3)可根据市场需要安排和生产,使肉牛场计划和市场需求相衔接,市场的需求和企业的生产安排更好地协调起来。

(4)为肉牛场的经济核算、财务监督提供依据,对不按计划办事的人员起监督作用;同时,通过计划的编制、执行、检查与分析,提高管理人员的水平。

4. 肉牛场生产计划的编制方法

（1）前期分析和调研　总结分析上年度生产计划完成情况，找出问题和经验；调查研究市场、自然、经济、技术等生产条件的变化，分析有利因素和不利因素，提出正常措施；审定各项技术经济指标和定额；向上级提出计划建议指标。

（2）编制计划草案　组织职工充分讨论当年的生产任务，根据市场需要和上级计划，结合各自的实际情况，提出计划草案。

（3）确定计划　经过反复商讨，综合平衡各项技术、经济指标和生产任务实际情况，最后确定该年度生产计划。

5. 肉牛场主要生产计划

（1）牛群配种产犊计划　配种产犊计划是肉牛场生产计划的基础，是制定牛群周转计划的主要依据，它主要表明计划年度各月参加配种的母牛头数和产犊的头数，以力求做到计划配种和生产。

①编制配种产犊计划应该掌握的材料：a. 肉牛场上年母牛的分娩和配种记录；b. 肉牛场前年和上年所生的育成母牛出生日期等记录；c. 计划年度内预计淘汰的成年母牛和育成母牛出生日期等记录；d. 肉牛场配种产犊类型，饲养管理条件及牛群的繁殖性能，健康状况等条件。

②已知资料　根据上述基本材料，统计出某肉牛场如下数据。

a. 上年 4～12 月份怀胎的成年母牛分别为 30、26、29、23、22、23、25、24 和 29；怀胎的育成母牛分别为 5、5、3、1、0、2、4、3 和 3 头。

b. 上年 11、12 月份分娩的成年母牛分别为 29 和 24 头；10、11、12 月份分娩的育成母牛分别为 2、2 和 5 头。

c. 前年 7 月至上年 6 月份所生的育成母牛分别为 4、4、7、8、8、5、4、4、6、6、7 和 7 头。

d. 上年底配种未孕的经产母牛总头数为 25 头。

该场规定为常年配种产犊，经产母年分娩 2 个月后配种（如 1 月份分娩，3 月份配种），育成母牛分娩 3 个月后配种，育成母牛满 18 月龄初配。估计本年育成母牛初配和经产母牛产后第一次发情配种的发情率为 100%。复配牛发情率为 70%。情期受胎率经产母牛各月分别为 50、

50、70、70、70、70、50、50、60、60、60 和 60;育成母牛各月均为 80%。

③方法步骤

a. 可按配种产犊计划表的要求将上年 4～12 月配种受胎的成母牛和育成牛头数分别填入"上年怀胎母牛头数"栏相应项目中。

b. 根据怀胎月份减 3 为分娩月份。则上年 4～12 月怀胎的成年母牛和育成牛应分别在本年 1～9 月份产犊。故分别填入"本年计划产犊头数"栏相应项目中。

c. 前年 7 月至上年 6 月份所生的育成母牛,到本年 1～12 月份年龄陆续达 18 月龄而参加配种,故分别填入"本年计划配种的育成母牛头数"栏内。

d. 上年 11、12 月份分娩的成年母牛及 10、11、12 月份分娩的育成母牛应分别在本年 1、2 月份及 1、2、3 月份参加配种,故分别填入"本年计划配种的经产母牛头数"栏的"成母牛"及"头胎牛"项目中。

e. 本年计划 1～9 月份产犊的成母牛分别在本年 3～11 月份参加配种;本年 1～9 月份产犊的育成牛,应分别在本年 4～12 月份参加配种,故分别填入"本年计划配种的经产母牛头数"栏相应项目中。

f. 上年配种未孕的 25 头经产母牛,应在本年 1 月份参加复配,填入"本年计划配种的经产母牛头数"栏"复配牛实用数"项目中,则 $25 \times 70\% \approx 18$,即为当月发情头数,填入"复配牛实配数"项目中,而 $25 - 18 = 7$,为当月未发情数,转入 2 月份"复配牛实用数"栏内。

g. 累加成母牛,头胎牛和复配牛实配数为 49,填入"小计"中,则 $49 \times 50\% = 25$,为怀胎头数,填入"本年怀胎母牛头数"栏"经产母牛"项目内,而 $49 - 25 = 24$,为未孕头数,填入 2 月份"复配牛实用数"栏内。

h. 同上述第 6 和 7 步骤,编制出经产母牛本年 2～11 月份各自的计划配种头数、怀胎头数和育成母牛本年 1～12 月份计划配种头数、怀胎头数。

i. 本年 1～3 月份怀胎的经产母牛和育成母牛,应分别在本年 10～12 月份产犊,填入"本年度计划产犊"栏相应项目中。"本年计划产犊头数"栏 10 月份产犊的成母牛 25 头,应在本年 12 月份配种,填入相应项目中。

j. 同第6和第7步骤编制出12月份经产母牛的计划配种和怀胎数。

如此办法，即完成该场本年度牛群配种产犊计划的编制。年度配种计划各月的配种头数，还可根据具体情况和要求作适当调整，如一个产犊不均匀的牧场要进行调整，一般多通过将育成母牛提前或推迟1~2个月初配来实现，此外，也可利用成母牛产后缩短或延长配种期来调整（如营养状况好的可缩短等）。

表6-1　某肉牛场本年度配种产犊计划表

月份			1	2	3	4	5	6	7	8	9	10	11	12	累计
上年怀胎母牛头数	成母牛					30	26	29	23	22	23	25	24	29		
	育成牛					5	5	3	1	0	2	4	3	3		
	小　计					35	31	32	24	22	25	29	27	32		
本年计划产犊头数	成母牛		30	26	29	23	22	23	25	24	29	25	24	41	321
	育成牛		5	5	3	1	0	2	4	3	3	3	4	6	39
	小　计		35	31	32	24	22	25	29	27	32	28	28	47	360
本年计划配种的经产母牛头数	成母牛		29	24	30	26	29	23	22	23	25	24	29	25	300
	头胎牛		2	2	5	5	5	3	1	0	2	4	3	3	35
	复配牛	实有数	25	31	33	27	23	22	19	24	27	26	26	28	27**
		实配数	18	22	23	19	16	15	13	17	19	18	18	20	218
	小　计		49	48	58	50	50	41	36	40	46	46	50	48	562
本年计划配种的育成牛头数	成母牛		4	4	7	8	8	5	4	4	6	6	7	7	70
	复配牛	实有数	0		1	2	3	3	2	2	2	2	2	3	3*
		实配数	0	1	1	1	2	2	1	1	1	1	1	2	14
	小　计		4	5	8	9	10	7	5	5	7	8	9		84

月份		1	2	3	4	5	6	7	8	9	10	11	12	累计
受胎率（%）	经产牛	50	50	70	70	70	70	50	50	60	60	60	60	
	育成牛	80	80	80	80	80	80	80	80	80	80	80	80	
本年怀胎母牛头数	经产牛	25	24	41	35	35	29	18	20	28	28	30	29	342
	育成牛	3	4	6	7	8	6	4	4	6	6	6	7	67
	小 计	28	28	47	42	43	35	22	24	34	34	36	36	409

注:1. 假定母牛的实际产犊头数为100%,淘汰率为零。

2. 育成母牛和经产母牛产后第一次发情率为100%,而复配牛发情率为70%。

3. *为年末配种未孕的育成母牛数。**为配种未孕的经产母牛头数。

(2)牛群周转计划 牛群周转计划,是肉牛场组织生产、实行科学管理的重要计划之一,也是编制年度饲料计划的依据。由牛群周转计划,可以了解期内牛群结构状况,及时掌握牛群变动方向,使牛群内部的结构合理化。

①编制牛群周转计划需掌握的资料

a.计划年初各类牛的实用头数。

b.计划年末各类牛按计划任务要求达到的头数,不同生产方向的肉牛场,牛群组成结构不同,一般以繁殖为主的牛群组成比例为:种公牛2% ~3%,成年母牛60%左右,育成母牛20% ~30%,犊母牛3%左右。

c.上年及本年度的配种产犊计划。

②编制的方法及步骤

例:某繁殖肉牛场拥有各类牛600头,其牛群比例为:成年母牛63%,育成母牛30%,犊母牛7%,已知本年年初有犊母牛45头,育成母牛175头,成年母牛370头,编制本年度牛群周转计划(由于冷冻精液的推广,一般场多不养或少养种公牛,由于做繁殖,公犊牛及时出售,故公牛一项可不编入牛群周转计划内)。

a.按"牛群周转计划表"要求将年初各类牛的头数填入相应的"期初"栏内,计算各类牛年末按比例应该达到的头数(如犊母牛比例为7%,则600×7%=42),分别填入12月份"期末"栏内。

b.按本年配种产犊计划,将各月将要繁殖的犊母牛头数(计划产犊头数×50%)相应填入"犊母牛"栏的"繁殖"项目中。

c.年满6月龄的犊母牛即应转入育成母牛群,故查出上年7~12月份各月出生的犊母牛头数(尚应减去当月出售,淘汰及死亡头数),分别填入犊母牛"转出"栏1~6月中,而本年1~6月份计划出生的犊母牛头数,分别填入"转出"栏7~12月中。

d.合计犊母牛"繁殖"与"转出"栏总数,则期初数加繁殖总数,减去转出总数,再减去期末计划数,等于零时,即为犊母牛周转计划已平衡,否则得数为正数,即为超过计划的头数,需安排售出或淘汰。

在本计划中,(45+136)-115-42=24(头),则可根据犊母牛出生后的生长发育情况和该场的饲养管理条件,适当安排各月淘汰处理头数,总数应等于24,并填入"减少栏"相应项目中,最后汇总各月期初与期末头数,犊母牛的周转计划即编制完成。

e.将犊母牛"转出"栏各月数字对应地填入育成母牛"转入"栏内。但应注意,其中7~12月份各月的头数分别为同年1~6月份出生的头数,故在转入育成牛群时,应减去当月已淘汰,出售或死亡的头数。如1月份出生犊母牛13头,当月淘汰3头,则转入育成牛7月份时,应为13-3=10(头)。为此7~12月转入的育成母牛分别是10、10、10、10、9、9头。

f.根据本年度配种产犊计划,查出各月分娩的育成母牛头数,对应地填入育成母牛"转出"及成年母牛"转入"栏中。

g.同第4步,分别合成育成母牛和成年母牛"转入"与"转出"总头数,根据年终要达到的头数,确定全年应出售的和淘汰的头数,确定时应根据市场对鲜奶的需要及本场管理条件(如牛舍、设备、劳动力、饲料等)进行,然后平衡各月期末头数,即完成该场本年度牛群周转计划的编制。

表6-2　某肉牛场本年度牛群周转计划表

月份	犊母牛 期初	犊母牛 繁殖	犊母牛 购入	犊母牛 转出	犊母牛 淘汰	犊母牛 (死亡)	犊母牛 期末	育成母牛 期初	育成母牛 转入	育成母牛 购入	育成母牛 转出	育成母牛 售出	育成母牛 淘汰	育成母牛 (死亡)	育成母牛 期末	成年母牛 期初	成年母牛 转入	成年母牛 购入	成年母牛 售出	成年母牛 淘汰	成年母牛 (死亡)	成年母牛 期末	期末全群合计	备注
1	45	13		7	3		48	175	7		5			1	176	370	5			2		373	597	
2	48	13		8	3		50	176	8		5	2	2		175	373	5					378	603	
3	50	12		7	2		53	175	7		3	5			174	378	3					381	608	
4	53	12		7	2		56	174	7		4	5			172	381	4		5			380	608	
5	56	10		8	1		57	172	8		2	5			173	380	2		5			377	607	
6	57	10		8	1		58	173	8		1	5			175	377	1				1	377	610	
7	58	11		13	1	1	54	175	10		3		2		180	377	3				1	379	613	
8	54	12		13	2	1	50	180	10		4	5		1	180	379	4		4			379	609	
9	50	10		12	1		47	180	10		5	5			180	379	5		4			380	607	
10	47	10		12	1		44	180	10		4	5			181	380	4		4			380	605	
11	44	12		10	2		44	181	9		4	5			181	380	4		4	2		378	603	
12	44	11		10	2	1	42	181	9		5	5			180	378	5		4	1		378	600	
合计		136		115	21	3			103		45	47	4	2			45		30	5	2			

注：各类牛"减少"栏内之空白栏，为死亡统计栏，一般不注明。

（3）肉牛场饲料计划

①掌握畜群组成和动态：编制饲料计划，应首先掌握肉牛场牛的品种、类型、数量及各期变动情况（新建肉牛场宜首先确定肉牛场的发展规划），并按畜群周转计划，计算肉牛场的饲养量。饲养量通常以一年为期，精确的计算要通过畜群周转表的格式进行，较复杂，一般生产单位多用下列简便方式进行：

牛的饲养量 = 年底存栏数 × (1 + 净增率 + 出栏率)

编制计划，通常以一年为期，最好在年底制订次年计划。

②确定饲料需要量（即编制饲料需要计划）

确定饲料需要量，一般有两种方法，一是直接计算，二是按营养需要计算，前者简便，后者准确，现主要介绍第一种方法。

通常习惯将饲料划分为青绿多汁饲料（含水量 > 50%），粗饲料（粗纤维 > 18%）和精饲料（包括高能饲料和高蛋白饲料）三大类，就精粗饲料而言，可按过去各类型牛的饲料定额或经验喂量，即可分季度或月份计算出所需的饲料，这样做比较简捷，能反映各类型牛对各种饲料全年的需要和季节分布，能直接与供应的相应饲料进行平衡。

青饲料的生产不同于粗、精饲料，生产有季节性，来源也多种多样，供需矛盾最为突出。所以最好根据不同时期，各类牛的需要量，分季度或月份计算，组织青饲料轮供，在计算时要特别注意：

a. 冬季饲养期的长短，因为这一时期对青饲料的需要最为迫切，同时还需要粗饲料和垫草。

b. 不同地区的青饲料资源的特点和变化。

c. 饲养方式是放牧还是舍饲，或者是放牧和舍饲配合。由于青饲料资源和条件不同，饲养方式亦不同。

一昼夜舍饲肉牛青饲料需要量是因肉牛的种类、品种、年龄、体重、生产力、季节等因素而不同。为简化计算，据生产实践确定出各类牛一昼夜大概需要量（kg/头），可根据下列公式计算某一时期内青饲料需要量：青饲料需要量 = 平均日定量 × 饲养天数 × 平均饲养头数。其中，平均日定量和头数为期初和期末数之和的平均。

以天然草场放牧来组织青饲料轮供时，可按表 6 - 3 所列的暂定标准来计算肉牛对青饲料的需要量:精、粗饲料可按下表6-4进行计算,粗料应包括垫草,精料应为配合饲料。

表6-3 放牧牛群一昼夜青饲料暂定标准

类 型	需要量		
	饲料单位	可消化 CP	青饲料(kg/头)
成母牛:活重为 250 kg	1.50	0.17	16.70
活重为 300 kg	1.65	0.19	18.30
活重为 400 kg	2.00	0.23	22.20
活重为 500 kg	2.30	0.26	25.60
小牛:活重 100 kg	0.80	0.17	8.90
每增重 1 kg 需增加:6~12 个月	1.55	0.30	17.20
1~1.5 岁	2.00	0.36	22.00
1.5~2.0 岁	2.35	0.40	26.10
种公牛			50.00

表6-4 各类型牛每头需精、粗饲料量的估算

类型	饲料	日定量(kg/头)	饲喂时间(d)*	全年需要量(kg)
乳牛	精料	2.5	365	912.5
	干草	7.5	210	1 275.0
役牛	精料	2.0	365	912.5
	干草	7.5	120	900.0
肉牛	精料	2.5	90	180.0
	干草	7.5	120	900.0

* 各类牛一年其余时间的所需粗料应以饲喂青饲料或青贮饲料为主。

另外,应根据畜群的营养需要,确定磷酸氢钙、食盐和其他所需饲料的用量,进而编制成全场饲料供应计划。

③编制饲料供应计划 饲料供应计划必须与市场的发展或生产动态相适应。编制饲料供应计划表,就是要按照饲料需要计划中所列的饲料种类和数量,结合当地的饲料来源制定饲料供应计划,概算出本场饲料基地上的自产饲料的种类和数量,以及从社会饲料体系中可以采购到的饲料种类和数量,具体应注意以下几个方面的问题:

a.在生产组织上,要建立合理的种、收、运、贮、管理制度。精料除组织采购工业加工副产品(如菜饼等)外,要组织大田生产,把饲料生产纳入大田生产中,粗饲料可主要依靠青干草和农作物秸秆,其折算系数如下(表6-5)。

表6-5 稿秕类粗饲料产量的换算系数

种 类	生产物	秸 秆	秕 壳
麦类、水稻等细茎作物	1	1.0~1.5	0.2~0.3
玉米、高粱等粗茎作物	1	1.5~2.0	
薯类	1	1.0	

秸秆类粗饲料可通过青贮或氨化等处理方法来保存或提高其营养价值。

b.青饲料轮供在养牛业中占有举足轻重的地位。

在农区,多以栽培的方式来组织青饲料轮供,须根据牛群对青饲料的需要量和各种饲料作物单位面积的青饲料产量,计算落实各类作物的播种面积、利用时期和供应量。

在牧区,多以天然草场放牧来组织青饲料轮供,应根据牛群对青饲料的需要量、放牧地的生产力,计算出放牧期间所需要的牧地面积,其计算公式如下:

放牧地面积 = 日食量 × 放牧头数 × 放牧天数/放牧场生产力

　　如果利用天然放牧地和栽培的青饲料结合来组织青饲料轮供时，除计算各时期牛群对青饲料的需要量外，还要计算各时期天然草场能提供青饲料的数量和短缺数量，各时期短缺数量就依靠栽种来解决，参看表6-6。

表6-6　100头牛（结合青饲轮供型的）青饲料需要量估算（kg）

项　目	五月	六月	七月	八月	九月	十月	合计
青饲料需要量	9.75	9.75	10.50	10.50	9.75	9.75	60.00
青饲料来源							
（1）33.3 hm² 天然放牧地（0.067 hm²产鲜草200 kg）	6.00	6.00	7.00	5.00	3.00	3.00	30.00
（2）100 hm² 刈草地再生草（0.067 hm²产鲜草75 kg）				4.00	4.00	3.25	11.25
从天然草地上共获得青饲料	6.00	6.00	7.00	9.00	7.00	6.25	41.25
加20%保证系数后计划供应量	12.70	12.70	12.60	12.60	12.70	12.70	72.00
计划靠种植作物补充的量	6.70	6.70	5.60	3.60	4.70	5.45	30.75

　　种植计划可根据当地农作物生产，采取轮作或间作的形式来组织实施，亦可采取青贮玉米秸的办法来满足肉牛对青饲料的常年需要。

　　c.编制饲料供应计划时，应留有余地，这是由于饲料生产常受气候和其他意外情况的影响，所以生产量要比需要量或计划量多15%～20%，这就是我们常说的15%～20%的安全系数或保证系数。

　　根据以上情况，可制订饲料供应计划，表6-7是某肉牛场全年饲料供应计划。

表6-7 某肉牛场全年饲料供应计划

种类 来源	青饲料			粗饲料		精饲料			合 计		
	大田复种轮作生产	专用饲料地生产	草地放牧或刈草	秸秆	秕壳	国家配售	采购油料副产品	自产自用	青饲料	粗饲料	精饲料
面积 (hm²)	11.87	10	6.67	28.33	14.67			7.00			
数量 (万kg)	25.0	190.0	25.0	12.1	2.3	7.5	4.0	3.0	240.0	14.4	14.5

三、肉牛场财务管理

肉牛场的财务管理包括固定资金和流动资金管理以及成本核算管理。

(一)资金管理的原则

资金管理的原则主要是:划清固定资金、流动资金、专项资金的使用界限,一般不能相互流用;实行计划管理,对各项资金的使用,既要适应国家计划任务的要求,又要按照企业的经营决策有效地利用资金;统一集中与分口、分级管理相结合,建立使用资金的责任制,促使企业内部各单位合理、节约地使用资金;专业管理与群众管理相结合,财务会计部门与使用资金的有关部门分工协作,共同管好用好资金。

(二)资金管理的主要内容

资金管理的主要内容是:投资决策与计划,建立资金使用和分管责任制,检查和监督资金的使用情况,考核资金的利用效果。管理的主要目的是:组织资金供应,保证生产经营活动不间断地进行;不断提高资金利用效率,节约资金;提出合理使用资金的建议和措施,促进生产、技术、经营管理水平的提高。

1. 要全方位和全过程加强企业资金管理

(1)统管资金,统一调配使用资金,加强对企业分公司资金的管理。为防止资金的体外循环,加强对资金的管理,许多企业都采取了一系列加强资金管理的措施。可以借鉴的资金管理制度包括:对自己的分公司实行严格的预算管理;对各部门实行备用金制;严格分公司开立银行账户的管理:"收支两条线",所有收入都统一上缴企业总部统一划拨,分公司所需资金,则由企业总部统一审核和安排等。

(2)为了加强对往来款项和存货的管理,加速资金的周转,企业应减少资金的流出,增加资金的流入,减少资金占压时间;加强应收账款、应付账款的管理;加强其他应收款和其他应付款的管理;加强预收账款、预付账款的管理;加强存货的管理;严格企业收款责任制,加快资金的回流,减少和控制坏账的比例;同时尽可能利用商业信用,合理利用客户的资金。

(3)适当利用企业信用和银行信用进行融资,增大企业的可支配资金量。当企业的资金并不充裕时,企业可以利用自己的商业信用和银行信用,通过办理银行承兑汇票,减少对外采购中资金的支付;或者通过进行短期融资和中长期融资等方式,调节企业可支配资金流量。由于办理银行承兑汇票不需银行动用资金,手续简便,近年来愈来愈为银行和大多数企业接受,成为企业进行资金管理,弥补日常经营用资金不足的重要手段。

办理银行承兑汇票需要以企业之间的购销合同做基础,企业一般交纳一定比例的保证金即可办理,根据企业实力、信誉和与银行关系的不同,保证金的比例一般在 10% ~ 50% 之间,期限一般在 6 个月以内。

(4)加强对企业投资过程中资金流量的管理和控制。传统资金管理中,仅仅注重了资金的统一调度使用,但对投资后的项目则疏于管理,使得许多投资项目变成了企业资金流量的无底洞。

2. 周密计划,科学运作,提高资金的使用效益　利用银行不同期限的存款进行资金运作,7 天通知存款是银行为吸收企业存款而推出的灵活便利的方式,开户方便,一次性存入大额款项后,针对分批动用的资金,只需提前 7 天电话通知银行,将该笔资金从通知存款账户转入活期账户,原有部分依旧按通知存款利率计息。其实,有的银行为了吸引客户,仅提前通知 1 ~ 2 d 即可,对企业超短期富余资金,理财效益非常可观。

资金管理　企业安排资金计划时,将 3 个月以上的资金存入 3 个月定期账户,低于 1 个月的资金存入通知存款账户,3 个月的定期存款的利率为 1.98%。这样,企业在几乎无风险的情况下,实现了资金收益最大化。

(三)成本核算管理

现在已经知道肉牛养殖场的各项开支、出栏数量及根据销售后所得的资金收入,就可进行成本核算,并得出当年的毛利润,最后扣去营业税、所得税及贷款利息后,所结余的就为净利润,这就可进一步用来检验当初预测的投资回收期是否合理及经济效果系数如何。

对肉牛养殖场来说,成本的各种费用主要有购买架子牛费、饲料费、饲草费、牛舍及配套设施折旧费、材料费、人员工资、福利费、共同生产费、企业管理费等,但这些成本可归结为固定成本和流动成本两类。

1. **固定成本**　固定成本是指在一定生产经营范围内,不随出栏数量增减而变动的成本,如固定资产折旧费、企业管理费、共同生产费等。这里的所谓固定,是指其耗费总额而言,但在摊入单位产品成本中的固定成本部分,仍随出栏数量的增加而减少。例如,肉牛场公共用房的折旧、照明路灯的耗电、行政管理人员的工资等,其总支出都不随出栏数量的增减而变动,但当肉牛出栏数量增加,则摊入每头育肥牛的这些开支就下降。

2. **变动成本**　变动成本是指随着出栏数量增减而变动的成本,如购买架子牛费、饲料费、饲草费、生产中的燃料费用等,都会因追求出栏数量高相应地增加成本。

通过以上各项分析已经知道成本总支出、出栏数量及销售收入,就可以进行盈利分析。如果企业的收益大于支出,该企业就有盈利;如果收入等于支出,则该企业收支平衡,即不亏也不盈;如果收入小于支出,则企业亏损。除在项目创建时需进行经济分析外,在年生产计划制定和实施过程中,应对各项生产技术及经济指标进行监测和分析,做到心中有数,使生产结果达到满意的程度,并使来年的生产计划中各项技术经济指标更适合实际情况,以便科学地去管理生产。

畜产品成本是畜牧场生产畜产品所消耗的物化劳动和活劳动的总和。根据养牛业特点,成本核算不仅要计算和考核牛产品单位成本,而且还有计算和考核饲养日成本。

3.成本核算的条件　养牛业实行各龄牛群组饲养日成本核算,它不仅与产量、产值、消耗资金和利润等指标有密切关系,而且与牛群变动、饲养日头数和饲料品种、价格、供应等也有关系。因此,开展日成本核算,首先要做好有关组织技术工作和各项基础工作。

（1）组织准备　要向肉牛场职工宣传成本核算的意义,讲明实行饲养日成本核算有利于加强肉牛场经营管理,有利于调动职工参加管理工作的积极性,有利于领导指导生产心中有数,有利于节约消耗、降低成本、提高经济效应。对于成本核算的人员应进行严格考核,熟练掌握成本核算业务。还要把财务、畜牧兽医和各龄牛群、饲料供应运送等生产管理部门有机地结合起来。

（2）数据准备　搞好饲养日成本核算,主要依靠数据计算和考核。要有各项定额数据;肉牛日增重和日饲料消耗等原始记录;掌握各牛群的年度、月份和每天的总产量计划、育肥期增重计划、总产值计划、总成本计划、总利润计划、饲养成本计划和产品单位成本计划的数据;掌握各种精粗饲料计算价格,以及每天应摊入的兽药费、配种费、水电费、维修费和物品费的数据;掌握工资福利、燃料和动力费、产畜摊销、固定资产折旧费、固定资产维修费、共同生产费、企业管理费等。

（3）核算表格　进行饲养日成本核算的表格有三种:一是日饲料和其他生产费用计算表,肉牛包括架子期和催肥期两种表格。每月每个饲养组一张,按日计算。包括的内容有:混合料、干草、青贮、块根、糟粕料、兽药、水电、维修、物品、固定开支（产畜摊销、共同生产、管理费等)等费用项目。二是日成本核算表,肉牛包括架子期和催肥期两种表格。其成本项目肉牛包括总成本、总产值、饲养日成本、增重成本、活重成本和主产品成本等。日成本核算表每月一张,按日核算。三是成本核算报告表,内容和各饲养组的日成本核算表相同,每日填报一次。

4.肉牛场成本核算方法 在肉牛生产中一般要计算肉牛群的饲养日成本、增重成本、活重成本和主产品成本。其计算公式如下:

(1)饲养日成本 = 该肉牛群饲养费用÷该肉牛群饲养日数

(2)幼畜活重单位成本 = (产畜群饲养费用 – 副产品价值)÷断奶幼畜活重

(3)育肥牛增重成本 = (该群饲养费用 – 副产品价值)÷该群增重量

该群增重量 = (该群期末存栏活重 + 本期离群活重) – 期初结转、期内转入和购入活重

(4)育肥牛活重单位成本 = (期初活重总成本 + 本期增重总成本 + 购入转入总成本 – 死畜残值)÷(期末存栏活重 + 期内离群活重)

(5)千克牛肉成本 = (出栏牛饲养费 – 副产品价值)÷出栏牛的牛肉总产量

(四)资金核算

1.固定资金的核算及管理

(1)固定资金的标准 包括土地、房屋、设施费用、劳动力费用、折旧费、机器维修费等,为长期使用费用,其费用大小程度受管理水平、有关决策、计划制定等方面的影响,其费用使用期为1年以上,单项价值在500元人民币以上。

(2)固定资金利用情况核算 可做单项核算,也可做综合核算。单项核算是对某项主要的固定资产利用率的核算,通常用每年使用的天数来表示。综合核算是对肉牛场全部的固定资产利用情况进行核算,一般采用以下三项综合经济指标表示:

①一是肉牛场每年每百元产值(或销售收入)占有固定资金数

量。占有得越少,说明利用的越好。

②肉牛场闲置的固定资产价值占全部固定资产价值的比例。其比例越低,说明闲置越少,利用越充分。

③肉牛场非生产性固定资产价值占全部固定资产价值的比例。其比例越高说明用于非生产的固定资产越多,而用于生产的则越少。在一定的生产水平下,两者应保持适当的比例。

(3)固定资金折旧核算　折旧核算是为了保证固定资产在生产过程中逐渐磨损消耗,并已转移到产品中去的那部分价值及时地得到补偿。所谓折旧费,就是指这一部分应补偿的价值。固定资产折旧分为两种:为固定资产更新而提取的折旧称为基本折旧;为支付大修理费用而提取的折旧,称为大修理折旧。计算固定资产折旧,一般采用"使用年限法"和"工作量法"两种方法。

每年基本折旧额 = (固定资产原值 - 残值 + 清理费) ÷ 使用年限

每年大修理折旧费 = (使用年限内大修理次数 × 每次大修理费用) ÷ 使用年限

某项固定资产折旧率(%) = 该固定资产年折旧额/该固定资产原值 × 100

某项固定资产年折旧额 = 该固定资产原值 × 该固定资产折旧率

2. 流动资金的核算与管理

(1)流动资金的表现形态　流动资金在肉牛场经营过程中是周转不息的,随着生产的不断进行,流动资金依次经过供应、生产、销售三个阶段,表现为三种不同的存在形式。

①生产贮备资金　它的实物形式主要包括饲料、燃料、药品等。这时流动资金准备投入生产,是处在生产准备阶段的资金形式。

②在产品　它的实物形式主要是犊牛、育成牛、成母牛等。在产品就是流动资金投入生产之后和取得完整形态产品之前的资金形式,称为生产过程的资金。

③在成品　一个生产过程结束后,得到了最后产品,从而脱离生产过程,进入销售阶段,称为销售过程资金。

(2)流动资金的周转速度评价方法　畜牧企业销售产品后取得

货币,在购买各种生产资料,或直接将自己生产的一部分产品作为原料,准备投入下一个生产过程,开始又一次周转,这样,周而复始周转不息,便是资金循环。流动资金周转一次所需的时间,称周转期。流动资金周转速度愈快,利润率愈高,愈节省。流动资金的周转速度,是评价流动资金利用程度的重要指标,一般采用以下三种指标表示:

①以一年内流动资金的周转次数表示:

年周转次数 = 年销售收入/年流动资金平均占用额

年流动资金平均占用额是指在一年内平均占用流动资金的数额。一般按四个季度会计账上的流动资金平均计算。

②以流动资金周转一次所需天数表示:

周转一次所需天数 = 360/年周转次数

③以一定时间内实现每百元收入所占用的流动资金额表示:

每百元收入的流动资金额 = 年流动资金平均占用额/年销售收入总额×100

一般说,肉牛场生产周期长,有很大一部分资金长期处于在产品状态;有一部分产品是自产自用,经常占用大量资金;流动资金陆续投入生产过程,产品一次收回出售,全年占用很不平衡。

(五)盈利核算

1.**盈利核算的概念** 盈利核算是对盈利进行观察、计算、记录、计量、分析和比较等工作的总称。它是肉牛场职工为社会所创造价值的货币表现。盈利是销售产品价值扣除销售成本以后的余额,它包括利润和税金。因此盈利又称税前利润。

2.**盈利核算的内容和方法**

(1)营业收入 营业收入是企业在销售产品或提供劳务等经营业务中实现的收入。营业外收入是指与企业的生产经营活动没有直接联系的收入。它包括材料销售、固定资产出租、无形资产转让等。肉牛场自产留用的畜产品,视同销售,应计入营业收入。

(2)利润 利润是企业在一定期间的经营成果。包括营业利润、投资净收益和营业外收支净额。营业利润为营业收入减去营业成本、期间费用和税金后的余额。投资净收益是企业对外投资收入减去投资损失后的余额。利润为负值时,表示亏损,应按弥补规定的程序弥补。通常,年度发生了亏损可用下一年度的利润弥补;不足时可延续五年内税前弥补。

利润总额 = 营业利润 + 投资净收益 + 营业外收入 - 营业外支出

营业利润 = 产品销售利润 + 其他销售利润 - 管理费用 - 财务费用

产品销售利润 = 产品销售收入 - 产品销售成本 - 产品销售费用 - 税金

（3）税金　税金是国家根据事先规定的税种和税金向企业征收的、上交国家财政的款项。税金是国家宏观经济调控的重要经济手段之一。

畜牧业主要应上交以下几种税金:农牧业税、产品税、营业税、资源税、所得税等。

3. 盈亏平衡分析　盈亏平衡分析是一种动态分析,又是一种确定性分析,适合于分析短期问题。它是通过分析经营收入、变动成本、固定成本和盈利之间的关系,用于预测利润的一种方法。盈亏平衡点是指营业收入和营业成本相交的临界点,即保本点。如业务量正在临界点,则不亏不盈;如业务量在临界点以上,则会盈利;如业务量在临界点以下则会亏损。

（1）盈亏平衡点分析　盈亏平衡点的业务量和业务额,可用下列公式计算:

$$盈亏平衡点的业务量 = \frac{固定成本}{单位产品售价 - 单位产品变动成本}$$

$$盈亏平衡点的额 = \frac{固定成本}{1 - \dfrac{变动成本}{业务收入}} = \frac{固定成本}{1 - \dfrac{单位产品变动成本}{单位产品售价}}$$

（2）目标利润分析　目标利润是制定生产计划和销售计划时所确定的,经过努力后应该实现的预期盈利额。其公式为:

$$盈利业务量 = \frac{固定成本 + 计划利润}{单位产品售价 - 单位产品变动成本}$$

$$盈利业务额 = \frac{固定成本}{1 - \dfrac{单位产品变动成本}{单位产品售价}}$$

或(盈利业务额 = 盈利业务量 × 单位产品售价)

从上面计算公式可以看出以下规律：

以盈亏平衡点为界,业务量愈大,其上限的业务收入和业务成本的差距愈大,则盈利愈大;反之,业务量愈小,其下限的业务收入和业务成本的差距愈大,则亏损愈大。因此,增加业务收入是提高盈利的主要途径。

如果业务收入不变,固定成本或单位变动成本愈大,则盈亏平衡点愈高;反之,盈亏平衡点则低。因此,在业务收入不变的条件下,为了扩大盈利的机会,必须降低固定成本或降低单位变动成本。

四、肉牛场的技术管理

肉牛场的技术管理包括肉牛场的技术操作规程和肉牛场的数据管理。

(一)肉牛场的技术操作规程

1. 肉牛一般饲养管理操作规程

(1)牛舍、牛槽及牛场保持清洁卫生,牛舍每月用2%～3%的火碱水彻底喷洒一次,对育肥牛出栏后的空圈要彻底消毒,牛场大门口要设立消毒池可用石灰或火碱水作消毒剂。

(2)冬季要防寒,避免冷风直吹牛体,牛舍后窗要关闭,夏季要注意防暑,避免日光直射,晚上可在舍外过夜(雨天除外)。

(3)每日饮水两次,夏季中午增加一次,饮水一定要清洁充足,每次饲喂时间2 h。

(4)每天对牛进行刷拭,以促进牛体血液循环,并保持牛体干净无污染。

2. 育成牛饲养管理操作规程　该期的饲养目标是促进牛体骨骼、肌肉生长发育,在15～18月龄时体重达350 kg,日增重0.6～0.8 kg,不得低于0.4 kg。若在该期内饲养过差,日增重太低,不利于后期育肥。营养上满足牛体生长发育所需供给蛋白质、无机盐和维生素 A，注意蛋白质质量和钙、磷的比例，12 月龄前，日粮中粗蛋白含量 14%以上，屠宰率为 65%，日增重为 1 kg 以上，整个肥育期精粗比例为7:3，日粮 CP 含量在 10% 左右。精心而又科学的饲养可以获得高的日增重和经济效益。日喂 3 次，精料早、晚饲各占 35%，午饲占 30%。将每头牛一天所需精料根据喂量大致分成 3 份，饲喂顺序为精料、糟渣类、粗料，喂至九成饱即可，粗料要少添勤添。

　　3. 育肥牛饲养管理操作规程　强度育肥分为两期：一是增重期，在此期增加体重，以加大优质肉块为目的，生产西方高档牛肉需 4 个月，生产东方高档牛肉需 8 个月；二是肉质改善期，以填充和沉积脂肪为主，西方和东方高档牛肉分别需 2 个月和 4 个月。

　　犊牛育成期完成后进入增重期，一般需 3 ~ 4 个月时间，要求日增重 0.9 kg 以上。增重期完成后体重达 450 kg 左右，日粮中蛋白含量10% ~ 12%，可消化总养分(TDN)63% ~ 70%，日粮精粗比为 60:40。

　　该期饲养的目的，是使肌纤维变粗，脂肪初步形成。饲养上要逐步减少粗饲料，相应增加精饲料喂量，一般精饲料用量占体重的1.65%。该期牛食欲旺盛，增重快，日喂精料 4 ~ 6 kg，精料以粉料形式于早晚 6 ~ 7 点两次供给。粗饲料供应以青草和干草为主，饲料供给方式，先投喂 1 ~ 2 kg 青草，后给 2 kg 干草，再投喂精料，精料吃完后，给予充足饮水，夜间自由采食干草。该期要求饲料中蛋白质水平较高，有利于增重。

　　育肥牛达到 450 kg 左右后开始进入肉质改善期，增重速度开始下降，此期主要用于脂肪沉积，形成"大理石"纹，以生产出柔嫩多汁的中高档牛肉，经过 2 ~ 3 个月的肥育，体重达 500 kg 以上出栏。要求日增重 0.6 kg 左右，不低于 0.4 kg，日粮干物质总养分(TDN)62% ~65%，蛋白质含量 8% ~ 10%，每日每头供钙 17 ~ 18 g，磷 16 ~ 18 g，胡萝卜素 40 ~ 50 mg，日粮中精粗比(70 ~ 90):(30 ~ 10)，干物质进食量9 ~ 11 kg。

(二)肉牛场的数据管理

数据管理是利用计算机硬件和软件技术对数据进行有效的收集、存储、处理和应用的过程。其目的在于充分有效地发挥数据的作用。实现数据有效管理的关键是数据组织。随着计算机技术的发展,数据管理经历了人工管理、文件系统、数据库系统三个发展阶段。在数据库系统中所建立的数据结构,更充分地描述了数据间的内在联系,便于数据修改、更新与扩充,同时保证了数据的独立性、可靠性、安全性与完整性,减少了数据冗余,故提高了数据共享程度及数据管理效率。

第四节　肉牛和牛肉市场信息采集

肉牛场市场调查、信息收集是辨认市场机会,确立规模肉牛场竞争优势,建立市场竞争战略的出发点。信息收集是指通过各种方式获取所需要的信息,是信息得以利用的第一步,也是关键的一步。信息收集工作的好坏,直接关系到整个肉牛营销工作的质量。市场调查是营销管理的基础工作,具有长期性、动态性,在管理时更需要全面落实。

21 世纪以后,国际市场牛肉价格逐渐上涨。2019 年全球牛肉产量 6 171 万吨,同比增长 1.7%;全球牛肉需求量为 5 964 万吨,同比增长 1.6%;伴随着市场的不断扩大,尤其是亚洲市场对牛肉的不断增强,牛肉价格可能会持续上涨。

国内市场今后将进一步推进肉牛产业增长方式的转变,牛肉生产会继续增加,牛肉生产能力和出口能力会得到进一步增强。伴随着整个国民经济的持续强劲增长和居民消费水平的不断提高,牛肉消费需求会继续增加。逐步走强的国内需求和出口需求将使牛肉价格稳中有升。总体看,牛肉价格将以持续上升为主要趋势。

一、肉牛场销售内务报告

包括客户订单;销售预测表;销售汇总报表;销售价格表;库存统

计表等。以上报表提供结果数据要形成制度化,定期统计,一切数据只有在经过集合、归纳,对比时才有意义。

二、市场信息收集

(一)消费者调查

应注意从消费者的角度收集,了解消费者的欲望需求和心态。根据消费者心态来指导销售,保证辖区销售稳定和零售户利益不受影响。

(二)市场调查

对市场价格、需求周密细致、准确到位、深入客观地进行分析是营销经理的主要工作职责之一。

(三)营销进货渠道的调查

对零售客记挂主要经营情况、进货渠道、合作对象等做好记录,并需做动态的调查,定期(如一季度)更新一次。

(四)销售记录

对各阶段各种肉牛产品销售记录进行深入分析、总结规律,以进一步把握市场需求。

三、市场信息收集应坚持的原则

(一)准确性原则

该原则是信息收集工作的最基本的要求。为达到这样的要求,信息收集者就必须对收集到的信息反复核实,不断检验,力求把误差减少到最低限度。

(二)全面性原则

该原则要求所搜集到的信息要广泛,全面完整。只有广泛、全面地搜集信息,才能完整地反映管理活动和决策对象发展的全貌,为决策的科学性提供保障。

（三）时效性原则

信息的利用价值取决于该信息是否能及时地提供，即它的时效性。信息只有及时、迅速地提供给它的使用者才能有效地发挥作用。特别是决策对信息的要求是"事前"的消息和情报，而不是"马后炮"。所以，只有信息是"事前"的，对决策才是有效的。

四、如何收集市场信息

收集市场信息的方法包括交谈法、询问法和记录法。同客户交谈，包括顾客、经销商及外界其他人士，在闲聊之中，或许就会得到重要信息；同本公司人员交谈，如销售人员、送货人员等。在日常拜访客户过程中，制作简易需求问卷，对客户的需求进行录入。

五、市场信息的收集过程

信息收集要弄清收集目的，明确收集方向，制定信息收集计划。"万事俱备，只欠东风"，当一切准备工作就绪后，就只差怎样全面展开这张"大网"了。把本片区的客户进行划分，比如：以星级划分、状态划分、业务类别划分等。同时要与各行各业的人建立友好关系，将重要的关系列入企业信息网中，定期将获得的信息进行整理、分析；不仅要时刻注重捕捉信息，还要相互沟通，汇集零散的信息，挖掘有价值的东西；用数据的形式储存，使零散的信息建立起一定的联系，避免重复收集。

在对信息进行分析处理的时候，一般要遵循如下两个原则：

（一）首先要把信息放在市场环境中研究，把所收集到的信息同周围的市场因素联系起来，只有顺应经济发展潮流、符合现阶段经济发展方向的信息才能算是有效的信息，否则，再有华丽的表象也都只能算是徒劳。

（二）有了有效的信息，还要把这些信息同企业的利益联系起来，为企业谋取更多利益才是进行信息收集的原动力。

要想搞好终端市场的信息收集工作还要建立一个顺畅的信息通道。就像前面所说的那样,信息收集到手不是整个信息收集的最终目的,它只是整个过程中的一个环节而已,问题收集回来以后,要给相关人员以明确的答复,能解决的问题马上加以解决,不能解决的要加以解释。对于重要信息的提供者要加以鼓励或嘉奖,以利于后续信息收集工作的顺利进行。

第五节 活牛与高档牛肉的销售

掌握市场信息,拓宽销售渠道。饲养前要搞好市场调查,预测行情,掌握主动权。要向区域化、专业化方向发展。要大力发展肉牛饲养专业村,发挥专业化养牛技术、信息、销路等方面的优势。如果分散饲养,牛的饲养量少,吸引不了外地购牛户,育肥牛容易滞销,价格上不去。

一、活牛与高档牛肉的生产现状

我国年人均牛肉占有量 6.0 kg,而世界平均为 9.8 kg;我国牛肉产量占肉类产量的比重为 8.5%,世界平均为 26.19 kg;联合国粮农组织制订一个指标:用屠宰的头数,去除牛肉产量,计算每头牛平均多少重量,世界平均为 200 kg,我国为 134 kg;我国符合肉牛标准的活牛数量少,符合高档饭店消费标准的牛肉很少,符合出口的高档牛肉和优质肉块的产量更少。我国年出口牛肉 1.7 万吨,出口平均价格为 1373 美元/t,而美国出口价为 3 593 美元/t,澳大利亚出口到日本的高标准牛肉为 4 400 美元/t。我国每年从美国、澳大利亚、韩国进口牛肉及牛杂碎 3.2 万吨,其中高档牛肉约 6 600 t,(10 万元/t)。我国肉牛多数是牧区放养和农区短期育肥的,使用混合精料很少,这虽然保证了我国牛肉的安全性,但牛肉质量不如在饲料中添加了较多蛋白的欧洲牛肉,其纤维较粗、口感较差,这是我国牛肉及牛肉制品出口很少,以及高档牛肉仍需进口的主要原因。近些年,我国出现了牛肉出口热,出口的牛肉没有一次因为质量问题返回来的,可是我国牛肉价比国际市场低 1/3,从终端市场上看,相当于终端市场价格的 1/5。

　　肉牛业发达的国家牛肉制品的转化率为 30% ~40%,肉制品种类上千种,而我国仅占 3% ~4%,二三十种。深加工引进的生产线和配方与外国产品雷同,不合中国人口味,生产有特色的中国风味产品不多,传统的加工制品工业化水平低。近些年,肉牛市场十分稳定,价格不断上升,一头牛育肥 3 ~5 个月,纯利润达 300 ~500 元。农民养殖一头母牛,如果一年能产一头犊牛,就能收入 1 000 ~1 200 元。牛肉是绿色食品,随着人们生活水平的不断提高,对牛肉的需求量日益增大,肉牛价格还将持续上涨。

二、活牛与高档牛肉的销售方式

(一)在大众化市场进行活牛交易

　　大众化市场,即赶大集进行牛肉及活牛交易,这是我国传统的最主要的肉牛交易市场形式。它的特点是:品种不分、性别不分、年龄不分、部位不分、价格便宜。它不能体现不同档次牛肉的不同价值,尤其是高档牛肉的价值得不到真正的体现,养牛效益很差。人们将农户养牛然后到集市上卖掉形象地概括为"零存整取"。因为农户养牛大都不计生产成本,有啥喂啥。饲料主要是自产的玉米,不注重饲料的配合,牛的饲料转化率低,饲养周期长,卖牛所得"整钱",实非利润,有的可能还不够成本。

　　目前,在很多地方建起了一批肉牛交易市场供外来肉牛进场交易,并已基本形成网络。而且,市场基础设施比较完善,均设有下车台、牛棚、简易办公场所和消毒设施,并配有管理人、经纪人、兽医人员、保安人员,有的设有客房、餐饮供送货人休息和住宿,并建有活牛寄养栏舍。肉牛入场后由经纪人联络买卖双方选牛、定价,再由经纪人估测每头牛出肉量,依出肉量定每头牛的总金额。货款由经纪人担保,由购牛者直接付给货主。大多数市场还规定,经纪人须向市场管理部门交纳数千元甚至上万元的保证金,如果经纪人违规操作或对所经手的买主拖欠货款,则对经纪人进行处罚,轻者罚款,重者取消入场当经纪人的资格。由于市场制度严格,许多外来贩运户普遍反映浙江肉牛市场管理较规范,多年来基本上没有发生运销户收不到货款的现象。而且各牛市收费比较规范统一,即每头进场交易的牛需交清理消毒费、检疫费、中介费和交易费,其中交易费由买、卖双方各出一半,总计1头牛成交后卖方需交各种费用13.5~14.5元,如暂时未卖出的牛可委托交易市场留养。

（二）活牛、牛肉出口

我国自20世纪80年代改革开放以来,每年向香港供应活牛的数量一直保持在20万头以上,另外还向中东地区及俄罗斯等出口大量分割牛肉:一般情况下,一头500 kg重活牛出口,要比在国内销售增加利润1 000元以上。在80年代有种说法,"谁拿到出口指标,谁发大财",我国养牛大王,河北的李福成便是一个典型代表,他靠架子牛易地育肥,将肥牛供应香港起家。也正是这种形式,尤其是活牛大量供应香港,启动和促进了我国肉牛业的迅速发展。无论现在或将来,这种方式都是我国高效肉牛生产的重要途径。

（三）高档分割牛肉用于高级宾馆、饭店

随着我国人民生活水平的提高,来内地旅游观光的港澳台同胞以及来华外国客商逐年增加,涉外宾馆、饭店旅游服务事业日渐兴旺,"肥牛火锅"、牛排等高档牛肉消费日渐增多。这类牛肉原料以前主要靠进口。但实践已证明,我国地方良种黄牛及其杂交改良牛,经专门化育肥,同样可进行高档牛肉的生产。一头500 kg重的优质活牛,可生产高档牛肉30 kg,单这一项,即可卖到4 500元左右。这是最高效的肉牛生产方式,这个市场的潜力会越来越大。

新鲜牛肉是我国主要消费倾向,国外不可能把新鲜牛肉用成本较低的船运送到中国港口,再用冷链输送投入内地市场,且国外现行牛肉价比我国高出83%。虽然这不能说明目前我国的牛肉能去国际市场竞争,但也至少说明在相当一个时期内,国外牛肉想进入我国中低档牛肉市场就比较难,因为除了在价格上抵不过国外,在风味上中国人不欣赏洋牛肉而偏爱"土"牛肉。

第七章　肉牛屠宰及胴体评定与分割

第一节　育肥肉牛屠宰工艺

一、肉牛宰前处理

肉牛宰前处理包括:验收检验、待宰检验和送宰检验。宰前检验应采用看、听、摸、检等方法。

（一）验收检验

卸车前应索取产地动物防疫监督机构开具的检疫合格证明,并临车观察,未见异常,证货相符时准予卸车。卸车后应观察牛的健康状况,按检查结果进行分圈管理。合格的牛送待宰圈,可疑病牛送隔离圈观察,通过饮水、休息后,恢复正常的,并入待宰圈,病和伤残的牛送急宰间处理。

（二）待宰检验

待宰期间检验人员应定时观察,发现病牛送急宰间处理。待宰牛送宰前应停食静养 12 ~ 24 h,宰前 3 h 停止饮水。

（三）送宰检验

牛送宰前,应进行一次群检。测量体温(牛的正常体温是 37.5 ~ 39.5℃)。经检验合格的牛,由宰前检验人员签发《宰前检验合格证》,注明送宰头数和产地,屠宰车间凭证屠宰。体温高、无病态的,可最后送宰。

病牛由检验人员签发急宰证明,送急宰间处理。急宰间凭宰前检验人员签发的急宰证明,及时屠宰检验。在检验过程中发现难于确诊的病变时,应请检验负责人会诊和处理。死牛不得屠宰,应送非食用处理间处理。

肉牛屠宰前冲淋牛体,待宰牛体充分沐浴,体表无污垢。进行活体宰杀后,要经过12伏直流电电击10秒钟,促使血液排净。这样可以降低牛肉中的糖原和pH,提高肉的鲜嫩程度。再经过去头蹄,扒皮,去除内脏,整修胴体,排酸,分割和零下18℃冷藏。

二、育肥肉牛屠宰工艺

(一)屠宰前的要求

1. 屠宰前18~24 h停止喂料、放牧,饮水要充分。

2. 屠宰前8 h停止饮水。

3. 屠宰前5~10 min个体称重并做记录,编写屠宰牛号。

4. 屠宰前2 min将牛转移至待宰间并冲刷牛蹄及清洁牛体。

5. 保持待宰间清洁安静。

6. 由待宰间赶至屠宰间,切忌鞭打、吼吓,在通道内慢慢驱走。

(二)屠宰要求

1. **击昏** 采用电击或点穴(刺断延脑术),禁止用铁、木锤击打牛头至昏。

2. **吊宰** 已击昏的牛用牵牛机或电葫芦吊起置屠宰轨道放血(在颈下缘喉头部切开)。

3. **沥血和电刺激** 牛放血后10~15 min在沥血池沥血时施行低压电刺激,充分放血。

4. **剥皮** 从后牛蹄(后肢)开始,由后向前(由上向下)把牛皮剥下(用剥皮刀剥皮效果更好),剥下的皮进入牛皮处理间,处理完毕后暂存。

5. **去前后牛蹄** 去后肢前,牛胴体从屠宰轨道换入运行轨道。

6. **去后肢** 由胫骨和跗骨间的关节处割断。

7. **去前肢** 由前臂骨和腕骨间的腕关节处割断。

8. **去头** 沿头骨后端和第一颈椎间割断。

9. **去生殖器及周边脂肪**

10. **取内脏** 沿腹部正中线切开,首先取出肠胃、肝脏脾脏,然后取出心脏、肺脏,入清洗间。

11. **冲洗胴体** 水温30℃左右。

12. **胴体劈半** 沿脊椎骨中央把胴体分为左右各半(称二分体),最好用电锯,无电锯时用斧劈或用木工锯锯开。

13. **卫检** 检查人员按规定取样检查,确定牛肉可否食用。

14. **冲刷两分体** 水温30℃左右,并用刷子刷去胴体因劈半时留下的残渣、积血等。

15. **胴体进入预冷间** 经洗刷后的两分体推入预冷间(温度为18~22℃),停放4 h,一方面让胴体冷却,另一方面让胴体尽量滴净血水。

16. **胴体进入排酸间** 经预冷的胴体进入胴体排酸间(成熟处理),排酸间温度为0~4℃,处理9 d以上。

17. **在每一行吊挂胴体的导轨地面,铺塑料布,防止未流尽的血水滴于地面,3~4 d更换塑料布**

18. **清洁卫生**

(1)屠宰间地面每天彻底冲刷一次,水温40℃左右。

(2)屠宰用具每天清洗一遍。

(3)定期消毒屠宰车间。

(4)屠宰工每天洗澡。

(5)屠宰工每天更换工作帽、工作服、手套。

(6)屠宰工做好个人卫生。

(7)经常冲刷预冷间、排酸间地面,不定期进行消毒空间。

(三)胴体分割

胴体分割的原则是根据用户用肉标准的要求进行。现介绍美国、加拿大、日本的牛肉分割标准。

将两分体切成四分体(沿第12~13胸椎切割),并剥去肾及肾周

围脂肪,然后分割为下列肉块:

1. 牛柳(里脊)　沿耻骨的前下方把里脊头剔出,由里脊头向里脊尾逐个剥离腰椎横突,取下完整的里脊。修整里脊:

(1)带脂肪带里脊附肌,留里脊表层肌膜,修去分割时的碎状肉块,保留脂肪及里脊附肌;

(2)不带脂肪不带里脊附肌,修去脂肪及里脊附肌,保留里脊表层肌膜,修去分割时的碎状肉块;

2. 西冷(外脊)　西冷的一头为胸肋第 12 ~ 13 节处,另一头为最后腰椎。分割步骤:

①沿背最长肌腹侧(距眼肌 5 ~ 8 cm)用切割锯切下;②逐个把胸椎、腰椎剥离,剥离时刀刃紧贴胸骨和横突。

修整西冷:

(1)修去西冷腹侧的碎块小肉;

(2)修去西冷背面(脂肪面)血污点,如背脂厚度超过 15 ~ 20 mm 时,修整为背脂厚 10 mm;

(3)在西冷的前端(12 ~ 13 胸肋切断处)到后端保留部分牛腩肉,前端的宽度为距背最长肌 5 cm;后端为 2 cm,用切肉刀整齐切下;

(4)两端均用切肉刀切齐。

3. 眼肉　眼肉的后端与外脊相接(12 ~ 13 胸肋切断处),它的前端是在第 5 ~ 6 胸椎处,用四分体锯锯下。剥离胸椎,抽去筋腱。修整眼肉:

(1)修去背面(脂肪面)血污点;

(2)修整眼肉腹面的碎肉块;

(3)在眼肉的腹侧留前牛腩肉 8 ~ 10 cm 切下,并用切肉刀切齐眼肉的两侧和两头。

4. 大米龙　后臀部肉块。剥掉牛皮后在后臀部暴露最清楚的便是大米龙。顺肉块自然走向剥离,四方形块状。修整表面(分保留脂肪和不保留脂肪两种)即可包装。

5. 小米龙　紧靠大米龙的一块圆柱形的肉便是小米龙。顺肉块自然走向剥离便得;修整表面。

6. **臀肉** 剥离大米龙、小米龙后,便可见到一大块肉,随着肉块自然走向剥离,使可得到臀肉。臀肉的修整有两点:一是削去劈半时锯面部分在排酸后的深颜色肉;二是修去臀肉块上的脂肪和碎肉块。

7. **膝圆(和尚头)** 当剥离大米龙、小米龙、臀肉后便可见到一块长圆形肉块,沿此肉块的自然走向剥离,很易得到膝圆肉块。适当修整便可。

8. **腰肉** 在后臀部取出大米龙、小米龙、臀肉、膝圆后,剩下的一块肉便是腰肉。修整腰肉的要点是削去其表面的脂肪层。腰肉形状如三角形。

9. **腱子肉** 腱子肉共四块,分前腱子肉和后腱子肉。前腱子肉的分割从尺骨端下刀,剥离骨头便可得到;后腱子肉的分割从胫骨上端下刀,剥离骨头取得。修整腱子肉主要是割削去掉末端一些污点。

10. **嫩肩肉** 嫩肩肉实际上是背最长肌的最前端,是取眼肉后的剩余部分,因此剥离十分容易,只需循眼肉横切面的肩部继续向前分割,得到一块圆锥形的肉,便是嫩肩肉。

11. **胸肉** 胸肉在剑状软骨处,割下前牛腩肉时,胸肉也被割下,随胸肉肉块的自然走向剥离,修去脂肪便是胸肉。

12. **臂肉** 取下前腿,围绕肩胛骨分割,可得长方形肉块,便是臂肉。

13. **脖颈肉** 沿最后一个颈椎骨切下,为颈部肉,带血脖,将肉剥离,分割剥离脖颈肉是整头牛最难之处。

14. **后牛腩肉** 后躯取下臀肉、大米龙、小米龙、膝圆、腰肉、里脊、外脊肉之后,剩余部分便是后牛腩。

15. **前牛腩肉** 前躯肉,在胸腹部。用分割锯沿眼肉分割线把胸骨锯断,由后向前直至第 2～3 胸肋处,剥去肋骨、剑状软骨后便是前牛腩肉。

16. **通脊肉** 通脊肉就是外脊肉和眼肉合二而一的一块长肉,不切断 12～13 胸椎,而从第 5～6 胸椎至最后腰椎,分割法与分割眼肉、外脊肉相同。

（四）牛肉大理石花纹及牛肉嫩度测定

1.牛肉大理石花纹

（1）观察部位 在胸肋第 12～13 节处切开（和胴体横向垂直方向）。

（2）评定标准 按 6 级评定，1 级最好，6 级最差。

（3）评定牛肉等级时，应将大理石花纹等级与牛的年龄结合观察。

2.眼肌面积 观察大理石花纹，评定等级的部位，用硫酸纸按眼肌自然走向描下，然后用求积仪计算面积（平方厘米），或用描得的图形，其最长处和最宽处相乘，其乘积再乘以 0.75（即：长×宽×0.75）。

3.牛肉嫩度测定

（1）取肉样 取外脊（前端部分）200 克；

（2）将肉样置恒温水浴锅加热，待肉样中心温度达 70℃，保持恒温 20 min；

（3）20 min 后取出，在室温条件下测定；

（4）用直径 1.27 cm 的取样器，沿肌肉束走向取肉柱 10 个；

（5）将肉柱置剪切仪上剪切，记录每个肉柱被切断时的剪切值（用千克表示）；

（6）10 个肉柱的平均剪切值，便是该牛牛肉的嫩度。

（五）屠宰前和屠宰后性状指标测定

1.屠宰前体重 绝食 24 h 后的体重。

2.屠宰后体重 屠宰放血后 15～20 min 称量得到的尸体重。

3.血重 放出血的实际重量。

4.皮重 皮剥下并去掉附着的脂肪后的重量。

5.头重 分带皮头重和去皮头重，记录时要注明。

6.尾重 去皮后实测重。

7.蹄重 分前蹄重和后蹄重，实测。

8.生殖器官重 实测。

9. **消化器官重**　清洗后称重,分食道、胃、小肠、大肠、直肠。

10. **其他脏器重量**　分别称重心脏、肺脏、肝脏、脾脏、肾脏、胰腺、气管、胆囊(带胆汁)、膀胱(空)。

11. **脂肪**　分别称重。

(1)心包脂肪;(2)肾脂肪(腰窝油、腹脂);(3)盆腔脂肪;(4)胃肠系膜脂肪和腹膜、胸膜脂肪;(5)肉块间脂肪(分割后);(6)生殖器周边脂肪。

12. **胴体重**　去头、蹄、皮、内脏、生殖器官、尾后称重。

(1)劈半冲洗后称重(带肾及周围脂肪)。

(2)排酸后称重(带肾及周围脂肪)。

13. **净肉重**　胴体剔骨后全部肉块重量(包括肾脏脂、盆腔脂肪、腹膜和胸膜脂肪),实测。

14. **骨重**　实测。

15. 分割肉块逐块称重记录。

16. 分割时碎肉称重。

17. 分割时肉块重量损失量记录

(六)胴体测量

用测杖或软尺测量胴体,分别记录。

1. **胴体长**　自耻骨缝前缘至第1肋骨前缘的长度;或从耻骨端到第一颈椎前端中央的直线距离(用软骨)。

2. **胴体斜长**　从钩住部位的下端到第1颈椎前端中央的直线距离(用软尺)。

3. **胴体深**　第7胸椎棘突的胴体体表至第7胸骨的胴体体表间的垂直距离(用测杖)。

4. **胴体胸深**　自第3胸椎棘突的胴体体表至胸骨下部胴体体表的垂直距离(用测杖)。

5. **胴体后躯长(A)**　从第6～7肋骨间水平断面和胴体斜长的交点到钩住部位的直线距离(用软尺)。

6. **胴体后躯长(B)**　从第6～7肋骨间水平断面和胴体长的交点

到耻骨端的直线距离(用软尺)。

7. **胴体后腿围** 在股骨与胫腓骨连接处的水平围度(用软尺)。

8. **胴体胸围** 肩胛骨后缘处胴体的周长(用软尺)。

9. **胴体腰围** 第5腰椎处胴体的周长(用软尺)。

10. **胴体后腿宽** 尾根凹陷处内侧至大腿前缘的水平距离(用测杖)。

11. **胴体后腿长** 自耻骨缝至跗关节的中点长度(用测杖)。

12. **肌肉厚度**

(1)大腿肌肉厚 大腿后侧胴体体表至股骨体中心的垂直距离(用探针)。

(2)腰部肌肉厚 第3腰椎处,胴体体表至腰椎横突的垂直距离(用探针)。

13. **皮下脂肪厚度**

(1)腰部皮下脂肪厚 第3腰椎处皮下脂肪厚(用卡尺)。

(2)背部皮下脂肪厚 第5~6胸椎间皮下脂肪厚(用卡尺)。

(3)肋部皮下脂肪厚 第12肋骨处之皮下脂肪厚(用卡尺)。

14. **胸壁厚度** 第12肋骨骨弓最宽处的距离(用测杖)。

15. **皮下脂肪覆盖率** 采用求不规则图形面积的方法,测量胴体体表脂肪覆盖率(红肉暴露处为无脂肪层)。

(七)屠宰指标计算

1. 屠宰率(%) = 胴体重/屠宰前活重 × 100

2. 净肉率(%) = 净肉重/屠宰前活重 × 100

3. 胴体产肉率(%) = 净肉重/胴体重 × 100

4. 肉骨比 = 净肉重/骨重

5. 高档肉比例(%) = (里脊十外脊 + 眼肉)/净肉重 × 100(占肉重%)或 = (里脊十外脊 + 眼肉)/屠宰前活重 × 100(占活重%)

6. 优质肉比例(%) = (里脊十外脊 + 眼肉 + 臀部五块肉)/净肉重 × 100(占肉重%)或 = (里脊十外脊 + 眼肉 + 臀部五块肉)/屠宰前活重 × 100(占活重%)

三、肉牛屠宰后的处理

肉牛屠宰后的处理包括:头部检验、内脏检验、胴体检验和复验盖章。宰后检验采用视、角、嗅等感官检验方法。头、胴体、内脏和皮张应统一编号,对照检验。

(一)牛头部检验

剥皮后,将舌体拉出,角朝下,下颌朝上,置于传送装置上或检验台上备检;对牛头进行全面观察,并依次检验两侧颌下淋巴结、耳下淋巴结和内外咬肌;检验咽背内外淋巴结,并触检舌体,观察口腔黏膜和扁桃体;将甲状腺割除干净;对患有开放性骨瘤且有脓性分泌物的或在舌体上生有类似肿块的牛头做非食用处理;对多数淋巴结化脓、干枯变性或有钙化结节的;头颈部和淋巴结水肿的;咬肌上见有灰白色或淡黄绿色病变的;肌肉中有寄生性病变的将牛头扣留,按号通知胴体检验人,将该胴体推入病肉岔道进行对照检验和处理。

(二)内脏检验

在屠体剖腹前后检验人员应观察被摘除的乳房、生殖器官和膀胱有无异常。随后对相继摘出的胃肠和心肝肺进行全面对照观察和触检,当发现有化脓性乳腺炎,生殖器官肿瘤和其他病变时,将该胴体连同内脏等推入病肉岔道,由专人进行对照检验和处理。

1. **胃肠检验** 先进行全面观察,注意浆膜面上有无淡褐色绒毛状或结节状增生物、有无创伤性胃炎、脾脏是否正常;然后将小肠展开,检验全部肠系膜淋巴结有无肿大、出血和干枯变性等变化,食管有无异常;当发现可疑肿瘤、白血病和其他病变时,连同心肝肺将该胴体推入病肉岔道进行对照检验和处理;胃肠于清洗后还要对胃肠黏膜面进行检验和处理;当发现脾脏显著肿大、色泽黑紫、质地柔软时,应控制好现场,请检验负责人会诊和处理。

2. **心脏检验** 检验心包和心脏,有无创伤性心包炎、心肌炎、心外膜出血。必要时切检右心室,检验有无心内膜炎、心内膜出血、心肌脓疡和寄生性病变。当发现有蕈状肿瘤或见红白相间、隆起于心肌表面的白血病病变时,应将该胴体推入病肉岔道处理。当发现有神经纤维瘤时,及时通知胴体检验人员,切检腋下神经丛。

3.**肝脏检验** 观察肝脏的色泽、大小是否正常,并触检其弹性。对肿大的肝门淋巴结和粗大的胆管,应切开检查,检验有无肝瘀血、混浊肿胀、肝硬化、肝脓疡、坏死性肝炎、寄生性病变、肝富脉斑和锯屑肝。当发现可疑肝癌、胆管癌和其他肿瘤时,应将该胴体推入病肉岔道处理。

4.**肺脏检验** 观察其色泽、大小是否正常,并进行触检。切检每一硬变部分。检验纵膈淋巴结和支气管淋巴结,有无肿大、出血、干枯变性和钙化结节病灶。检验有无肺呛血、肺瘀血、肺气肿、小叶性肺炎和大叶性肺炎,有无异物性肺炎、肺脓疡和寄生性病变。当发现肺有肿瘤或纵膈淋巴结等异常肿大时,应通知胴体检验人员将该胴体推入病肉岔道处理。

(三)胴体检验

牛的胴体检验在剥皮后,按以下程序进行:观察其整体和四肢有无异常,有无瘀血、出血和化脓病灶,腰背部和前胸有无寄生性病变。臀部有无注射痕迹,发现后将注射部位的深部组织和残留物挖除干净。检验两侧髂下淋巴结、腹股沟深淋巴结和肩前淋巴结是否正常,有无肿大、出血、瘀血、化脓、干枯变性和钙化结节病灶。检验股部内侧肌、内腰肌和肩胛外侧肌有无瘀血、水肿、出血、变性等变状,有无囊泡状或细小的寄生性病变。检验肾脏是否正常,有无充血、出血、变性、坏死和肿瘤等病变。并将肾上腺割除掉。检验腹腔中有无腹膜炎,脂肪坏死和黄染。检验胸腔中有无胸膜炎和结节状增生物,胸腺有无变化,最后观察颈部有无血污和其他污染。

牛的胴体复验于劈半后进行,复验人员结合初验的结果,进行一次全面复查。检查有无漏检;有无未修割干净的内外伤和胆汁污染部分;椎骨中有无化脓灶和钙化灶,骨髓有无褐变和溶血现象;肌肉组织有无水肿,变性等变状;膈肌有无肿瘤和白血病病变;肾上腺是否摘除。复验合格的,在胴体上加盖本厂(场)的肉品品质检验合格印章,准予出厂;对检出的病肉按照不合格品的规定分别盖上相应的检验处理印章。

（四）不合格肉品的处理

1. 创伤性心包炎　根据病变程度,分别处理。心包膜增厚,心包囊极度扩张,其中沉积有多量的淡黄色纤维蛋白或脓性渗出物、有恶臭,胸、腹、腔中均有炎症,且膈肌、肝、脾上有脓疡的,应全部做非食用或销毁;心包极度增厚,被绒毛样纤维蛋白所覆盖,与周围组织膈肌、肝发生粘连的,割除病变组织后,应高温处理后出厂（场）。

2. 神经纤维瘤　牛的神经纤维瘤首先见于心脏,当发现四周神经粗大如白线,向心尖处聚集或呈索状延伸时,应切检腋下神经丛,并根据切检情况,分别处理。

（1）见腋下神经粗大、水肿呈黄色时,将有病变的神经组织切除干净,肉可用于复制加工原料。

（2）腋下神经丛粗大如板,呈灰白色,切检时有韧性,并生有囊泡,在无色的囊液中浮有杏黄色的核,这种病变见于两腋下,粗大的神经分别向两端延伸,腰荐神经和坐骨神经均有相似病变。应全部做非食用或销毁。

3. 牛的脂肪坏死

在肾脏和胰脏周围、大网膜和肠管等处,见有手指大到拳头大的、呈不透明灰白色或黄褐色的脂肪坏死凝块,其中含有钙化灶和结晶体等。将脂肪坏死凝块修割干净后,肉可不限制出厂（场）。

4. 骨血素病（卟淋沉着症）　全身骨髓均呈淡红褐色、褐色或暗褐色,但骨膜、软骨、关节软骨、韧带均不受害。有病变的骨骼或肝、肾等应做工业用,肉可以作为复制品原料。

5. 白血病　全身淋巴结均显著肿大、切面呈鱼肉样、质地脆弱、指压易碎,实质脏器肝、脾、肾均见肿大,脾脏的滤泡肿胀,骨髓呈灰红色。应整体销毁。

在宰后检验中,发现可疑肿瘤,有结节状的或弥漫性增生的,单凭肉眼常常难于确诊,发现后应将胴体及其产品先行隔离冷藏,取病料送病理学检验,按检验结果再作出处理。

5.**种公牛** 健康无病且有性气味的,不应鲜销,应做复制品加工原料。

6.**有下列情况之一的病畜及其产品应全部做非食用或销毁**

脓毒症;尿毒症;急性及慢性中毒;恶性肿瘤、全身性肿瘤;过度瘠瘦及肌肉变质、高度水肿的。

7.**组织和器官仅有下列病变之一的,应将有病变的局部或全部做非食用或销毁处理** 局部化脓;创伤部分;皮肤发炎部分;严重充血与出血部分;浮肿部分;病理性肥大或萎缩部分;变质钙化部分;寄生虫损害部分;非恶性肿瘤部分;带异色、异味及异臭部分;其他有碍食肉卫生部分。

(五)检验结果登记

每天检验工作完毕,应将当天的屠宰头数、产地、货主、宰前和宰后检验查出的病牛和不合格肉的处理情况进行登记。经过屠宰后检验,冷却肉检验,冷冻牛肉检测,产品出厂检验,牛肉就可以上市了。

第二节 肉牛屠宰方式

肉牛屠宰的方式基本上可分为伊斯兰屠宰法、西方无痛枪击法、肉牛工业化标准屠宰法。

一、伊斯兰的屠宰法

以锋利的刀迅速地在其颈部深深切割,截断颈静脉及颈动脉以及气管和食管,心脏仍然跳动及身体急剧震动(这是脊髓的反射动作),使大量血液涌出身体。

二、西方无痛枪击法

又称头部枪击法,被枪击后的牲畜明显地很快便进入无知觉的状态,心脏仍然跳动,血液涌出身体。

三、肉牛标准屠宰法

肉牛标准屠宰法包括三个步骤:

(一)致昏

致昏的方法有多种,推荐使用刺昏法、击昏法、麻电法。

1.**刺昏法** 固定牛头,用尖刀刺牛的头部"天门穴"(两角连线中点后移3 cm)使牛昏迷。

2.**击昏法** 用击昏枪对准牛的双角与双眼交叉点,启动击昏枪使牛昏迷。

3.**麻电法** 用单干式电麻器击牛体,使牛昏迷(电压不超过200 V,电流为1~11.5 A,作用时间7~30 s)。

以上三种致昏法,致昏要适度,牛要昏而不死。

(二)挂牛

牛挂起来后用高压水冲洗牛的腹部,及肛门周围。用扣脚链扣紧牛的右后腿,匀速提升,使牛后腿部接近输送机轨道,然后挂至轨道链钩上。挂牛要迅速,从击昏到放血之间的时间不超过1.5 min。

(三)放血

从牛后部下刀,横断食管、气管和血管,采用伊斯兰"断三管"的屠宰方法。刺杀放血刀应每次消毒,轮换使用。放血完全,放血时间不少于20 s。

第三节 肉牛胴体等级评定的原则

世界各国与地区牛肉质量评定分级标准的制定均是对牛肉生肉外观质量加以评定分级,一般依据如下原则:

一、市场对牛肉质量需求原则

世界各国政治、经济文化、历史背景、宗教信仰不同,各国市场消费者对牛肉质量需求不同。客观上牛肉生产的原料、品种、年龄、性别、体况、养殖环境与条件不同,产出的牛肉质量也不同。受这两种因素的影响,牛肉生产的产品质量是否符合市场对牛肉质量需求则成了影响牛肉生产效益与发展的制约因素。为提高牛肉生产效益与促进牛肉生产发展,世界各国与地区则依据各自市场牛肉质量需求状况,指定牛肉质量评定分级标准,具体体现在欧共体牛肉质量评定分级标准为趋瘦型,美国、加拿大、澳大利亚、日本、韩国为趋肥型。

二、牛肉共性质量性状及需求程度差异原则

受消费者经济收入、宗教信仰、民族、饮食习惯等差异的影响,各国消费者评价牛肉质量优劣的性状差异很大,但因所在国家和地区政治经济文化背景相同或相近,存在着评价牛肉质量优劣的共性质量性状,并在共性质量性状需求方面存在着需求程度差异。为使牛肉生产产品质量满足各档次消费者对牛肉质量需求,尤其是对共性牛肉质量需求程度,各国牛肉质量评定分级标准均把各档次消费者评价牛肉质量共性性状作为牛肉质量评定分级选择性状并进行不同分级。体现在美国、加拿大根据牛肉脂肪沉积度分别将牛肉分为 8 级、4 级,日本、韩国则根据脂肪沉积度、肉色、脂肪色将牛肉分为 3 类 5 级与 3 类 3 级,欧共体则根据牛胴体肉轮廓与脂肪覆盖度将牛胴体肉分为 5 级。

三、分级图版化原则

限于文字解释常使评定分级人员在文字理解上产生差异、影响评定分级准确性和可操作性较差的状况,各国牛肉质量评定分级标准均采用了质量性状评定分级图版化的方法。

制定肉牛胴体评定标准,对肉牛工业的发展具有指导性作用,将为我国牛肉走向国际市场奠定基础。通过对我国肉牛市场进行调查,

掌握我国肉牛产业发展的特点,明确存在的问题,同时对牛肉分级的必要性和可行性进行论证,从而根据我国肉牛业发展的实际情况,研究出最能反映我国牛胴体质量的指标作为制订标准的基础,并确定我国在制订牛胴体及肉质标准时应考虑的指标,如牛的生理年龄、胴体重、背膘厚等;在制定牛胴体分级标准时,从诸多影响牛胴体质量和牛肉品质的因素中筛选出 3~4 个关键性状,并加以级别量化界定;找出我国牛肉随胴体性状与肉品质性状变化的规律,制订出应用于优质牛肉生产的胴体评定方法和分级标准。

由于我国肉牛品种繁多,各个肉牛品种从体形到肉质都有很大的不同,制订出来的标准要想对所有肉牛品种都适用,必须在标准的基础上得出影响牛胴体质量的回归方程,并确定用于各不同肉牛品种的修正值。

标准应适合于我国黄牛及改良牛生产优质牛肉的等级评定,其核心是胴体质量等级及产量等级的评定方法和标准。质量级主要根据眼肌切面的大理石花纹和生理成熟程度来评定,产量级主要以胴体重、眼肌面积和背膘厚进行预测。标准还应包括优质牛肉生产用的活牛等级评定方法和标准及肉块的分割方法及命名等。用肉色与脂肪色评级图谱评出肉色、脂肪色泽等级;用硫酸纸划出 12~13 肋上方的眼肌面积,用求积仪得出面积值。参照牛肉等级标准,根据眼肌部位大理石花纹、肉色、脂肪色等指标确定胴体质量等级,以 13 块优质分割肉为指标确定胴体产量等级。

第四节　肉牛胴体评定的方法

世界上凡是肉牛业发达的国家均有自己的牛肉等级评定方法和标准,目前在国际上影响较大的是美国和日本的牛肉等级标准,其他比较完善的还有加拿大、欧共体(EEC)牛肉等级标准、澳大利亚牛肉等级标准及韩国牛肉等级标准。这些国家的标准适应各自的国情,各有自己的特色,对本国牛肉生产的发展起到了极大的推动作用,如美国学者就将美国肉牛业的发展现状归功于美国肉牛等级标准的制定和推广应用,以下简单介绍上述国家的标准。

一、美国牛肉等级评定标准

美国是畜牧大国,畜牧业产值占农业总产值的60%,在畜牧业产值中,肉牛业所占比重达到47%。美国肉牛业的发展除了得益于育种和饲养技术的提高外,牛肉分级制起到了至关重要的作用。美国的牛肉分级研究始于1917年,1931年由美国农业部正式推出执行。实行自愿、付费和由农业部雇用的专职分级员(grader)评定这三项原则。开始时仅有0.5%的肉牛参加评定,而现在出售的肉牛有95%做了分级评定。美国原来只有5个肉牛品种,但生产出来的牛肉却千差万别,自从采用牛肉分级制度,美国整体牛肉质量大幅度上升,产品亦趋于一致。现在美国有90多个肉牛品种,但产出的牛肉却比原来整齐了,约有80%的牛肉达到优选级以上。美国对牛肉采用产量级(Yield Grade)和质量级(Quality Grade)两种分级制度,这两种制度可分别单独对牛肉进行定级,也可同时使用,即一个胴体既有产量级别又有质量级别,主要取决于客户对牛肉的需求。美国的牛肉标准由美国农业部颁布,定级亦由美国农业部下属单位执行。产量级标准以胴体出肉率为依据,定义为修整后去骨零售肉量占胴体的比例,可分为1至5级,1级出肉率最高,5级最少。

(一)以胴体质量为依据的分级标准

在确定肉牛胴体等级时,必须考虑两个因素:一是产量级,胴体经修整、去骨后用于零售量的比例,比例大,产量级就高;二是质量级、牛肉品质,包括适口性、大理石花纹、多汁性、嫩度等。阉牛、未生育母牛的胴体等级分为八等:特优、特选、优选、标准、商用、可用、切碎和制罐;公牛胴体只有产量等级,没有质量等级;青年公牛胴体等级分为五等:优质级、精选级、良好级、标准级、可利用级。产量级标准以胴体出肉率为依据,可分为1至5级,1级出肉率最高,5级最低。详见表7-1。

表7-1　美国肉牛产量等级标准

产量级	CTBRC
1	>52.3%
2	50.0% ~52.3%
3	47.7% ~50.0%
4	45.4% ~47.7%
5	<45.4%

产量级的估测主要由胴体表面脂肪厚度,眼肌面积,肾、盆腔和心脏脂肪占胴体的重量(KPH%)以及热胴体重量这四个因素决定。

(二)以牛肉品质为依据的分级标准

美国牛肉的品质等级评定主要依据大理石纹和生理成熟度(年龄),见表7-2,依此将牛肉分为七个等级。其中大理石花纹是由第12~13肋骨处横切的眼肌面积中脂肪厚度来确定的,以标准板为依据,分为丰富、适量、适中、少、较少、微量和几乎没有这七个级别。生理成熟度由年龄决定,年龄越小肉质越嫩,级别越高,共分为 A,B,C,D,E 五级。A 级为9至30月龄;B 级为30至42月龄;C 级为42至72月龄;D 级为72至96月龄;96月龄以上为 E 级。

表7-2　大理石纹、生理成熟度和胴体质量等级间的关系

大理石纹等级	生理成熟度				
	A	B	C	D	E
丰富	特等		育售		
适量					
适中	优等				
少			可用		
较少	优良				
微量					
几乎没有	标准		切碎		

（三）美国对牛肉胴体等级标准的修订

1. 引入胴体坚挺度的内容

在根据牛肉大理石状程度和成熟度这两项指标确定不同屠宰年龄的肉质等级时,要加上肉块的坚挺度,见下图。如大理石状程度稍丰厚与 A 级成熟度的肉必须是适度坚挺的,这在原标准中没有规定。又如成年牛,即 42 月龄以后的屠宰牛,大理石状程度在轻度级以下,牛肉出现水样或软的质地,为次低级,使等级与销售的关系更符合实际。

表7－3　改进的美国农业部胴体牛肉等级标准

大理石状程度	成　熟　度				
	A	B	C	D	E
稍丰厚	特级(适度坚挺)	(坚挺)		市售	(坚挺)
适度	精选		(稍坚挺)		
中等	(稍软)	(稍坚挺)			
少量				加工	(稍坚挺)
轻度	良好在(适度软)		(湿度软)		
微量	合格				
实无脂	(软)		(软)(水样)	次低级	(水样)

（引自美国《牛胴体修订标准》,1997）

2. 引入整个胴体脂肪覆盖度的分值表达法

以整个胴体表面脂肪覆盖是否全面和有关部位脂肪层的厚薄为依据,提出 4 个档次的分值。具体如下:

4.9 分:整个胴体外表被脂肪覆盖。其中:腰部、肋部、后躯内侧的脂肪层厚度适中;臀部、腰角部、颈部的脂肪层厚,但胫、胁和肋下部的肌肉依然可见;腹胁部、阴囊部的脂肪层很厚。

3.9 分:整个胴体外表被脂肪覆盖。其中,腰部、肋部、后躯内侧的脂肪层较厚;臀部、腰角部、颈部的脂肪层适中,但颈下部和后躯内侧下部的肌肉可见;腹胁部、阴囊部的脂肪层稍厚。

2.9 分。整个胴体外表几乎被脂肪覆盖。其中:腰部、肋部、后躯内侧的脂肪层稍薄;臀部、腰角部、颈部的脂肪层稍厚;但后躯外侧、鬐甲上部和颈下有整片肌肉可见;腹胁部、阴囊部的脂肪层稍厚。

1.9 分。胴体许多部位上肌肉都可见。其中:腰部、肋部、臀部、颈部脂肪层薄;后躯外侧、鬐甲顶部和颈下脂肪层很薄;腹胁部、阴囊部的脂肪层稍好。

(3)引入肉色标记

在牛肉颜色上用一系列字母来表示红肉的不同深浅程度,为售价提供依据。具体的有:P—鲜红、C—尚鲜红、G—稍红、S—稍暗红、CM—中等暗红、U,CU—暗红到很暗。以上自 P 到 S 的 4 种为 A 级,而 CM 和 U、CU 3 种根据其光泽各自可划为 C 级或 E 级。

除以上 3 种外,还对骨化程度和肌肉粗糙程度用字母做标记,对牛胴体质量进行更细的划分等。这些动向都值得我们在制定本国的牛胴等级标准时参考。

二、日本牛肉等级标准

自 1979 年日本肉品等级协会公布修订的牛肉胴体分级规格以后,极大地促进了肉牛业生产,使日本牛肉消费量急剧增加。在 1988 年 4 月日本肉品等级协会对原有的胴体分级标准又做了重大的修改。

(一)现行分等标准的特点

现行分等标准是经过 1985 年提出的方案修正的,其修正内容涉及三方面:

1. **引入"产量等级"概念**　提出一个回归公式,按百分率表示,分成 A、B 和 C 三等。

2. **修正"质量评分"**　第一是放宽每个大理石状等级的最低要求范围;第二是根据以上放宽的情况修正每一项评分值,将其划分为 5 等。

3. **统一肋间切开部位**　全日本统一,按第 6 肋和第 7 肋间的断面做测定。

4. 等级划分和等级特征的变更 共分成 15 级。

(二)产量等级评定

产量评分用多重回归公式来估测，以百分率表示。公式为：

产量估测百分率（%）= 63. 37 +（0. 130 × 眼肌面积 cm²）+（0. 677 × 肋侧厚 cm）+（0. 025 × 左冷半胴重 kg）-（0. 896 × 皮下脂肪厚 cm）

求测的胴体的项目有四项。即：

1. 第 6 肋与第 7 肋间背最长肌的眼肌面积，用平方厘米表示，用方格纸或尺量；

2. 肋侧厚度，用厘米表示；

3. 左胴重，用千克表示；

4. 皮下脂肪厚，用厘米表示。

如果被测的胴体是和牛的话，另加 2. 05 分。当肌肉间脂肪太厚，与左胴重或眼肌面积相比极不相称；或者后臀太小，或形成前四分体与后四分体明显不相称时，有以上两种情况之一者，产量等级要下降一档。

产量评分可分成三等，分 A、B 和 C，如下表：

表 7 -4 产量等级表

等级	产量估计百分率标准	比率特点
A	72% 和 72% 以上	总产量切块高于平均值
B	69%，69% 以上到 72% 以下	平均范围内
C	69% 以下	低于平均范围

（引自《最新日本牛肉胴体标准》，1988）

产量百分数 72% 以上的为 A 级，69% ~ 72% 为 B 级，69% 以下为 C 级。

(三)肉质的等级

肉质等级评分取决于①牛肉大理石状；②肉质光泽、明亮度；③坚挺度和质地;④脂肪颜色和光亮度四个指标。每个指标均分为 5 级,大理石纹愈丰富愈好,从 1 级(微量)到 5 级(丰富);肉的颜色从 1 级(劣等)到 5 级(很好)。除肉的质地主要靠评审者肉眼判断外,其他指标都依照标准板评判。肉质的最后定级是以四个指标中最低一个确定的,由 1 级(最差)到 5 级(最好)。结合产量级和肉质评分最后得出质量的综合得分,可将牛胴体分为 15 个等级。

具体内容包括:牛肉大理石状,根据肌间脂肪的交杂情况分成十二个等级,设有专门的等级标准图。肉的颜色和光泽,共五个等级,其中肉色用肉色颜色标准(B、C、S)评出,设有七个等级;光泽凭肉眼看,然后将两者综合起来考虑得出肉色和光泽的等级。肉的质地和坚挺度,共五个等级,其中均用肉眼对两因子作评定,各按五个等级划分,然后将两者综合,得出最终评分;脂肪的颜色和质地,共五个等级,其中脂肪的颜色用牛肉脂肪标准(B、F、S)评定,共分为七档;脂肪光泽和质地由目测决定,以综合评定来划分等级。最后方法是按四项的五个级别中最低一项作为肉质级别,表示方法为 1、2、3、4、5,代表肉的级别。

1. **牛肉大理石状**　据日本市场调查结果,大部分牛胴体的大理石状分布程度介于 1 - 和 1 分之间,这个分值范围属于 3 等。市场上约有 40% 牛胴体处于这个范围内。根据这个结果,在 5 等级中,分布于中间范围的大理石状应该是等级 3。按照新的日本大理石状分成 12 个等级的标准,按其连续系列排列为表 7 - 5。

表 7 - 5　大理石状评定标准

等级	大理石状评定标准	牛肉大理石状标准
5 优	2 + 和 2 + 以上	No. 8—No. 12
4 良	1 + 到 2	No. 5—No. 7
3 中	1 - 到 1	No. 3—No. 4
2 可	0 +	No. 2
1 劣	0	No. 1

(引自《最新日本牛肉胴体标准》,1988)

　　12 个等级与评定标准之间有自然的联系,可用表 7 – 6 来排列其交互关系(图 7 – 1)。

表 7 – 6　评定标准与等级的关系

大理石状标准	No.1	No.2	No.3	No.4	No.5	No.6	No.7	No.8	No.9	No.10	No.11	No.12
评定标准	0	0⁺	1⁻	1	1⁺	2⁻	2	2⁺	3⁻	3	4	5
新等级	1	2	3			4				5		
旧等级		平		中			上		高		特选	

(引自《最新日本牛肉胴体标准》,1988)

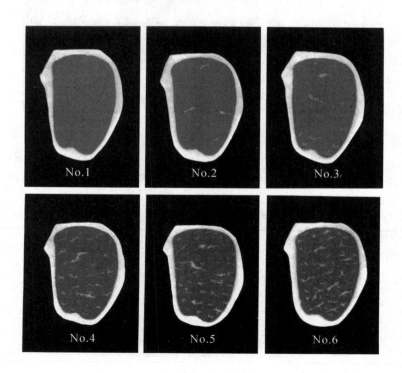

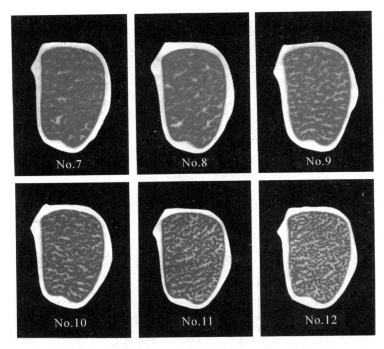

图7-1 大理石状评定标准

2. **肉的颜色和光泽**：在此项目中，肉色用牛肉颜色标准（B. C. S）评出（彩图43），计有7个连续等级，光泽凭肉眼观看，然后将两者综合起来考虑，得出等级（表7-7）。

表7-7 肉色和光泽等级划分

等级	B. C. S 色级	光泽
5 优	No. 3—No. 5	优
4 良	No. 2—No. 6	良
3 中	No. 1—No. 6	中
2 可	No. 1—No. 7	可
1 劣	除第 No. 5 到 No. 2 以外的	

（引自《最新日本牛肉胴体标准》，1988）

图7-2 牛肉颜色标准

3. **肉的质地和坚挺度:**在这个项目中用肉眼对这两个因子作评定,各按5个等级划分,然后将两者综合考虑,得出最终评分,其标准见表7-8。

表7-8 坚挺度和肉质的分级表

等级	硬挺	质地
5	优	很细
4	良	细
3	中	一般
2	可	较粗
1	劣	粗

(引自《最新日本牛肉胴体标准》,1988)

4. **脂肪的颜色和质地:**在这个项目中,脂肪的颜色用牛肉脂肪标准(B.F.S)评定,共分为7档(彩图44)。一般的牛肉,其颜色在No.1到No.6之间,列为3等或3等以上。而脂肪光泽和质地由目测决定,由一个综合评价来划定等级。最后由这三个因子决定综合分(表7-9)。

表7-9 脂肪颜色与光泽和质地评分表

等级	颜色	光泽和质地
5 优	No.1—No.4	优
4 良	No.1—No.5	良
3 中	No.1—No.6	中
2 可	No.1—No.7	可
1 劣	除第5~2以外的各级	

(引自《最新日本牛肉胴体标准》,1988)

图7-3 牛肉脂肪标准

5. 牛肉质量等级的综合评定：在获得以上项目的各自得分后，将其汇总到一起，按其中最低的等级确定质量等级（表7-10）。

表7-10 质量综合得分

肉质等级分	大理石状	肉的色泽	肉质及硬挺	脂肪色泽和质地
3	4	4	3	4

（引自《最新日本牛肉胴体标准》，1988）

（四）胴体的最终评分

按照胴体的产量评分和肉质评分，合成能同时标志两者等级的合成分。产量分用英文字母，肉质分用阿拉伯数字（表7-11）。

表7-11 胴体最终评分

肉质得分 产量评分	5	4	3	2	1
A	A5	A4	A3	A2	A1
B	B5	B4	B3	B2	B1
C	C5	C4	C3	C2	C1

（引自《最新日本牛肉胴体标准》，1988）

若产量等级得 B，质量等级得 3，按表 10 为 B3。然后在牛胴背侧按该标志打上蓝戳印。

缺陷的标记。由于饲养管理不当，胴体上会有各种各样的缺陷，此时就在等级戳印的右边打上标记。按不同的瑕疵类别打上相应的

符号,如肌肉出血用"ァ"(音阿),水肿用"ィ"(音衣),肌肉用"ゥ"(音乌),外伤用"エ"(音爱),缺损用"ォ"(音奥),其他用"カ"(音卡)。

三、加拿大的牛肉等级标准

加拿大的肉牛胴体评定标准研究工作始于 1929 年,但直到 70 年代初,加拿大农业部和全加养牛协会组织专家,对肉牛胴体生产与市场销售等级进行调查与研究,才制订出新的"肉牛胴体评定标准",并于 1972 年在全加正式颁布执行。按新标准将牛胴体划分为 3 类 5 等15 级。"类"的划分主要依据屠宰年龄:2 岁以下,特别是 1 岁龄左右的公牛和青年阉牛划归为 M1 类;2 ~ 4 岁,生长速度大大降低了的牛只划归为 M2 类;5 岁以上牛只胴体划归为 M3 类。而在"类"的范畴之中又按肉色、脂色脂量肌肉发育和胴体完整程度再细分为不同的"等"和"级"(表 7 - 12)

表 7 - 12 　加拿大牛肉胴体等级划分简表

类别	M_1			M_2		M_3
等级	A	B	C	D		E
	$A_1\ A_2\ A_3\ A_4$	$B_1\ B_2\ B_3 B_4$	$C_1\ C_2$	$D_1\ D_2 D_3 D_4$		E

其中最高级为 A 等和 B 等,根据测量胴体第 11 至第 12 肋骨处的背部脂肪厚度分为四级(A1 A2 A3 A4 级),这样也可通过等级反映出背最长肌的瘦肉量。那些成年牛的胴体一般评分 C 等,奶牛胴体为 D等,可根据肌肉发育程度和质量再细分。加拿大 A 等标准主要包括:肉色鲜红,牛肉纹理细致、结实,大理石花纹适当,脂肪色泽呈白色或琥珀色,脂肪质地具有一定的硬度,胴体表面脂肪覆盖好,胴体表面无明显缺损等。其产量通过体重和脂肪量来估测,在每个等级中,合适的脂肪量的范围取决于胴体重,然而在体型结构和大理石纹上仅做很小的要求,但胴体和肉品明显的外观因素不能忽略。

表 7 – 13　加拿大牛肉等级体系中各等级范围内第 11 至 12 肋骨间背部脂肪厚

热胴体重（磅）	脂肪厚度（英寸）			
	A 等			
300 ~ 499	0.20 ~ 0.30	0.31 ~ 0.50	0.51 ~ 0.70	0.70 以上
500 ~ 699	0.20 ~ 0.40	0.41 ~ 0.60	0.61 ~ 0.80	0.80 以上
700 及其以上	0.30 ~ 0.50	0.51 ~ 0.70	0.71 ~ 0.90	0.90 以上
	B 等			
300 ~ 499	0.10 ~ 0.30	0.31 ~ 0.50	0.51 ~ 0.70	0.70 以上
500 ~ 699	0.10 ~ 0.40	0.41 ~ 0.60	0.61 ~ 0.80	0.80 以上
700 及其以上	0.20 ~ 0.50	0.51 ~ 0.70	0.71 ~ 0.90	0.90 以上

　　加拿大的牛肉等级体系结合质量和数量两方面形成,其融合了现代肉牛等级体系中所有的重要特征,同时保留了本身简明性的特点。作为世界上最精确最现代的等级体系,在为牛肉生产者确定市场动态和满足消费者的需求方面发挥着重要作用。

四、欧洲经济共同体等级标准

　　欧洲经济共同体交流频繁,1975 年就建立了通用的牛胴体分级标准。这个指标由两个方面的指标构成,一是体型结构,二是膘度(胴体的脂肪覆盖度)。体形结构用字母表示:E、U、R、O、P(分别为优、良、中、可、劣);膘度用数字表示:5、4、3、2、1,分值高则膘厚。胴体形状是根据其纵剖面(沿脊柱切为两半)的形状(即长度和宽度之比)以及肌肉的发育程度进行评定;胴体脂肪的分级是根据胸腔内部的脂肪数量以及皮下脂肪的覆盖程度来进行评定的。进行评定时,胴体先按其形状分级以后,再根据胴体脂肪的等级来分类。此外,根据市场的实际需要,每一个基本等级可以进一步区分为若干个次等级,如+ U、U、U － , + O、O、O － 等。

按照上面两个方面的评定标准,确定某胴体等级,如 U4 以上为理想,而 P2、P1 为差和很差(如表 7 – 14)。

表 7 – 14 欧共体胴体质量分析表

肉质得分等级	1	2	3	4	5	总计
优(E)	–	0.1	0.1	0.1	–	0.3
良(U)	0.1	0.5	1.2	0.9	0.3	3.0
中(R)	0.3	2.3	6.1	4.3	1.0	14.0
可(O)	0.1	0.8	2.2	2.3	0.9	6.3
劣(P)	0.2	0.7	2.0	2.0	0.8	5.7
总计	0.7	4.4	11.6	9.6	3.0	29.3

欧共体所采用的肉牛胴体形状分级标准和肉牛胴体脂肪分级标准如下表。

表 7 – 15 EEC 肉牛胴体形状分级标准(胴体倒挂)

胴体形状分级	胴体半面、胸背腰发育状况的描述	某些特定部位的补充规定
优(E)	整个表面十分突出,肌肉特别发达	大腿:十分圆 背部:直到肩胛均宽而厚 胸:十分圆 鬐甲:明显扩展 肩部:十分圆
良(U)	侧面全部凸起,肌肉发育很好	大腿:圆 背:直到肩胛宽而厚 胸:圆 鬐甲:明显扩展 肩:圆

胴体形状 分级	胴体半面、胸背腰 发育状况的描述	某些特定部位的补充规定
中(R)	半边胴体直， 肌肉发育好	大腿:发育好 背:厚,但胸部欠宽 胸:发育较好 鬐甲:稍圆 肩:稍圆
可(O)	半边胴体直而微凹， 肌肉发育中等	大腿:发育中等偏下 背:中等厚度或厚度不够 胸:中等发育或平板胸 肩:很直
劣(P)	整个胴体的半面外侧 十分凹陷,肌肉发育差	大腿:发育很差 背:狭窄并可看到骨骼 胸:平,可以看到骨骼

表 7–16　ECC 肉牛胴体脂肪分级标准

脂肪覆盖	脂肪在胴体数量	胸腔及大腿脂肪数量
1.无	没有一点脂肪覆盖	胸腔内部无脂肪
2.少量	少量脂肪覆,肌肉到处可见	胸腔内部、肋骨之间肌肉明显可见
3.中等	除腰部及胸部而外,几乎到处都覆盖着脂肪,胸腔有少量脂肪沉积	在胸腔内部、肋骨之间仍然可以看到肌肉
4.多	肌肉为脂肪所覆盖,但在大腿部及胸部仍然可以部分地看到肌肉,胸腔内明显沉积脂肪	大腿部的脂肪明显突出 同时在胸腔内部、肋骨之间的肌肉中渗透脂肪
5.极多	整个胴体都为脂肪覆盖,大量脂肪沉积在胸腔中	大腿几乎全被脂肪覆盖;看不到任何缝隙;在胸腔内部及肋骨之间的肌肉全部渗入了脂肪

五、澳大利亚牛肉分级标准

澳大利亚原来没有统一的、正式的牛肉分级标准,只是对与肉质有关的指标如性别、年龄、重量、大理石纹、肉色、脂肪色等进行描述或进行等级划分。如肌肉颜色由浅到深分为 7 级;大理石纹由少到多分为 7 级;对指标只进行分级或描述,而不规定哪一种好消费者可根据自己的需要自行判别和选择。

目前其他所有国家的标准都是针对胴体进行分级,而澳大利亚是对每一分割肉块进行分级,其标准中所包括的内容有胴体重、脊椎横突软骨末端的骨化程度、瘤牛血液所占的比重、胴体排酸时的吊挂方式、性别、大理石花纹、背膘厚、肉色、最终 pH、成熟天数等指标。将这些指标按一定的公式计算最终可得到一个综合的值,根据计算所得到的值即可判断每块肌肉的等级。此外,标准中对每一等级的肉还规定了适宜的烹调方法。

六、韩国牛肉分级标准

韩国的肉牛业也是近年来随着韩国经济的腾飞、牛肉消费量的剧增而迅速发展起来的,其主要的品种是韩牛。韩国从 1992 年才开始在肉牛业生产中,采用肉牛胴体等级评定标准。其牛肉等级标准也是分为质量级和产量级两部分。质量级中包括的指标主要有:大理石花纹、肉色、脂肪色等,根据这些指标的等级最后综合打级。产量级也是以公式来预测胴体产肉率,包括的指标有胴体重、眼肌面积和背膘厚。其公式如下:肉量标准指数(%)= 74.8 − (2.001 × 背脂肪厚度 cm) + (0.075 × 背最长肌断面积 cm^2) − (0.014 × 胴体重 kg),肉用韩牛的肉量标准指数加算 1.58。

表 7 − 17　韩牛胴体等级标准

肉量等级	肉质等级		
	1	2	3
A	A − 1	A − 2	A − 3
B	B − 1	B − 2	B − 3
C	C − 1	C − 2	C − 3

七、中国牛肉等级标准

中国牛肉等级标准经过南京农业大学、中国农科院畜牧所和中国农业大学三家单位科研工作者"九五"期间大规模的试验研究初步制定出来,在由南京农业大学承担的国家首批农业科技跨越计划项目的实施过程中得到了进一步的验证、修改和完善。该标准现已通过了国家农业部组织的专家评审,颁布为国家农业行业标准。该标准既符合中国国情又能与国际接轨,以胴体等级评定标准为核心,辅以活牛等级评定标准和分割肉块命名标准及肉块分割方法,标准的制定填补了中国在牛肉等级评定标准方面的空白。

中国牛肉等级评定包括胴体质量等级评定和产量等级评定。质量等级评定是在牛胴体冷却排酸后进行,以 12 ~ 13 脊肋处背最长肌截面的大理石花纹和牛的生理成熟度为主要评定指标,以肉色、脂肪色为参考指标。根据眼肌横切面的肌间脂肪的多少将大理石花纹等级划分为肌间脂肪极丰富为 1 级,丰富为 2 级,少量为 3 级,几乎没有为 4 级,介于两者之间设为 0.5 级(如介于 1、2 级之间为 1.5 级)。根据脊椎骨(主要是最后三根胸椎)棘突末端软骨的骨质化程度和门齿变化情况将生理成熟度分为 A、B、C、D 和 E 五个级别(表 7 - 18)。肉色和脂肪色分别设有 9 个级别,其中肉色以 3、4 两级为好,脂肪色以 1、2 两级为好。胴体质量等级按牛肉质量等级图,根据大理石花纹和生理成熟度将牛胴体分为特级、优一级、优二级和普通级 4 个级别,大理石花纹越多,生理成熟度越小,即年龄越小,牛肉级别越高。此外,可根据肉色和脂肪色对等级做适当调整。

胴体产量等级标准的评定以分割肉(共十三块)重为指标,由胴体重和眼肌面积来确定:

Y(分割肉重) = 5.9395 + 0.4003 × 胴体重 + 0.1871 × 眼肌面积

牛胴体产量等级由十三块分割肉重确定,按十三块肉重的大小将产量等级分为 5 级:分割肉重大于 131 kg 为 1 级;介于 121 kg 至 130 kg 之间为 2 级;介于 111 kg 至 120 kg 之间为 3 级;介于 101 kg 至 110 kg 之间为 4 级;小于 100 kg 为 5 级。十三块分割肉重可根据热胴体重、预冷后 12～13 肋间的眼肌面积和背膘厚度进行预测。

表 7 - 18　生理成熟度与骨质化程度、门齿变化的关系

生理成熟度	A	B	C	D	E
	24 月龄以下	24～36 月龄	36～42 月龄	42～72 月龄	72 月龄以上
门齿变化	无或出现第一对永久门齿	出现第二对永久门齿	出现第三对永久门齿	出现第四对永久门齿	永久门齿磨损较重
荐椎	明显分开	开始愈合	愈合但有轮廓	完全愈合	完全愈合
腰椎	未骨化	点骨化	部分骨化	近完全骨化	完全骨化
胸椎	未骨化	未骨化	小部分骨化	大部分骨化	完全骨化

　　中国目前的标准主要是牛胴体通用等级标准,还没有建立小牛肉和分割肉块的质量等级评定标准和方法。由于小牛肉的肉质、颜色等指标与成年牛胴体肉存在较大的差异,因此不能用成年牛胴体等级标准来衡量小牛肉的品质。澳大利亚、加拿大以及欧共体等牛肉生产国都有小牛肉的分级标准。例如,加拿大将去皮后胴体重不满 150 kg 的牛胴体归为小牛胴体肉,根据肉色、肉质和脂肪厚度来对小牛肉进行分级。小牛胴体肉质良好并有少许乳白色脂肪的被列为加拿大 A 级;肉质次等且脂肪过厚的小牛胴体被列为加拿大 B 级;不如 B 级的则列为 C 级。然后对所有小牛胴体再以肉色来分级,评级员根据比色卡将肉色分为四个颜色等级。最佳品质的加拿大小牛肉来自 A1 级胴体,最差品质的加拿大小牛肉产自 C4 级胴体。同一胴体的不同部位分割肉块并不会具有相同的食用品质。据统计,同一胴体不同部位肉食用品质的差异是不同胴体同一部位肉食用品质差异的 60 倍,因此,迫切需要在胴体分级的基础上进一步确定各分割肉块的等级。

　　目前,国内外牛肉评级还是采用主观评定的方法对大理石花纹、肉色、脂肪色等指标进行评定。不同的人评级的结果不同,主观性较强,容易造成评定等级的不一致性,因此许多国家的学者和专家正在

积极地寻求一种客观的手段来衡量牛肉品质,确定牛肉等级。加拿大最近正在开发牛胴体评级计算机图像系统(CVS),该系统可以利用胴体整体图像来分析胴体组成,还可以分析 12～13 脊肋眼肌截面处图像以获得大理石花纹信息等。美国也正在开发计算机自动分级系统,利用图像法、实时超声波技术、超声波弹性法、探针法及近远红外分光法来测定大理石花纹、肉色、脂肪厚度、眼肌面积和宰后一天的剪切力值等指标,用以客观评定牛肉等级。最近澳大利亚开发出一种评级系统,输入指定的参数,如悬挂方式、性别、胴体重、生理成熟度、大理石花纹得分、最终的 pH 和成熟天数等,该系统就会给出所分析的胴体及各分割肉块的食用品质等级,并给予相应的烹饪方式建议。中国目前也正在研究开发计算机自动评级系统,将图像处理技术、超声波技术等与微电脑技术结合,实现评级的客观性和一致性。

第五节　牛肉等级及各部位名称

中国现代肉牛业于 20 世纪 80 年代进入较快的发展期之前,与英、法、德、意等国已有一百多年的交流历史。牛胴体不同部位之间的肉质存在着较大的差别,这主要与各部位肉中所含胶原蛋白的含量不同有关。因此,若将整个胴体的肉不分部位,则不能满足不同消费者对不同牛肉质量的需求。胴体分割是根据肉用标准的要求进行,根据肉质可分为以下 4 个级别:

1 特优肉:包括里脊;

2 高档肉:包括上脑、眼肉、西冷共 3 个部位肉;

3 优质肉:包括嫩肩肉、小米龙、大米龙、膝圆、针扒、尾龙扒共 6 个部位肉;

4 一般肉:包括腱子肉、胸肉、腹肉共 3 个部位肉。

胴体分割应把握以下几个原则:部位准确,操作严格,划分细致,块型美观,低温分割,消毒彻底,包装精致。

现将同一切块不同名称列于表 7－19,以便牛胴体的分割。

表7-19　牛胴体切块名称对照

序号	名称	同块异名、异块同名、误译名	英文
1	里脊	牛柳、菲力、腓力	tenderloin
2	外脊	西冷、纽约克、后腰通脊肉	striploin
3	眼肉	沙朗、肋眼肉	ribeye
4	上脑		highrib
5	嫩肩肉	肩胛里肌、黄瓜条、牛前柳	chuck tender
6	小米龙	后腿眼肉、鲤鱼管、针扒、黄瓜条、银边	eyeround
7	大米龙	外侧后腿板肉、外侧眼肉、黄瓜条、烩(牛)扒	outside flat
8	膝圆	霖肉、和尚头、牛后腿肉、股肉、牛霖	knuckle
9	臀肉	针扒、上内侧臀肉、上后腿肉、米龙、股内肉	topside
10	荐腰肉	牛臀肉、腰脊臀肉、上后腰脊肉、腰肉、尾龙扒	rump
11	胸肉	牛腩、前胸肉	brisket
12	腹肉	胁腹肉、胁排、牛腩、元霖片	short plate,feank
13	腱子肉	牛前(含后小腿肉时,统称腱子肉)、牛钱展、金钱展、小腿肉、牛月展	shin/shank

第六节　肉牛胴体分割方法

　　牛胴分割的部位在各类性能的牛上是大体相同的。但是由于各部位肉块的性能不全相同,也出现不同的分割法。例如:安格斯牛以高丰富度的大理石状背部肉提供分割肉,皮埃蒙特牛以其肩肉、厚实的肋排、大块的霖肉、烩牛扒(大米龙)和针扒(小米龙)提供分割肉。

目前,我国尚未制定出牛胴体分割标准,就以港澳冻牛肉分割、秦川牛胴体分割及普通肉牛胴体分割法为例介绍肉牛胴体分割方法。

一、港澳冻牛肉分割

(一)牛展(小腿肉) 前腿牛展,取自牛前腿肘关节至腕关节精肉;后腿牛展,取自牛后腿膝关节至跟腱处精肉。

(二)牛前(颈背部肉) 取自牛 12~13 肋间靠背最长肌下缘处直向颈下切,但不切到底部的精肉。

(三)牛胸(胸部肉) 取自牛的牛前,顺直线切下与后胸未切割部分离所余下的精肉。

(四)西冷(腰部肉) 自牛第 5~6 腰椎处切断,沿背最长肌下缘切开的上部精肉。

(五)牛柳(里脊肉) 带里脊头的完整里脊条。

(六)牛腩(腹部肉) 自牛第 1 肋骨断开处至后腿肌肉前缘,上沿腰部西冷下缘切开的精肉。

(七)针扒(股内肉) 自牛的沿缝匠肌前缘连接间膜处分开,含有股薄肌、缝匠肌和半膜肌的精肉。

(八)膝圆肉 为牛的股四头肌,俗称和尚头。

(九)尾龙扒(荐臀肉) 自牛的沿半腱肌上端至髋骨结节处,与脊椎平直切断的上部精肉。

(十)会牛扒(股外肉) 取自牛的沿半腱肌上端至髋骨结节处,与脊椎平直切断的下部精肉。

(十一)三角肌肉(三角肉) 取自牛股阔筋膜张肌。

(十二)牛碎肉(碎肉) 为牛分割修割后剩余的小块精肉(重量不限)。

二、秦川牛胴体分割

（一）胴体生产规范

1. 放血。

2. 剥皮。

3. 去除消化、呼吸、排泄、生殖及循环系统的内脏器官。

4. 胴体修整的步骤：

（1）在枕骨与第一颈椎骨之间垂直切过颈部肉将头去除。

（2）在腕骨与膝关节间切开去除前蹄，跗骨与跗关节间切开去除后蹄。

（3）在荐椎和尾椎连接处去掉尾。

（4）贴近胸壁和腹壁将结缔组织膜分离去除。

（5）去除肾脏、肾脏脂肪及盆腔脂肪。

（6）去除乳腺、睾丸、阴茎以及腹部的外部脂肪，包括腹脂、阴囊和乳腺脂肪。

（二）肉块分割与修整操作规范

胴体分割根据分割精细程度的不同要求，分为四分体带骨分割和部位肉的去骨分割两部分。

1. 四分体带骨分割

（1）从脊椎骨中间将牛体纵向劈开分成二分体。操作时自胴体尾根部开始，沿脊椎骨正中间直到顶端，用刀将背部肉割开割透，再以专用的劈半电锯沿脊椎骨正中垂直劈开，将胴体分成两半。

（2）对悬挂的二分体紧贴在第 11～12 肋之间，用刀将二分体割开形成四分体。

2. 部位肉的去骨分割（详见图 7-4）。

四分体按图上部分进一步分割而成的部位肉（剔净牛骨）共 14 块，具体分割与修整操作如下：

（1）牛柳 牛柳也叫里脊，即腰大肌。分割时先剥皮去肾脂肪，沿耻骨前下方把里脊剔出，然后由里脊头向里脊尾，逐个剥离腰横突，取下完整的里脊。

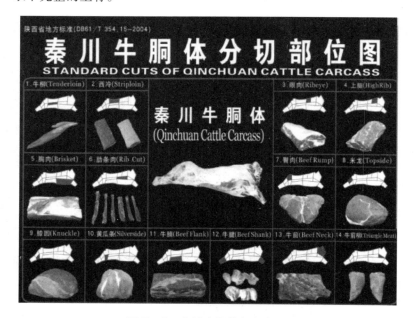

图7-4　秦川牛胴体部位名称

　　修整时,必须修净肌膜等疏松结缔组织和脂肪,保持里脊头完整无损。保持肉质新鲜,形态完整。

　　(2)西冷　西冷也叫外脊,主要是背最长肌。分割时先沿最后腰椎切下,再沿眼肌腹壁侧(离眼肌5~8 cm)切下,并逐个将胸、腰椎剥离。

　　修整时,必须去掉筋膜、腱膜和全部肌膜。保持肉质新鲜,形态完整(图中为西冷正反面)。

　　(3)眼肉　眼肉主要包括背阔肌、肋最长肌、肋间肌等。其一端与外脊相连,另一端在第5~6胸椎处。先剥离胸椎,抽出筋腱,然后在眼肌腹侧距离为8~10 cm处切下。

　　修整时,必须去掉筋膜、腱膜和全部肌膜。同时,保证正上面有一定量的脂肪覆盖。保持肉质新鲜,形态完整。

（4）上脑　上脑主要包括背最上肌、斜方肌等。其一端与眼肉相连，另一端在最后颈椎处。分割时剥离胸椎，去除筋腱，在眼肌腹侧距离为 6~8 cm 处切下。修整时，必须去掉筋膜、腱膜和全部肌膜。保持肉质新鲜，形态完整。

（5）胸肉　胸肉即胸部肉，在剑状软骨处，随胸肉的自然走向剥离，取自上部的肉即为牛胸肉。修整时，去净脂肪、软骨、骨渣。保持肉质新鲜，形态完整。

（6）肋条肉　肋条肉即肋骨间的肉，沿肋骨逐个剥离出条形肉即可。

修整时，去净脂肪、骨渣，保持肉质新鲜，形态完整。

（7）臀肉　臀肉也叫尾龙八，主要包括半膜肌、内收肌、股薄肌等。分割时沿半腱肌上端至髋骨结节处，与脊椎平直切断上部的精肉即是臀肉。

修整时，去净脂肪、肌膜和疏松结缔组织。保持肉质新鲜，形态完整。

（8）米龙　米龙又叫针扒，包括臀股二头肌和半腱肌，又分为大米龙、小米龙。分割时沿肌肉块的自然走向剥离。修整时必须去掉脂肪和疏松结缔组织。保持肉质新鲜，形态完整。

（9）膝圆　膝圆又叫霖肉或和尚头，主要是臀股四头肌。当米龙和臀肉取下后，能见到一块长圆形肉块，沿自然筋膜分割，很容易得到一完整的肉块就是膝圆。修整时，去净膝盖骨、脂肪及外露的筋腱、筋头，保持肌膜完整无损。保持肉质新鲜，形态完整。

（10）黄瓜条　黄瓜条也叫会牛扒，分割时沿半腱肌上端至髋骨结节处与脊椎平直切断的下部精肉。修整时，去掉脂肪、肌膜、疏松结缔组织和肉夹层筋腱，不得将肉块分解而去除筋腱。保持肉质新鲜，形态完整。

（11）牛腩　分割时自第 11~12 肋骨断面处至后腿肌肉前缘直线切下，上沿腰部西冷下缘切开，取其精肉。修整时，必须去掉外露脂肪，淋巴结，保持肉质新鲜，形态完整。

（12）牛前　牛前修整时，必须去掉外露血管、淋巴结、软骨及脂肪，保持肉质新鲜，形态完整。

（13）牛前柳　也叫辣角肉，主要是三角肌。分割时沿眼肉横切面的前端继续向前分割,可得一圆锥形的肉块,即是牛前柳。修整时,必须修掉脂肪、肌膜和疏松结缔组织。保持肉质新鲜,形态完整。

(14)牛腱　牛腱分为牛前腱和牛后腱。牛前腱取自前腿肘关节至腕关节处的精肉,牛后腱取自后腿膝关节至跟腱的精肉。修整时,必须去掉脂肪和暴露的筋腱,保持肉质新鲜,形态完整。

三、普通肉牛胴体分割

牛柳(里脊)

将两分体切成四分体(沿第 12 ~ 13 胸椎切割),并剥去肾及肾周围脂肪,然后分割下列肉块。

沿耻骨的前下方把里脊头剔出,由里脊头向里脊尾逐个剥离腰椎横突,取下完整的里脊,并进行修整。

1. 带脂肪带里脊附肌,留里脊表层肌膜,修去分割时的碎肉块,保留脂肪及里脊附肌。

2. 不带脂肪不带里脊附肌,修去脂肪及里脊附肌,保留里脊表层肌膜,修去分割时的碎状肉块。

3. 西冷(外脊)

西冷的一头为胸肋第 12 ~ 13 节处,另一头为最后腰椎。分割步骤:沿最后腰椎切下,从背最长肌腹侧(距眼肌 5 ~ 8 cm)用切割锯切下,在 12 ~ 13 胸肋处切断胸椎;逐个把胸椎、腰椎剥离,剥离时刀刃紧贴胸骨和横突。

西冷修整:

(1)修去西冷腹侧的碎块小肉。

(2)修去西冷背面(脂肪面)血污点,如背脂厚度超过 10 ~ 20 mm 时,修正为背脂厚 10 mm。

(3)在西冷的前端(12 ~ 13 胸肋切断处)到后端保留部分牛腩肉,前端的宽度为距背最长肌 5 cm,后端为 2 cm,用切刀整整切下。

(4)两端均用切肉刀切齐。

4. **眼肉**

眼肉的后端与外脊相接(12 ~ 13 胸肋切断处),它的前端是在第

5～6 胸椎处,用四分体锯锯下。剥离胸椎、抽去筋腱。

眼肉修整:

(1)修去背面(脂肪面)血污点。

(2)修整眼肉腹面的碎肉块。

(3)在眼肉的腹侧留前牛腩肉 8～10 cm 切下,并用切刀切齐眼肉的两侧和两头。

5. 上脑(嫩肩肉)

实际是背最长肌的最前端和斜方肌等。一端与眼肉相连,另一端在最后颈椎处。剥离时只需循眼肉横切面的肩部继续向前分割,得到一块圆锥形的肉,便是上脑(剥离胸椎,去除筋腱,在眼肌腹侧距离为 6～8 cm 处切下)。

6. 大米龙(主要是臀股二头肌)

剥掉牛皮后在后臀部暴露最清楚的便是大米龙。顺肉块自然走向剥离,可得到完整的四方形肉块(又称会扒)。修整表面(保留脂肪或不保留脂肪)即可包装。

7. 小米龙(主要是半腱肌)

也称针扒、黄瓜条。紧靠大米龙,当后腱肉取下后处于最明显位置的一块圆柱形的肉便是小米龙。顺自然走向剥离,修整表面,包装。

8. 臀肉(主要包括半膜肌、股薄肌、内收肌等)

剥离大米龙、小米龙后,可见到一大块肉,随着肉块自然走向剥离,便可得到臀肉。

臀肉的修整有两点:一是削去劈半时锯面部分的在排酸后的深颜色肉;二是修去臀肉块上的脂肪和碎肉块。

9. 膝圆也叫和尚头和霖肉(主要是股四头肌)。

当剥离大米龙、小米龙、臀肉后,便可见到一长圆形肉块便是。沿此肉块自然走向剥离,很易得到完整的膝圆肉块,适当修整即可。

10. 腰肉(包括臀中肌、臀深肌、股阔筋膜张肌)

在后臀部取出大米龙、小米龙、臀肉、膝圆后,剩下的二块肉便是腰肉。修整腰肉的要点是削去表面的脂肪层。腰肉形状如三角形。

11. 腱子肉（共四块，分前腱子肉和后腱子肉）

前腱子肉的分割从尺骨下端下刀，剥离骨头便可得到；后腱子肉的分割从胫骨上端下刀，剥离骨头取得。修整腱子肉主要是割削去掉末端一些污点。

12. 胸肉

在剑状软骨处，割下前牛腩肉时，胸肉也割下，随胸肉的走向剥离，去掉脂肪便是。

13. 臂肉

取下前腿，围绕肩胛骨分割，可得长方形肉块，便是臂肉。

14. 脖颈肉

沿最后一个颈椎骨切下，为颈部肉，带血脖，将肉剥离，分割剥离脖颈肉是整头牛最难之处。

15. 后牛腩肉

后躯取下臀肉、大米龙、小米龙、膝圆、腰肉、里脊、外脊肉之后，剩余部分便是后牛腩。

16. 前牛腩肉

前躯肉，在胸腹部。用分割锯沿眼肉分割线把胸骨锯断，由后向前直至第 2 ~ 3 胸肋处，剥去肋骨、剑状软骨后便是前牛腩肉。

17. 蝴蝶肉

在前牛腩肉，有块状如蝴蝶的一块肉取下。

18. 通脊肉

就是外脊肉和眼肉合二为一的一块长肉，不切断 12 ~ 13 胸椎，而从第 5 ~ 6 胸椎至最后腰椎。分割法与分割眼肉、外脊肉相同。

19. T 骨扒

不分割里脊、外脊。T 骨扒的分割步骤是：1 在最后腰椎处，沿耻骨缘切下；2 在腰椎的后 3 ~ 4 节，用分割锯锯下；3 距腰椎横突 3 ~ 4 cm 处用分割锯锯下；4 用特制线锯切割腰椎，将横突中央垂直切下；5 在腰椎骨横突的上方是外脊肉，横突的下方里脊肉，食用后的剩余骨头呈 T 形，故称 T 骨扒。

第八章　规模肉牛场粪污处理

第一节　规模肉牛场健康养殖新理念

由于规模肉牛养殖带来的环境污染问题日益突出,已成为世界性公害,不少国家已采取立法措施,限制肉牛生产对环境的污染。为了从根本上治理肉牛养殖业的污染问题,保证肉牛业的可持续发展,许多国家和地区在这方面已进行了大量的基础研究,取得了阶段性成果。在新的形势下,很多肉牛场开始以发展生态畜牧业作为目标,以市场为导向,以效益为中心,依靠科技进步,进一步扩大开放,加快推进肉牛业产业化经营,以保护和改善生态环境为前提,以发展优质、高产、高效、安全牛肉产品为特征,以生态肉牛健康养殖为支撑,可持续发展的生态肉牛业为最终目标。

一、肉牛福利待遇理念

福利养牛就是让肉牛享受到福利待遇,通俗地讲就是对肉牛友好的行为。主要是建一个全封闭式的新式牛舍——"空调牛舍",牛舍墙体、屋顶采用泡沫板等保温材料,牛舍内安装降温水帘、排风扇、自动饮水器、自动喂料器及按摩棒等设施,保持冬暖夏凉,温度以 16 ~ 21℃为最佳,湿度以 70% ~ 80% 为宜,弱光照,以 40 ~ 50 勒克斯为宜,为肉牛生长提供最适宜的环境条件。如大连雪龙高档肉牛生产牛舍让牛"睡软床、听音乐、喝啤酒、吃熟食、作按摩",给肉牛创造了舒适的生活、生产环境。

二、肉牛健康养殖理念

肉牛健康养殖的主要内涵是安全,优质、高效、无公害的可持续发展的肉牛生产,是在以主要追求牛肉数量增长为主的传统养牛业的基础上实现数量、质量和生态效益并重发展的现代肉牛业。其主要目的是保护肉牛健康、保护人类健康、生产安全营养的牛肉产品。

健康养牛的关键是为肉牛做好疫病的免疫注射工作,要坚持"预防为主、防重于治"的防疫方针,树立"宁可千日无疫,不可一日不防"的思想,认真按要求做好牛五号病、牛丹毒、布氏杆菌、牛肺结核、牛流感等疫病的免疫注射工作,做到头头注射,个个免疫,剂量足,消毒严,确保免疫质量和效果。要坚持季防月补制度,确保免疫密度常年达到100%。此外还要搞好定期驱虫和消毒工作。

三、肉牛循环经济理念

肉牛循环经济是指将肉牛的粪尿经发酵堆肥处理生产有机肥料,替代化肥进行农田施肥,农作物秸秆又可作为肉牛饲料,饲养肉牛。有些地方实行"池中鱼、池坝牛、池岸果"的综合养殖模式,牛粪发酵喂鱼,清淤塘泥用于果园施肥。有些地方创立了"肉牛为主、草畜联动、典型引路、科技推动"的肉牛循环经济发展模式。有些地方采取"以草养牛、以粪养果、果谷套种、以谷煮酒、酒糟养牛"的综合利用、配套发展方式,探索出"肉牛—经果—牧草—苞谷—煮酒—肉牛"的循环发展经济模式,形成了种养业良性循环互动,实现"建设一幢标准化牛舍、运用一支冻精改良枪、种植一片优质牧草、修筑一个青贮氨化窖、汲取一套科学饲养防疫规程"的"五个一"技术标准。

第二节 规模肉牛场粪尿对生态环境的污染

一、肉牛场的排污量

一般情况下,1 头育肥肉牛从初生到出栏,排粪量 850~1 050 kg,

排尿 1 200～1 300 kg。1 个万头肉牛场每年排放纯粪尿 3 万吨,再加上集约化生产的冲洗水,每年可排放粪尿及污水 6 万～7 万吨。目前全国约有 5 000 头以上的养肉牛场 100 多家,根据这些规模化养殖场的年出栏量计算,其全年粪尿及污水总量超过 700 万吨。全国仅有少数肉牛养殖场建造了能源环境工程,对粪污进行处理和综合利用。以对肉牛场粪水污染处理力度较大的北京、上海和深圳为例,采用工程措施处理的粪水只占各自排放量的 5% 左右。由于粪水污染问题没有得到有效解决,大部分的规模化养肉牛场周围臭气冲天、蚊蝇成群,地下水硝酸盐含量严重超标,少数地区传染病与寄生虫病流行,严重影响了养肉牛业的可持续发展。

二、肉牛场排泄物中的主要成分

肉牛粪污中含有大量的氮、磷、微生物和药物以及饲料添加剂的残留物,它们是污染土壤、水源的主要有害成分。1 头育肥肉牛平均每 1 d 产生的废物为 5.46 L,1 年排泄的总氮量达 9.54 kg,磷达 6.5 kg。1 个万头肉牛场年可排放 100～161 t 的氮和 20～33 t 的磷,并且每 1 g 肉牛粪污中还含有 83 万个大肠杆菌、69 万个肠球菌以及一定量的寄生虫卵等。大量有机物的排放使肉牛场污物中的 BOD(生物需氧量)和 COD(化学需氧量)值急剧上升。据报道,某些地区肉牛场的 BOD 高达 1 000～3 000 mg/L,COD 高达 2 000～3 000 mg/L,严重超出国家规定的污水排放标准(BOD6～80,COD150～200)。此外,在生产中用于治疗和预防疾病的药物残留,为提高肉牛生长速度而使用的微量元素添加剂的超量部分也随肉牛粪尿排出体外;规模化肉牛场用于清洗消毒的化学消毒剂则直接进入污水。上述各种有害物质,如果得不到有效处理,便会对土壤和水源构成严重的污染。此外,肉牛场所产生的有害气体主要有氨气、硫化氢、二氧化碳、酚、吲哚、粪臭素。甲烷和硫酸类等,也是对肉牛场自身环境和周围空气造成污染的主要成分。

三、肉牛场排泄物的主要危害

（一）土壤的营养富积

肉牛饲料中通常含有较高剂量的微量元素，经消化吸收后多余的随排泄物排出体外。肉牛粪便作为有机肥料播撒到农田中去，长期下去，将导致磷、铜、锌及其他微量元素在环境中的富集，从而对农作物产生毒害作用，严重影响作物的生长发育，使作物减产。如以前流行在肉牛日粮中添加高剂量的铜和锌，可以提高肉牛的饲料利用率和促进肉牛的生长发育，引起养殖户和饲料生产者的极大兴趣。然而，高剂量的铜和锌的添加会使肉牛的肌肉和肝脏中铜的积蓄量明显上升，更为严重的是还会显著增加排泄物中铜、锌含量，引起土壤的营养累积，造成环境的污染。

（二）水体污染

在谷物饲料、谷物副产品和油饼中约有 60% ~ 75% 的磷以植酸磷形式存在。由于肉牛体内缺乏有效利用磷的植酸酶以及对饲料中的蛋白质的利用率有限，导致饲料中大部分的氮和磷由粪尿排出体外。试验表明肉牛饲料中氮的消化率为 75% ~ 80%，沉积率为 20% ~ 50%；对磷的消化率为 20% ~ 70%，沉积率为 20% ~ 60%。未经处理的粪尿。一部分氮挥发到大气中增加了大气中的氮含量，严重时构成酸雨，危害农作物；其余的大部分则被氧化成硝酸盐渗入地下或随地表水流入江河，造成更为广泛的污染，致使公共水系中的硝酸盐含量严重超标，河流严重污染。磷渗入地下或排入江河，可严重污染水质，造成江河池塘的藻类和浮游生物大量繁殖，产生多种有害物质，进一步危害环境。

（三）空气污染

由于肉牛集约化高密度的饲养，肉牛舍内潮湿，粪尿及呼出的二氧化碳等激发出恶臭，其臭味成分多达 168 种，这些有害气体不但对肉牛的生长发育造成危害，而且排放到大气中会危害人类的健康，加剧空气污染以致与地球温室效应都有密切关系。

四、解决肉牛场污染的主要途径

为了解决肉牛排泄物对环境的污染及恶臭问题,长期以来,世界各国科学家曾研究了许多处理技术和方法,如:粪便的干处理、堆肥处理、固液分离处理。饲料化处理、氟石吸附恶臭气等处理技术以及干燥法、热喷法和沼气法处理等等,这些技术在治理肉牛粪尿污染上虽然都有一定效果,但一般尚需要较高的投入,到目前为止,还没有一种单一处理方法就能达到人们所要求的理想效果。因此,必须通过多种措施,实行多层次、多环节的综合治理,采取标本兼治的原则,才能有效地控制和改善养肉牛生产的环境污染问题。

(一)合理规划,科学选址,按照可持续发展战略确定养殖规模与布局

1. 合理规划,科学选址 集约化规模化养肉牛场对环境污染的核心问题有两个,一个是肉牛粪尿的污染,另一个是空气的污染。合理规划,科学选址是保证肉牛场安全生产和控制污染的重要条件。在规划上,肉牛场应当建到远离城市、工业区、游览区和人口密集区的远郊农业生产腹地。在选址上,肉牛场要远离村庄并与主要交通干道保持一定距离,有些国家明确规定,肉牛场应距居民区 2 km 以上;避开地下生活水源及主要河道;场址要保持一定的坡度,排水良好;距离农田、果园、菜地、林地或鱼池较近,便于粪污及时利用。

2. 根据周围农田对污水的消纳能力,确定养殖规模 发展肉牛业生产一定要符合客观实际,在考虑近期经济利益的同时,还要着眼于长远利益。要根据当地环境容量和载畜量,按可持续发展战略确定适宜的生产规模,切忌盲目追求规模,贪大求多,造成先污染再治理的劳民伤财的被动局面。目前,肉牛场粪污直接用于农田,实现农业良性循环是一种符合我国国情的最为经济有效的途径。这就要求肉牛场的建设规模要与周围农田的粪污消纳能力相适应,按一般施肥量(每 667 m^2 每茬 10 kg 氮和磷)计算,一个万头肉牛场年排出的氮和磷,需

至少 333.33 hm^2 年种两茬作物的农田进行消纳,如果是种植牧草和蔬菜,多次对割,消纳的粪污量可成倍增加。因此牧场之间的距离,要按照消纳粪污的土地面积和种植的品种来确定和布局。此外,肉牛场粪水与养鱼生产结合,综合利用,也可收到良好效果。通过农牧结合、种养结合和牧渔结合,可以实现良性循环。

3. 增强环保意识,科学设计,减少污水的排放 在现代化肉牛场建设中,一定要把环保工作放在重要的位置,既要考虑先进的生产工艺,又要按照环保要求,建立粪污处理设施。国内外对于大中型肉牛场粪污处理的方法,基本有二:一是综合利用,二是污水达标排放。对于有种植业和养殖业的农场、村庄和广阔土地的单位,采用"综合利用"的方法是可行的,也是生物质能多层次利用、建设生态农业和保证农业可持续发展的好途径。否则,只有采用"污水达标排放"的方法、才能确保肉牛业长期稳定的生存与发展。

大中型肉牛场一定要把污水处理系统纳入设计规划,在建场时一并实施,保证一定量的粪污存放能力,并且有防渗设施。在生产工艺上,既要采用世界上先进的饲养管理技术,又要根据国情因地制宜,比如在我国,劳动力资源比较丰富,而水资源相对匮乏,在规模肉牛场建设上可按照粪水分离工艺进行设计,将肉牛粪便单独收集,不采用水冲式生产工艺,尽量减少冲洗用水,继而减少污水的排放总量。

如深圳市农牧公司采用生物学和生态学方法,对年产 20 000 头肉牛的规模化肉牛场排放的污水先经上流式厌氧污泥过滤器处理,然后进入生物氧化塘。鱼塘及土地处理系统,使排放的污水达到国家污水排放标准,建立起肉牛、鱼、农果、牧草的农业生态的良性循环。

(二)减少肉牛场排污量的营养措施

肉牛业的污染主要来自肉牛的粪、尿和臭气以及动物机体内有害物质的残留,究其根源来自饲料。因此近年来,国内外在生态饲料方面做了大量研究工作,以期最大限度地发挥肉牛的生产性能,并同时将肉牛业的污染减小到最低限度,实现肉牛业的可持续发展。令人欣慰的是,在这方面我国已取得了阶段性的成果。

1. 添加合成氨基酸,减少氮的排泄量　按"理想蛋白质"模式,以可消化氨基酸为基础,采用合成赖氨酸。蛋氨酸、色氨酸和苏氨酸来进行氨基酸营养上的平衡,代替一定量的天然蛋白质,可使肉牛粪尿中氨的排出减少 50% 左右。有试验证明:肉牛饲料的利用率提高0.1%,养分的排泄量可下降 3.3%;选择消化率高的日粮可减少营养物质排泄 5%;肉牛日粮中的粗蛋白每降低 1%,氮和氨气的排泄量分别降低 9% 和 8.6%,如果将日粮粗蛋白质含量由 18% 降低到 15%,即可将氮的排泄量降低 25%。欧洲饲料添加剂基金会指出,降低饲料中粗蛋白质含量而添加合成氨基酸可使氮的排出量减少 20% ~ 25%。除此之外,也可添加一定量的益生菌素,通过调节胃肠道内的微生物群落,促进益生菌生长繁殖,对提高禽饲料的利用率作用明显,还可降低氮的排泄量 29% ~ 25%。

2. 添加植酸酶,减少磷的排泄量　肉牛排出的磷主要因为植物来源的饲料中 2/3 的磷是以植酸磷和磷酸盐的形式存在的,由于肉牛体内缺乏能有效利用植酸磷的各种酶,因此,植酸磷在体内几乎完全不被吸收,所以必须添加大量的无机磷,以满足肉牛生长所需。未被消化利用的磷则通过粪尿排出体外,严重污染了环境。而当饲料中添加植酸酶时,植酸磷可被水解为游离的正磷酸和肌醇,从而被吸收。

以有效磷为基础配置日粮或者选择有效磷含量高的原料,可以降低磷的排出,肉牛日粮中每降低 0.05% 的有效磷,磷的排泄量可降低8%;通过添加植酸酶等酶制剂提高谷物和油料作物饼粕中植酸磷的利用效率,也可减少磷的排泄量。有试验表明,在肉牛日粮中使用200 ~ 1000 单位的植酸酶可以减少磷的排出量 25% ~ 50%,这被看作是降低磷排泄量的最有效的方法。

3. 合理有效地使用饲料添加剂,减少微量元素污染　除氮和磷的污染外,一些饲料添加剂的不合理利用特别是超量使用也对肉牛安全生产和环境污染构成极大威胁,如:具有促进生长作用的高铜制剂和砷制剂等。

在肉牛的饲养标准中规定,1kg 饲粮中铜含量为 4 mg,而在实际应用中为追求高增重,铜的含量高达 150 ~ 200 mg,有的肉牛场(户)

以肉牛粪便颜色是否发黑来判定饲料好坏,而一些饲料生产厂家为迎合这种心态,也在饲料中添加高铜。超剂量的铜很容易在肉牛肝、肾中富集,大量的铜会随粪便排出体外,给人畜健康带来直接危害。因此,在肉牛饲粮中,除在生长前或适当增加铜的含量外,在生长后期按饲养标准添加铜即可保证肉牛的正常生长,以减少对环境的污染。

砷的污染也不容忽视,据张子仪研究员按照美国 FAD 允许使用的砷制剂用量测算,一个万头肉牛场连续使用含砷制剂的药物添加剂,如果不采取相应措施处理粪便,5~8 年后可向肉牛场周围排放出近 1 000 kg 的砷。

4. 使用除臭剂,减少臭气和有害气体的污染 一种丝兰属植物,它的提取物的两种活性成分,一种可与氨气结合,另一种可与硫化氢气体结合,因而能有效地控制臭味,同时也降低了有害气体的污染。另据报道,在日粮中加活性炭、沙皂素等除臭剂,可明显减少粪中硫化氢等臭气的产生,减少粪中氨气量 40%~50%。因此使用除臭剂是配制生态饲料必需的添加剂之一。

第三节 规模肉牛场的粪污处理技术

随着社会的发展,环境问题越来越引起人们的关注,因此作为规模肉牛场的设计者在最初规划时就应该考虑规模肉牛场的粪污处理问题。设计者既要满足业主的不同要求,又要做到经济、实惠,同时还能很好地控制肉牛养殖环境,满足国家的有关规范的要求,推广健康肉牛养殖。

20 世纪 70 年代以来,我国的肉牛业发展十分迅猛,饲养方式由传统的小规模粗放饲养逐步转化为优质高效的集约化饲养。饲养方式的转变,极大地促进了我国肉牛业生产水平的提高,使得肉牛业已成为推动我国区域经济快速发展的重要动力。但随着生产集约化程度的不断提高,规模肉牛场带来的环境污染问题已日益受到广泛重视。高密度饲养产生的动物废弃物(粪、尿、加工下脚料及污水),成为污染土壤、水源、空气的重要来源。我国肉牛养殖生产中片面追求经济效益,肉牛养殖规模盲目扩大,忽略了对生态环境的保护,致使肉牛养殖生态环境恶化、病害严重,区域生态系统的自我调控、自我修复功能不断丧失。这个问题不仅严重影响了我国正常的畜产品消费市场,使畜产品出口受阻,也对动物性食品安全和人民健康构成潜在威胁,使畜牧业的可持续发展面临巨大挑战。

图8－1　沼气发电设施

积极推进肉牛清洁化健康养殖,重点推广"四改两分再利用"粪污治理模式,即改水冲清粪为干式清粪、改无限用水为控制用水、改明沟排污为暗道排污、改渗漏地面为防渗地面,固液分离、雨污分离,粪污无害化处理后,农田果园再利用。肉牛场粪污处理系统包括以下几个方面:收集,运送,存储,无害化处理。

一、粪污的收集

规模肉牛场中粪污的收集和输送系统在各个牛场中有很大区别,系统的选择应根据粪污的含水量、牛舍的类型、经济效益等确定。一般有以下收粪方法:

(一)刮板式粪尿沟

粪尿沟一般用于拴系式牛舍,粪尿沟的宽度通常在400～450 mm,

粪尿沟的深度为 300~400 mm。

（二）散栏式牛舍中粪污清理

散栏式牛舍中清粪的方式有以下几种：人工清粪，拖拉机清粪，刮板式清粪，水冲式清粪。

二、粪污的输送

将粪污输送到粪污处理区是肉牛场粪污处理系统中一个很关键的环节，与肉牛场不同饲养工艺及牛舍的形式有直接的关系。

（一）通过运输工具将牛粪运送到粪污处理区

这种运输方式是一种传统的运输方式，优点是运输简单、可行、运行成本低，缺点是在运输的过程中不可避免地对牛场环境、道路的污染。

（二）通过管道将粪污输送到粪污处理区

通常是将液态的粪污从牛舍头端的粪污存贮池中用泥浆泵抽到粪污池或者用清粪车送到粪污处理区。

三、肉牛粪污用作肥料

牛粪含有一定的营养价值，新鲜牛粪尿平均含氮 0.5%，磷 0.2%，钾 0.6%，还有许多其他元素、微生物和有机质，有利于提高土壤肥力。肉牛粪便用作肥料主要有土地还原法、堆肥法、干燥处理和药物处理法。

1. **土地还原法** 是将畜舍清除出的鲜粪尿和污水，直接施入农田，然后迅速翻耕土壤，使粪尿深埋入土壤中，让其分解发酵，使寄生虫、病原微生物的抵抗力降低或失去活性的一种方法。

2. **堆肥法** 堆肥法分为需氧堆肥和厌氧堆肥。需氧堆肥时，主要利用需氧性微生物活动，迅速分解有机物，并产生大量热量。厌氧性堆肥时，主要利用厌氧性微生物的活动，缓慢分解有机物，产热量小，堆温低。堆肥方法主要有平地堆置发酵法、发酵槽发酵法、密封舱式

发酵法和塔式发酵厢发酵法。

3.**药物处理**　在急需用肥的季节,或在传染病和寄生虫病严重流行的地区(尤其是血吸虫病、钩虫病等),为了快速杀灭粪便中的病原微生物和寄生虫卵,可采用化学药物消毒灭虫灭卵。

4.**干燥处理**　干燥处理畜粪方式和工艺较多,常有晾晒、微波干燥、发酵干燥等方式。目前粪污处理的主要方法有:

(一)快速高效生物发酵技术处理

相对于传统牛粪处理,有机肥为肉牛场创造极其优良的牧场环境,实现优质、高效、低耗生产、改善产品质量、提高效益,利用微生物发酵技术,将肉牛粪便经过多重发酵,使其完全腐熟,并彻底杀死有害病菌,使粪便成为无臭、完全腐熟的活性有机肥,从而实现肉牛粪便的资源化、无害化、无机化,同时解决了规模肉牛场因粪便所产生的环境污染,所生产的有机肥,广泛应用于农作物种植,城市绿化以及家庭花卉种植等,其市场(畜规模肉牛场环保治理和有机肥的生产)极为广阔。

对肉牛粪便进行筛选去杂后,经过严格配方,进入生产工艺,增加热源迅速达到一定温度,使原料中有害物质(病原微生物、寄生虫等)经高温杀灭,使大量水分经烟道排出,又能使各种微量元素得以保留,同时将发酵过程中的废气采用生物过滤除臭技术进行去臭,发酵周期短,腐熟度高,无环境污染,生产的高品质有机肥可为无公害绿色食品提供最佳肥源。这样,既可以将废弃物资源充分利用,治理污染,改善生态环境,促进农业、畜牧业的发展,符合国家可持续发展战略,同时又是环境效益、经济效益和社会效益的完美结合。

(二)蚯蚓无污染转化技术处理粪污技术

利用蚯蚓对集约化规模肉牛场粪便进行无污染处理,技术简单、方便。经过发酵的有机废弃物,通过蚯蚓的消化系统,在蛋白酶、脂肪酶、纤维酶、淀粉酶的作用下,能迅速分解、转化成为自身或其他生物易于利用的营养物质,既可以生产优良的动物蛋白,又可以生产肥沃的生物有机肥。

实验表明,每立方米鲜牛粪作自然堆肥处理释放的氨气数量是经蚯蚓处理的 1.6 倍,说明利用蚯蚓处理技术能够防止牛粪氨气挥发和减少氮素损失,减少环境污染、蚊蝇活动,改善肉牛场生态环境。同时规模肉牛场采用蚯蚓处理肉牛粪便,不仅能显著减少空气污染,而且所生产的生物腐殖质,既为农业提供优质有机肥,又能使贫瘠化的农业土壤得以复苏。另外臭气的减少和粪面的覆盖,使蚊蝇的采食和产卵受到影响。因此,蚊蝇的活动明显减少,从而有效地阻断了传染病的传播途径。目前国内还没有针对复杂恶臭气体的专用技术和设备,更没有利用蚯蚓粪处理臭气的设备和技术。而利用蚯蚓的生命活动来处理动物粪便这一新兴的生物技术,工艺简便,费用低廉,能获得优质有机肥和高蛋白饲料,且不与其他动物争饲料,不产生二次废物,不形成二次环境污染。蚯蚓的养殖周期短、繁殖率高、饲养简单、投资小、效益高。另外,蚓粪富含蛋白质,不会发霉,腐烂无臭味,可以做配合饲料的组成原料,与其他饲料搭配饲喂肉牛有助于解决蛋白质饲料不足的问题。

牛粪中投放蚯蚓后最后获得的蚯蚓粪不仅含有大量的有机质,而且氮、磷、钾的含量也很丰富,分别为 1.05%、0.39%、0.95%。尽管有机质中,全氮、全磷的含量有所减少,但全钾的含量明显增加,说明蚓粪仍是三要素含量高的有机肥料。蚓粪中腐殖质含量明显增加,为牛粪的 2.67 倍。腐殖质是土壤肥力的重要基础,是植物营养的重要来源。腐殖质中所含的腐殖酸如胡敏酸和富啡酸,可以提高植物的呼吸强度,加强养分吸收,促进植物生长。据有关资料报道,蚓粪与牛粪相比,蚓粪中富啡酸的含量增加 2.4 ~ 3.6 倍,与钙结合的胡敏酸和富啡酸分别增加 2.5 倍和 7.5 倍。所以蚓粪和牛粪相比,蚓粪更容易促进植物生长。蚓粪的 pH 为 7.10,牛粪略有降低。原因在于蚯蚓调节牛粪 pH 的能力和蚯蚓食道分布的钙腺有密切关系,钙腺能分泌过剩的钙或碳酸盐,中和有机酸,调节体内的酸碱平衡。

（三）用 SBR 法处理集约化肉牛场污水技术

SBR 法是序批式活性污泥法（Sequencing Batch Reactor）的简称，是一种利用微生物在反应器中按照一定的时间顺序间歇式操作的污水处理技术，它的主体构筑物是 SBR 反应池，污水在该反应池中完成反应、沉淀、排水及排出剩余污泥等工序，使处理过程大大简化。

SBR 法运行过程中，一个池体按个阶段排序大致分为进水期、反应期、沉降期、排放期和闲置期，5 个阶段完成均化、初沉、生物沉解、终沉等活性污泥处理过程。各阶段运行时间、混合液的体积化、运行状态、曝气量以污水进水水质、出水要求而定。SBR 技术本身是活性污泥法的一种，去除污染物的机理与传统的活性污泥法完全一致，但其操作过程又与活性污泥法根本不同。SBR 与传统的水处理工艺的最大区别在于它是以时间顺序来分割流程各单元，整个过程对于单个操作单元而言是间歇进行的，但是通过多个单元组合调度后又是连续的，因而也可以用于工业化大规模生产。这种技术集曝气、沉淀于一池，而不需设置二沉池及污泥回流设备，也无须初沉池。在该系统中，反应池在一定时间间隔内充满污水，以间歇处理方式运行，处理后混合液沉淀一段时间后，从池中排除上清液，沉淀的生物污泥则留于池内，用于再次与污水混合处理污水，这样依次反复运行，则构成了序批式处理工艺。

SBR 工艺的优点：

（1）理想的推流过程使生化反应推动力增大，效率提高，池内厌氧、好氧处于相互交替状态，净化效果好。

（2）运行效果稳定，污水在理想的静止状态下沉淀，需要时间短、效率高，出水水质好。

（3）耐冲击负荷，池内有滞留的处理水，对污水有稀释、缓冲作用，有效抵抗水量和有机污物的冲击。

（4）工艺过程中的各工序可根据水质、水量进行调整，运行灵活。

（5）处理设备少，构造简单，便于操作和维护管理。

（6）反应池内存在 DO、BOD 浓度梯度，有效控制活性污泥膨胀。

（7）SBR法系统本身也适合于组合式构造方法，利于废水处理厂的扩建和改造。

（8）脱氮除磷，适当控制运行方式，实现好氧、缺氧、厌氧状态交替，具有良好的脱氮除磷效果。

（9）工艺流程简单、造价低。主体设备只有一个序批式间歇反应器，无二次沉池、污泥回流系统，调节池、初沉池也可省略，布置紧凑、占地面积少。

总之，针对规模肉牛场的粪污污染，开发快速生物发酵技术、蚯蚓无污染一次性转化技术，序批式活性污泥法（SBR）污水处理技术，对集约化肉牛养殖产生的粪便等污染物进行生物转化，使粪污转变成优质有机肥和蚯蚓等高蛋白饲料，污水转变为可达国家排放标准的无污染水。建立一套完善的集约化肉牛养殖粪肥生物转化技术体系，变废为宝，为肉牛养殖业发展提供良好的发展环境，推动我国肉牛业向优质高效的绿色养殖业迈进，提高经济效益，创造良好和谐的人文环境。

随着《畜禽养殖业污染防治管理办法》《畜禽养殖业污染物排放标准》《畜禽养殖业污染防治技术规范》等条例的出台，肉牛养殖户积极主动行动起来，把肉牛粪污处理利用与肉牛业发展相结合，畜牧行政部门积极加以引导协调，科研院校也在研究试验更好的粪污科学处理及合理利用的方法，以期使肉牛粪污得到无害化、能源化、饲料化、肥料化的处理，获得更大的利用价值，力争实现肉牛业的高效、清洁、可持续发展。

第九章　肉牛疾病防控技术

第一节　规模肉牛场卫生要求

一、对牛舍的卫生要求

牛舍的消毒,包括定期预防消毒和发生传染病时的临时消毒;预防消毒一般是在走廊过道每周用消毒液喷洒消毒 1~2 次,以防止传染病的发生,在消毒之前,应先将牛舍彻底清扫;若发生了人畜共患的传染病,如口蹄疫,清扫之前应用有效消毒药物喷洒后再打扫、清理,以免病原微生物随尘土飞扬造成更大的污染,清扫时要将垃圾、剩料和粪便等清理出去,打扫干净之后再用消毒药进行冲洗或喷雾消毒。常用的消毒剂有碘伏、210 高效强力消毒剂、百毒杀消毒剂等,药液的浓度应根据产品说明书而定。若发生了传染病,则应选择对该种传染病病原有效的消毒剂。具体消毒程序如下:

（一）清扫

肉牛全部出舍后,将粪便、杂物、蜘蛛网等清扫出牛舍,可移动的设备和用具也要搬出牛舍,在指定的地点曝晒、清洗和消毒。

（二）水洗

对牛舍的墙壁、地面,特别是屋顶、梁柁等用高压水枪彻底冲洗干净,做到无垃圾和粪迹。

（三）消毒药物喷洒

待牛舍地面水干后,喷洒消毒药。常用的消毒药有 2% 烧碱溶液等。注意角落及物体的背面,喷洒药液以每平方米地面 1.5～1.8 L用量为宜。

(四)有条件的肉牛场,经上述消毒后,将牛舍闲置 2～3 周。

接肉牛入舍前用消毒剂应再喷洒一次。此外,要经常保持牛舍的卫生,每天要清扫牛舍的走道和工作间,防止尘埃飞扬,在清扫前可预先喷洒水和消毒液。

二、对人员的卫生要求

工作人员消毒,饲养人员进入生产区必须经淋浴后,更换消毒衣、帽、鞋才能进入牛舍。饲养人员要穿戴肉牛场专用的工作服、帽和靴,经消毒池进入牛舍。工作人员在接触肉牛和饲料前,要用消毒药液洗手消毒。坚持预防消毒,每周 2～3 次,发生疫情时每日消毒一次。

三、对工具的卫生要求

牛舍墙壁、屋顶、道路每半月消毒 1 次,饲养用具每周用消毒液刷洗 1 次。

四、对牛体的卫生要求

对新购进架子牛连同运载工具一起用消毒药液(氢氧化钠除外)进行喷雾消毒,并隔离饲养观察 30～45 d,确认健康无病后再入舍饲养;对出售牛消毒后牵到指定地点装车,严禁购牛人员和车辆入场;正常饲养的肉牛每半月带畜消毒 1 次,发生疫情时每天消毒 1 次。

五、对环境的卫生要求

环境消毒时,应彻底清扫,垫平洼地,清除杂草堆物,定期灭蝇灭鼠,每周进行 1 次药物消毒。人员和车辆进出口设消毒池,池内放置 3% 氢氧化钠溶液,注意及时补充。

六、对肉牛场环境要求

(一)肉牛场址的选择

肉牛场应选择高燥、平坦、背风向阳、水源充足、水质较好、土壤未被污染的地带,同时远离人群、工厂,距交通要道 500 m 以外为宜。地势高燥,即稍高于周围地势,地下水位应在 2 m 以下,切忌将场址选择在山坳或山梁,前者影响空气扩散,易造成场区空气污染,后者冬季风大,影响牛舍保暖。选择平坦稍有坡度的场地,便于排污水,地面坡度以 10% 左右为宜,山区以不超过 25% 为好,背风向阳的开阔场地,可以保持场内小区气候相对稳定,有利于房舍建筑合理布局,组织生产,提高设备利用率和劳动生产率。

(二)肉牛场规划与布局要求

肉牛场内一般规划为三个区,即管理区、生产区和病畜区。管理区包括管理经营工作室、职工福利住房等,该区设置于场内地势较高处偏上风向且与生产区隔开。生产区是场内核心区,包括牛舍,草料贮藏、加工、调制室等,其位置宜在场内中心地带,必须在病畜区上风向的开阔地带。病畜区包括病畜隔离舍、治疗室等,其位置在生产区下风向且地势较低处。牛舍间距不小于 30 m,以不影响采光通风为前提,周围应有绿化带,以改善牛舍环境的小气候。

(三)牛舍的环境控制要求

牛舍的建筑形式与封闭程度,因各地气候不同而异,但要注意舍内温度、湿度、有害气体及灰尘、微生物、粪尿污染对育肥牛生长的影响。肉牛生长的最适温度为 10~20℃ ,湿度不超过 80% 。牛舍设计、布局合理,可减少基建成本,降低能源耗费,节省劳动力,避免粪尿、病原污染环境。同时,牛舍环境良好、通风保暖,有利于提高肉牛的生产力和饲料转化率,降低发病率和死亡率。另外,牛场内不准养猪、狗、猫、鸡等动物。患结核病、布氏杆菌病或其他烈性传染病的人不能当饲养员。

（四）建立系统的防疫制度

严格执行国家和地方政府制定的动物卫生防疫条例。从外地引进的牛要进行检疫、驱虫和隔离观察后再并群。按照牛的免疫程序，定期免疫，定期驱虫。谢绝无关人员进场，不从疫区购买草料和肉牛。工作人员进入生产区要更换工作服，饲养人员不得交换使用其他牛舍的用具和设备。

第二节　规模肉牛场的消毒防疫工作

一、消毒分类

（一）预防性消毒（日常消毒）

预防性消毒（日常消毒）是根据生产的需要采用各种消毒方法在生产区和牛群中进行的消毒。主要包括定期对栏舍、道路、牛群的消毒，定期向消毒池内投放消毒药等；人员、车辆出入栏舍、生产区的消毒等；饲料、饮水乃至空气的消毒；医疗器械如体温计、注射器等的消毒。

（二）随时消毒（及时消毒）

随时消毒（及时消毒）是指牛群中个别牛发生一般性疫病或突然死亡时，立即对其在栏舍进行局部强化消毒，包括对发病或死亡牛的消毒及无害化处理。

（三）终末消毒（大消毒）

采用多种消毒方法对全场进行全方位的彻底清理与消毒，主要用以全进全出系统中空栏后或烈性传染病流行初期以及疫病平息后准备解除封锁前均应进行大消毒。

二、常用消毒方法

物理消毒法主要包括机械清扫刷洗、高压水冲洗、通风换气、高温高热(灼烧、煮沸、烘烤、焚烧等)和干燥、光照(日光、紫外线照射等)。

化学消毒法采用化学消毒剂杀灭病原,是消毒常用方法之一。使用化学消毒剂时应考虑病原体对消毒剂的抵抗力,消毒剂的杀菌谱、有效浓度、作用时间、消毒对象及环境温度等。

生物学消毒法对生产中产生的大量粪便、污水、垃圾及杂草等利用生物发酵热能杀灭病原体,有条件的可将固液体分开,固体为高效有机肥,液体用于渔业养殖,同时在牛场内适度种植花草树木,美化环境。

三、消毒设施和设备

消毒设施主要包括生产区大门的大型消毒池、牛舍出入口的小型消毒池、人员进入生产区的更衣消毒室及消毒通道、消毒处理病死牛的尸体坑、粪污发酵场、发酵池等。常用消毒设备有喷雾器、高压清洗机、高压灭菌容器、煮沸消毒器、火焰消毒器等。

四、消毒程序

根据消毒种类、对象、气温、疫病流行的规律,将多种消毒方法科学合理地加以组合而进行的消毒过程称为消毒程序。例如,全进全出系统中的空牛栏大消毒的消毒程序可分为以下步骤:清扫→高压水冲洗→喷洒消毒剂→清洗→熏蒸→干燥(或火焰消毒)→喷洒消毒剂→转入牛群。消毒程序还应根据自身生产方式、主要存在的疫病、消毒剂和消毒设备设施种类等因素因地制宜,有条件的牛场应对生产环节中的关键部位(牛舍)的消毒效果进行检测。

五、消毒制度

按照生产日程、消毒程序的要求,将各种消毒制度化,明确消毒工作的管理者和执行人,使用消毒剂的种类、浓度、方法及消毒间隔时间、消毒剂的轮换使用,消毒设施的管理等都应详细规定。

六、常用消毒药及消毒方式

漂白粉:10% ~20% 乳剂常用于牛舍、环境和排泄物的消毒;1 m³ 的水中加入漂白粉 5 ~ 10 g,可作饮用水消毒,现配现用,不能用于金属制品及有色物品的消毒。

氢氧化钠:2% ~3% 的水溶液喷洒牛舍、饲槽和运输工具等以及进出口消毒池用药,消毒后要用水冲洗,方可让牛进入牛舍;5% 的水溶液用于炭疽芽孢污染场地消毒。

氧化钙:10% ~20% 的石灰乳涂刷牛舍墙壁、畜栏和地面的消毒;消石灰粉末(氧化钙 1 kg 加水 350 mL)可撒布于阴湿地面、粪池周围及污水沟等处消毒。

福尔马林:2% ~4% 的水溶液用于喷洒墙壁、地面、饲槽等;1% 的水溶液可用于牛体表消毒;熏蒸消毒时福尔马林 25 mL/m³,高锰酸钾 12.5 g/m³ 将高锰酸钾倒入福尔马林中,密闭 24 h 后打开。

高锰酸钾:0.01% ~0.05% 的水溶液用于中毒时洗胃;0.1% 的水溶液外用,冲洗黏膜及创伤、溃疡等;常与福尔马林结合进行熏蒸消毒,现用现配。

过氧化氢溶液:1% ~4% 的溶液清洗脓创面;0.3% ~1% 冲洗口腔黏膜。

碘:5% 碘酊(碘 50 g,碘化钾 10 g,蒸馏水 10 mL,加 75% 酒精至 1 000 mL)用于手术部位及注射部位消毒;10% 浓碘酊配为皮肤刺激药,用于慢性腱炎、关节炎等;复方碘溶液(碘 50 g,碘化钾 100 g 加蒸馏水至 1 000 mL)用于治疗黏膜的各种炎症或向关节腔、痿管内注入;5% 碘甘油(碘 50 g,碘化钾 100 g,甘油 200 mL,加蒸馏水至 1 000 mL)治疗黏膜各种炎症。

新洁尔灭:0.1% 水溶液用于浸泡器械、玻璃、搪瓷、橡胶制品以及皮肤的消毒;0.15% ~2% 水溶液用于牛舍间喷雾消毒。

百毒杀:适于牛舍、环境和饮水的消毒。10 000 倍稀释用于饮水消毒;3 000 倍稀释用于牛舍、环境、饲槽、器具消毒。

二氯异氢尿酸钠:0.5% ~ 1%水溶液用于杀灭细菌与病毒;5% ~ 10%溶液用于杀灭芽孢,可采用喷洒、浸泡、擦拭等方式消毒;稀释400倍喷洒消毒;消毒场地10 ~ 20 mg/ m²(0℃以下50 mg);饮水消毒4 mg/L;消毒粪便用量为粪便的1/5现配现用,不能用于金属制品及有色物品的消毒。

乙醇:70%乙醇可用于手指、皮肤、注射针头及小件医疗器械等消毒。

七、杀虫、灭鼠

杀灭牛场中的有害昆虫(蚊、蝇、节肢动物等)和老鼠等野生动物,是消灭疫病传染源和切断其传播途径的有效措施,在控制牛场的传染性疫病,保障人畜健康方面具有十分重要的意义,是综合性防疫体系中环境控制的两项重要措施。

(一)杀虫

规模肉牛场有害昆虫主要指蚊、蝇等媒介节肢动物。杀灭方法可分为物理学、化学和生物学方法。物理学方法除捕捉、拍打、黏附等外,电子灭蚊灯在牛场中有一定的应用价值。生物学灭虫法的关键在于环境卫生状况的控制。化学杀虫法则是使用化学杀虫剂,在牛舍内进行大面积喷洒,向场区内外的蚊蝇栖息地、滋生地进行滞留喷洒。

(二)灭鼠

灭鼠法可分为生态学灭鼠法、化学灭鼠法和物理学灭鼠法。由于规模肉牛场占地面积大、牛只数量多,采用鼠夹、鼠笼、电子猫等物理法灭鼠效果较差,现多不采用。在有鼠害的牛场,应在对害鼠的种类及其分布和密度调查的基础上制定灭鼠计划。使用各类杀鼠剂制成毒饵后大面积投放,场外可使用快效杀鼠剂,一次投足剂量;场内可使用慢效杀鼠剂全面投布,对鼠尸应及时收集处理。

八、驱虫

在规模化饲养条件下,寄生虫病对肉牛生产的影响日见突出,经营者必须对驱虫工作十分重视。规模肉牛场的驱虫工作。应在对本场牛群中寄生虫流行状况调查的基础上,选择最佳驱虫药物,适宜的驱虫时间,制定周密的驱虫计划,按计划有步骤地进行。驱虫时必须注意在用药前和驱虫过程中加强该牛舍环境中的灭虫(虫卵),防止重复感染。

九、药物预防

规模肉牛场除了部分传染性疫病可使用免疫注射来加以防治外,许多传染病尚无疫苗或无可靠疫苗用于防治,一些在临床上已有发生而不能及时确诊的疫病可能蔓延流行,一些非传染性的疫病、群发病也可能大面积暴发流行,因此,临床上必须定期采用对整个牛群投放药物进行群体预防或控制。

十、检疫与疫病监测

对牛群健康状况的定期检查、常见疫病及日常生产状况的资料收集分析,监测各类疫情和防疫措施的效果,对牛群健康水平的综合评估,对疫病发生的危险度的预测预报等都是检疫与疫病监测的主要任务,在规模化肉牛业防疫体系中甚为重要,也是当前各规模肉牛场防疫体系中最薄弱的环节。

(一)兽医检疫人员应定期对牛群进行系统的检查

观察各个牛群的状况,大群检查时应注意从牛的外表、动态、休息、采食、饮水、排粪、排尿等各方面进行观察,必要时还应抽查牛的呼吸、脉搏、体温三大指标。对牛群还应检查公母牛的发情、配种、怀孕、分娩及新生犊牛的状况。对获取的资料进行统计分析,发现异常时要进一步调查其原因,做出初步判断,提出相应预防措施,防止疫病在牛群中扩大蔓延。

(二)尸体剖检

尸检是疫病诊断的重要方法之一。在牛场应对所有非正常死亡的成年牛逐一进行剖检,新生犊牛、哺乳犊牛、育成牛发生较多死亡时也应及时剖检,通过剖检判明病情,以采取有针对性的防治措施,临床尸检不能说明问题时,还应采集病料做进一步检验。

（三）疫病监测

1. 实验室检验　可用于规模肉牛业的实验室检验方法甚多,但目前最受关注的是主要传染性疾病的监测。通过抗体水平的检测,对评价疫苗的质量、免疫程序的制定、牛群中隐性感染者的发现、疫病防治效果的评估等都具有极高价值。

2. 其他监测　对规模肉牛业的其他各项措施如消毒、杀虫、灭鼠、驱虫、药物预防与临床诊断等方面的效果进行检测,最佳防治药物的筛选等,都可进一步提高防疫质量。而对牛舍内外环境如水质、饲料等检测也都有益。通过对牛群的生产状况如繁殖性状、生产肥育性状资料,疫病流行状况如疫病种类、发病率、死亡率、防疫措施的应用及其效果等多种资料的收集与分析,以发现疫病变化的趋势,影响疫病发生、流行、分布的因素,制定和改进防疫措施;通过对环境、疫病、牛群的长期系统的监测、统计、分析,对疫病进行预测预报。

十一、日常诊疗与疫情扑灭

兽医技术人员应每日深入牛舍,巡视牛群,对牛群中发现的病例均应及时进行诊断治疗和处理。对内、外、产科等非传染性疾病的单个病例,有治疗价值的及时予以治疗,对无治疗价值的应尽快予以淘汰。对怀疑或已确诊的常见多发性传染病病牛,应及时组织力量进行治疗和控制,防止其扩散。当发现有新的传染病如口蹄疫等急性、烈性传染病发生时,应立即上报疫情并对该牛群进行封锁,病牛可根据具体情况或将其转移至病牛隔离舍进行诊断和治疗,或将其扑杀焚烧和深埋;对全场或局部栏舍实施强化消毒;对假定健康牛进行紧急免疫接种;生产区内禁止牛群调动,禁止购入或出售牛,当最后一头病牛痊愈、淘汰或死亡后,经过一定时间(该病的最长潜伏期)无该病新病例出现时,在进行大消毒后方可解除封锁。

第三节　规模肉牛场防疫程序

随着肉牛养殖方式的日趋集约化、规模化，疫病的控制显得更加重要。要促进肉牛业持续、稳定、健康发展，丰富居民的"菜篮子"，保证老百姓吃上放心肉，就需要建立完善的兽医卫生防疫制度和配套的疫病控制措施。

一、疫病的监测与防治

（一）主要传染病的监测防治措施

对疫病的防治要认真贯彻"预防为主"的方针，采取定期预防接种、检疫、封锁、隔离、消毒、无害化处理等综合防治措施，实现牛场持续、稳定、高产、高效发展。

1. 发现疑似传染病时，应及时隔离，尽快确诊，迅速上报上级部门。病原不明或不能确诊时，应采取病料送有关部门检验。

2. 对结核病应以检代防，特别是种牛和受体牛每年必检一次，检疫出现可疑反应的，应隔离复检，连续次为可疑以及阳性反应的牛，应及时扑杀及无害化处理。对结核病检疫有阳性反应牛的牛舍，牛只应停止调动，每一个月复检次，直至连续次不出现阳性反应为止。

3. 对布氏杆菌病应以检代防，特别是种牛和受体牛每年必检一次，凡未注射布氏杆菌病疫苗的牛，在凝集试验中连续次出现可疑反应或阳性反应时，应按国家有关规定进行扑杀及无害化处理。

4. 对口蹄疫定期免疫接种，并定期进行抽检，对抗体水平未达到保护效价的应进行加强免疫。

5. 对炭疽、牛出败、气肿疽等采取因病设防的方针，一旦确诊以后，按相应的免疫程序进行预防接种。

6. 被病牛或可疑牛污染的场地、用具、工作服等必须彻底消毒，粪便、垫草等应作无害化处理。

（二）寄生虫病的防治

1.**寄生虫病的预防**　寄生虫种类繁多,生物学特性不同,加上宿主的种类、地区分布、自然条件的不同,使寄生虫病的预防极其复杂。因此实施寄生虫病的预防必须采取综合措施,主要应从三个方面着手。

（1）控制和消灭传染源　主要是指对病畜、带虫动物及保虫宿主进行彻底驱虫。病畜的粪便、排泄物应及时进行无害化处理。

（2）切断传播途径　对生物源性寄生虫,要采取措施尽量避免中间宿主与易感动物的接触,消灭和控制中间宿主。对非生物源性寄生虫,则应加强环境卫生管理。对病畜的粪便、排泄物、病畜尸体等所有可能传播病源的物体进行无害化处理。

（3）保护易感动物　加强饲养管理,提高病牛的抗病能力,必要时对易感牛只进行药物预防和免疫预防等,以抵抗寄生虫的侵害。

2.**寄生虫病的治疗**　寄生虫病确诊后,要根据牛的病情和体质制定治疗方案。坚持"标本兼治,扶正祛邪"的原则,其目的是消灭传染源。

（1）选择"高效、低毒、广谱、经济及使用方便"的驱虫药物大规模驱虫时一定要进行小群驱虫试验,对驱虫药物的剂量、用法、驱虫效果及毒副反应有一定了解后再进行大规模应用。此外,还应注意选择驱虫场所,应选择有利于处理粪便和控制病原扩散的地方。

（2）驱虫时间的选择也要根据具体情况确定为常规驱虫方案:

①春秋两季两次驱虫　春季驱虫,利于春季催肥和减少病原的污染和扩散,秋季驱虫可以去除牛体内的寄生虫,利于牛冬季保膘和顺利过冬。②冬季一次驱虫　这是最近提出的一种驱虫措施,避免牛的春季死亡。③虫体成熟前驱虫　该法是针对一些蠕虫在宿主体内尚未发育成熟的时候驱虫。优点是将虫体消灭于成熟产卵之前,防止虫卵和幼虫对外界环境的污染,阻止宿主病程的发展,有利于肉牛健康。

常用驱虫药物及驱虫程序参考表9－1。

表 9 - 1　肉牛常见寄生虫病预防程序

年龄	驱虫药	给药途径	剂量（每千克体重）	备注
1 月龄	强力灭虫灵（1% 伊维菌素）	皮下注射	0.02 mL	防治牛各种线虫病、螨、虱、蚤、蝇、蛆等,特别是犊新蛔虫病。
	超霸(磺胺二甲嘧啶钠)	肌肉注射	100 mg	防治牛球虫病、附红体病。根据实情选用,直至 6 月龄。
6 月龄	强力灭虫灵（1% 伊维菌素）	皮下注射	0.02 mL	同前,特别是钩虫病、捻转血矛线虫病、肺丝虫病、螨、蜱。
	超霸(磺胺二甲嘧啶钠)	肌肉注射	100 mg	防治牛球虫病、附红体病。根据实情选用。
12 月龄	强力灭虫灵（1% 伊维菌素）	皮下注射	0.02 mL	同前,特别是钩虫病、捻转血矛线虫病、肺丝虫病、螨、蜱。
	超能肝蛭净(氯氰碘柳胺钠)	肌肉注射	0.05 mL	防治牛各种吸虫病、螨、蝇、蛆等,特别是肝片吸虫病。
	抗蠕敏(丙硫咪唑)	经口灌服	10 ~ 20 mg	防治牛线虫病、绦虫病、吸虫病,特别是莫尼氏绦虫病。
	血虫净（贝尼尔、三氮脒）	肌肉注射	3 ~ 5 mg	防治牛伊氏锥虫病、梨形虫病、附红体病,特别是巴贝斯焦虫病。

续表

年龄	驱虫药	给药途径	剂量（每千克体重）	备注
成年牛	强力灭虫灵（1%伊维菌素）	皮下注射	0.02 mL	每年春、秋季定期1次。
	超能肝蛭净（氯氰碘柳胺钠）	肌肉注射	0.05 mL	每年春、秋季定期1次。
	抗蠕敏阿苯达唑	经口灌服	10～20 mg	每年春、秋季定期1次。
	血虫净（贝尼尔、三氮脒）	肌肉注射	3～5 mg	每年9月定期1次。

对妊娠母牛和受体牛可根据实情做适当调整。

二、规模肉牛场防疫程序

肉牛常见传染病免疫程序参考表9-2。

表9-2 肉牛常见传染病免疫程序

年龄	疫苗	接种方法	备注
1月龄	Ⅱ号炭疽芽孢苗（或无毒炭疽芽孢苗）	皮下注射1 mL（皮下注射0.5 mL）	免疫期1年免疫期1年
	牛出败氢氧化铝菌苗	皮下注射4 mL	免疫期6个月
6月龄	口蹄疫灭活苗	皮下注射3 mL	免疫期6个月
	气肿疽牛出败二联苗	皮下注射4～6 mL	20%氢氧化铝盐水溶解
	魏氏梭菌灭活苗	皮下注射5 mL	免疫期6个月
12月龄	Ⅱ号炭疽芽孢苗（或无毒炭疽芽孢苗）	皮下注射1 mL（皮下注射0.5 mL）	免疫期1年免疫期1年
	口蹄疫灭活苗	皮下或肌肉注射3～5 mL	免疫期6个月
	魏氏梭菌灭活苗	皮下注射5 mL	免疫期6个月

年龄	疫苗	接种方法	备注
18 月龄	气肿疽牛出败二联苗	皮下注射 4～6 mL	20%氢氧化铝盐水溶解
	口蹄疫灭活苗	皮下或肌肉注射 3～5 mL	免疫期 6 个月
	魏氏梭菌灭活苗	皮下注射 5 mL	免疫期 6 个月
24 月龄	Ⅱ号炭疽芽孢苗	皮下注射 1 mL	免疫期 1 年
	（或无毒炭疽芽孢苗）	（皮下注射 0.5 mL）	免疫期 1 年
	口蹄疫灭活苗	皮下或肌肉注射 3～5 mL	免疫期 6 个月
	魏氏梭菌灭活苗	皮下注射 5 mL	免疫期 6 个月
成年牛	Ⅱ号炭疽芽孢苗	皮下注射 1 mL	每年春季 1 次
	牛出败氢氧化铝菌苗	肌肉注射 6 mL	每年春或秋季定期 1 次
	口蹄疫灭活苗	皮下或肌肉注射 3～5 mL	每年春、秋各 1 次
	魏氏梭菌灭活苗	皮下注射 5 mL	免疫期 6 个月
妊娠 母牛＊	犊牛副伤寒苗	见产品说明	分娩前 4 周注射
	犊牛大肠杆菌苗	见产品说明	分娩前 2～4 周注射
	魏氏梭菌灭活苗	皮下注射 5 mL	分娩前 2～4 周注射

使用疫（菌）苗等各种生物制剂,在平时对牛群有计划地进行预防接种,在可能发生或疫病发生早期对牛群实行紧急免疫接种,以提高牛群对相应疫病的特异性抵抗力,是规模肉牛场综合防疫体系中一个极为重要的环节,也是构建肉牛业生物安全体系的重要措施之一。常用的预防牛病疫苗有炭疽芽孢氢氧化铝佐剂苗,无毒炭疽芽孢苗,第 1 号炭疽芽孢苗,气肿疽明矾菌苗,牛出血性败血症氢氧化铝菌苗,布鲁氏菌疫苗,破伤风抗毒素,肉毒梭菌（C 型）灭活疫苗,牛肺疫兔化藏系绵羊化弱毒疫苗,兽用狂犬病 ERA 株弱毒细胞苗等。接种要求熟悉牛群的情况及当地传染病的发生规律推荐免疫程序如下:

1 月龄内:炭疽、伪狂犬病;

6 月龄:布病、牛黏膜病;

12 月龄:炭疽、口蹄疫、伪狂犬病、猝死症:

18 月龄：布病、牛黏膜病、口蹄疫、猝死症；

24 月龄：炭疽、伪狂犬病、口蹄疫、猝死症；

成年牛：炭疽、伪狂犬病、口蹄疫、猝死症；

以上程序仅供参考，在实践中应结合实际情况进行调整，＊妊娠母牛没有安全可靠的疫苗时，可不按该程序执行。

三、规模肉牛场疫病防治措施

为保障规模肉牛场健康、安全、高效、优质发展，制定了下列措施：

1. 消毒

（1）常用消毒药物　3% 氢氧化钠,0.3% 农乐,0.2% 过氧乙酸,0.5% 次氯酸钠,0.1% 消毒威,0.5% 百毒杀,0.2% 灭毒净,0.05% 强力消毒灵和生石灰等。消毒药物不能长期使用 1 种，至少要 3 种以上交替使用；也不可同时混合使用。

（2）环境消毒　彻底清扫，垫平洼地，清除杂草堆物，定期灭蝇灭鼠，每周进行 1 次药物消毒。人员和车辆进出口设消毒池，池内放置 3% 氢氧化钠溶液，注意及时补充。

（3）牛舍及饲养用具消毒　牛舍墙壁、屋顶、道路每半月消毒 1 次，饲养用具每周用消毒液刷洗 1 次。

（4）牛体消毒　对新购进架子牛要连同运载工具一起用消毒药液（氢氧化钠除外）进行喷雾消毒，并隔离饲养观察 30 ~ 45 d，确认健康无病后再入舍饲养；对出售牛消毒后牵到指定地点装车，严禁购牛人员和车辆入场；正常饲养的牛每半月带畜消毒 1 次；发生疫情时每天消毒 1 次。

（5）工作人员消毒　饲养人员进入生产区必须经淋浴后，更换消毒衣、帽、鞋才能进入牛舍。

2. 驱虫

（1）常用驱虫药物　首选虫克星（阿维菌素），其次可选用阿苯达唑（抗蠕敏），硫氯酚（别丁）与精制敌百虫等。

（2）驱虫程序　①胃肠道、肺线虫与蚧螨驱治：对所有新购牛选用阿苯达唑 10 mg/kg 体重灌服；虫克星针剂 0.2 mg/kg 体重皮下注

射,或用粉剂 5~7 mg/kg 体重灌服,进行一次驱虫。以后每年春秋
(2~3 月,8~9 月)各驱虫 1 次,寄生虫严重地区,在 5~6 月可增加驱
虫 1 次。幼畜一般在断奶前后进行 1 次保护性驱虫,8~9 月龄再进
行 1 次驱虫。母畜在分娩前驱虫 1 次,寄生虫严重地区产后 3~4 周
再进行 1 次驱虫。②肝片吸虫污染区,选用硫氯酚 70~80 mg/kg 体重,
阿苯达唑 15 mg/kg 体重,混合灌服,每年 2~3 月份和 9~10 月份各驱
虫 1 次。③驱虫后及时清除粪便,堆积发酵,杀灭成虫及虫卵。

3. 免疫免疫程序见表 9-3。

表 9-3　牛重要传染病的免疫方法

疫病名称	疫苗种类	接种方法	备　注
口蹄疫	牛 O 型口蹄疫灭活疫苗	1 岁以下的犊牛肌肉注射 2 mL,成年牛 3 mL	犊牛 4~5 月龄首免,20~30 d 后加强免疫 1 次,以后每 6 个月免疫 1 次
炭疽	Ⅱ 号炭疽芽孢苗	颈部皮内注射 0.2 mL 或皮下注射 1 mL	每年 1 次
牛流行热	牛流行热油佐剂灭活疫苗	颈部皮下注射 4 mL(犊牛减半)	每年在蚊蝇滋生前半个月注射 1 次,间隔 3 周再注射 1 次
牛出血性败血症	牛出血性败血症氢氧化铝菌苗	100 kg 以下的牛皮下注射 4 mL;100 kg 以上的牛皮下注射 6 mL	每 9 个月注射 1 次
气肿疽	气肿疽明矾菌苗	颈部或肩胛后缘皮下注射 5 mL	每年 1 次,6 月龄以前注射的到 6 月龄时再注射 1 次
布鲁氏菌病	布鲁氏菌羊型五号弱毒冻干菌苗	皮下或肌肉注射 400 亿活菌/头	每年 1 次

第四节　肉牛常见疾病防治

一、肉牛常见普通病的防治

（一）犊牛腹泻的特征及防治

犊牛腹泻为犊牛胃肠消化机能紊乱，特征是消化不良和拉稀。顽固性腹泻可使犊牛衰竭死亡。

1. 病因

饲养不当：犊牛出生后过迟饲喂初乳或初乳饲喂量不足，乳温、乳量不定，以及饲喂变质、酸败乳等。

管理不善：牛舍潮湿阴冷，过于拥挤，牛舍内、运动场及饲养管理用具不洁。

病原微生物感染：如大肠杆菌、沙门氏菌等感染所致。

2. 症状　犊牛的粪便含水量比正常小牛高出 5～10 倍，粪便有异味，颜色异样（黄色、白色）或因腹泻类型不同，粪便中还可含黏膜和血液。随着疾病的发展，小牛可出现其他症状。厌食（食欲差）；粪便稀薄，呈水样；出现脱水现象（眼睛塌陷，毛发粗糙，皮肤无弹性）；有怕冷表现（低温）；起立迟缓并有困难；不能站立（瘫痪）。严重者：腹泻，粪便由浅黄色粥样变淡灰色水样，混有凝血块、血丝和气泡，恶臭，病初排粪用力，后变为自由流出，污染后躯，最后高度衰弱，卧地不起，急性在 24～96 h 死亡，死亡率高达 80%～100%。肠毒血型的表现是：病程短促，一般最急性 2～6 h 死亡。肠炎型的表现是：10 d 内的犊牛多发生腹泻，先白色后变黄色带血便，后躯和尾巴沾满粪便，恶臭，消瘦虚弱 3～5 d 脱水死亡。

3. 预防

（1）对于刚出生的犊牛，可以尽早投服预防剂量的抗生素药物，对于防止本病的发生具有一定的效果。犊牛在断奶过程中也容易发生腹泻,所以要做好乳和料的衔接工作。适当补喂优质干草、补喂精饲料、补喂多汁饲料和微量元素铁和硒。

(2)给怀孕期的母牛注射用当地流行的致病性大肠杆菌株制成的菌苗。在给怀孕母牛接种后,能有效地控制犊牛腹泻症的发生。

(3)加强饲养管理。对妊娠后期母牛要供应充足的蛋白质和维生素饲料,对新生犊牛应及时饲喂初乳,增强犊牛抗病能力。

(4)加强妊娠母牛和犊牛的饲养管理。注意牛舍干燥和清洁卫生和消毒工作;母牛临产时用温肥皂水洗去乳房周围污物,再用淡盐水洗净擦干。

(5)防止犊牛受潮和寒风侵袭,乱饮脏水,以减少病原菌的入侵机会。

(6)一旦发现病犊牛要加强护理,立即隔离治疗。

从犊牛腹泻病症来看,是由多种原因引起的,不论是细菌性、病毒性、寄生虫及其他营养性病腹泻,关键因素在于饲养管理。

4. 应以消炎、收敛和补液为主 消炎可用呋南唑酮(痢特灵),每次 2 mg/kg,或诺氟沙星,每次 8 mg/kg,每天服用 3 次,连服 2 ~ 3 d。收敛可用鞣酸或鞣酸蛋白,每次 5 g,每天 2 ~ 3 次,连服 2 ~ 3 d。对于有失水症状的病犊,补液十分重要,可用葡萄糖氯化钠或复方氯化钠注射液 500 ~ 1 000 mL,静脉注射。冬天补液时要注意注射温度不要过冷,以免对心脏造成不良刺激。近年来,口服补盐液(ORS)也已广泛用于犊牛腹泻的治疗中,效果较好。

(二)母牛难产的防治与处理

难产是指由于各种原因而使分娩的第一阶段(开口期),尤其是第二阶段(胎儿排出期)明显延长,母体难于或不能排出胎儿的产科疾病。

1. 病因

(1)遗传因素 如隐性基因引起畸形而难产;环境因素使母牛多胎怀单胎或怀孕母牛的激素分泌不协调;另外饲养管理因素如营养过剩或不良、运动不足、早配等;还有就是传染病,外伤如腹壁疝、骨盆肌腱断裂等都可能引起母牛难产。

（2）母体性难产 母牛娩出力异常如阵缩及努责微弱：分娩时子宫及腹壁肌收缩次数少，持续时间短，或强度不足，使胎儿不能排出，如子宫迟缓；子宫疝；神经性产力不足；耻骨前键断裂。

（3）产道性难产 分娩时胎儿的通路障碍如子宫捻转：怀孕子宫的一侧子宫或部分子宫角围绕自己的纵轴发生扭转；子宫破裂；子宫颈开张不全；双子宫颈；产道狭窄：骨盆狭窄、子宫颈狭窄、阴门及阴道狭窄、软产道水肿；软产道肿瘤或囊肿。

（4）胎儿性难产 胎儿与产道大小不相适应如：胎儿过大，胎儿畸形，胎势异常，胎向异常等。以上有单独发生的，也有综合性发生的，其中以胎势不正较为常见。

2. 难产的诊断及助产措施

（1）胎儿过大 胎势、胎位、胎向正常，母牛强烈努责，但胎儿滞留产道，不能顺利产出。充分润滑产道，用两条绳分别拴在胎儿两前肢蹄冠上方。术者手握胎儿下颌，并配合交替牵引两前肢，使胎儿肩胛部斜向通过母牛骨盆狭窄部。

（2）胎儿头颈侧转 产出期延长，从阴门伸出前两肢，但长短不一致。术者手臂伸入产道或子宫，可摸到胎儿头颈弯向伸出较短的前肢同侧。在胎儿两前肢拴上绳子后，用手推移胎儿头部，使母牛骨盆腔前缘腾出一定空间，再用手抓住胎儿鼻子或下颌，用力拉直侧弯的头颈，使之恢复正常位置，便可牵出胎儿。

（3）腕关节屈曲 一侧腕关节屈曲时，从产道只伸出一肢，两肢腕关节屈曲时，两前肢均不伸出产道时，术者可在产道内摸到一肢或两肢屈曲的腕关节及正常的胎儿头。术者用手推胎儿入子宫，然后手握曲肢的蹄部用力高举，并趁势滑至蹄底再高举后拉，则可伸展曲肢。

（4）胎向异常 胎儿的正常胎向是上胎向（胎儿背部向上）。异常胎向有两种：侧胎向，胎儿侧卧于产道及子宫内；下胎向，胎儿仰卧于产道及子宫内，此难产常见。

胎儿两蹄底向着侧方，术者可在产道内摸着胎儿头夹于两前肢之间。首先把绳拴于两前肢蹄冠部，术者手握胎儿下颌，助手用力向下牵引上侧前肢,而下侧前肢勿用力,并与术者密切配合,逐渐使胎儿呈上胎向,然后拉出。

(5)胎位不正 胎儿正常的胎位是纵位,胎儿背部和母体背部的方向一致。胎位不正有两种:横位,胎儿横卧于子宫内;竖位,胎儿竖卧于子宫内。术者在牵引胎儿前肢及头部的同时,推胎儿体躯;或拉胎儿后肢同时,推胎儿的前躯及头,使胎儿成纵位。

除以上难产的助产方法外,还有胎儿畸形、母牛骨盆狭窄等,用一般助产无法取出胎儿,必须施行截胎术或剖腹取胎术。

在兽医临床上经常碰到母畜因产道狭窄、胎位不正和胎儿弯曲或过大等难产病例,此时应采取必要措施,才能确保顺产。

3.预防 一是不要给青年母牛配种过早,配种过早在分娩时易发生骨盆狭窄等情况;二是在妊娠期间,要保证供应胎儿和母牛的营养需要;三是对妊娠母牛要安排适当的运动,以利于分娩时胎儿的转位,适当运动还可防止胎衣不下以及子宫复位不全等疾病;四是临产时对分娩正常与否要做出早期诊断。从开始努责胎膜露出或排出胎水这段时间以前进行检查。羊膜未破时,隔着羊膜(不要过早撕破)检查,羊膜已破时,伸入羊膜腔触诊胎儿,如果摸到胎儿是正生,前肢部位正常,它可自然排出。如果发现胎儿反常的话,就应立即矫正,避免难产。

(三)母牛胎衣不下的防治

胎衣不下又称胎衣滞留或胎衣停留。临床上将产后 12 h 胎衣尚未排出称为胎衣不下,胎衣不下是肉牛常发病和多病之一。

1.病因 该病发病原因有许多,子宫收缩无力是胎衣不下最直接最常见的原因,此外还有由于布氏杆菌病、胎儿弧菌症、毛滴虫或其他微生物感染引起子宫炎和胎盘炎,都会使母体胎盘与胎儿胎盘发生炎性粘连,引发本病。

2.诊断 胎衣母牛产仔后 12 h 未排出,3~5 d 后发病症状特别明显,精神沉郁,食欲下降,粪便干燥,在阴门处黏有恶臭的排泄物,体温升高至 41.5℃左右,阴道探摸有强烈刺鼻恶臭,并可带出大量的暗黑色污液,子宫颈口已经收缩,只能容纳两指头进入,可感觉到有胎衣碎片,即可诊断为本病。

3. **治疗** 该病如果不及时治疗,会引起母畜自体中毒而死亡,一般治疗以全身治疗和手术治疗并用。治疗原则为强心、利尿,补充体液,防止酸中毒,消炎杀菌相结合。

(1)5%葡萄糖氯化钠注射液或 0.9%氯化钠注射液 1 500 ~ 2 000 mL,碳酸氢钠注射液 500 mL,氯化钾注射液 10 ml,复方氧氟洛美沙星注射液 200 mL 和青霉素 1 600 万单位,一次静脉注射,并肌肉注射缩宫素 20 IU 和胃肠动力药物,连用 4 ~ 5 d;

(2)配制 0.1%的高锰酸钾水溶液 1 500 ~ 2 000 mL,用子宫洗涤器缓缓注入母畜子宫体内,使腐败的残留物随液体排出体外,再将 50 g 土霉素粉配制到 0.9%的生理盐水 500 mL 溶液里,再次注入母畜子宫内,尽量让药物不要流出。隔一天冲洗一次,连用 3 ~ 5 次即可治愈。

4. **预防**

(1)加强母牛的饲养管理,保证饲料质量和数量,冬季要饲喂优质的干草或秸秆青贮饲草,使牛膘度保持在七、八成膘。

(2)适当添加一些矿物质、微量元素和各种维生素饲料,也可使用营养调配全面的舐食砖让牛自由舐食。

(3)加强母牛的运动量,母牛在产前一定要保持每天 6 ~ 8 h 的运动量。

(4)加强母牛的饲养管理,每天供应充足干净的饮水,不采取定时定量喂水,让母牛自由饮水。特别在冬季要注意不能饮冰水,母牛产犊后可喂些温热的盐水。

(5)母牛产犊后要勤观察,发现胎衣 12 h 内未排尽的。应立即找兽医人员进行处理,以避免因耽误手术剥离时间而造成胎衣腐败滞留在子宫体内。

(四)牛疥癣的特征及防治

牛疥癣病是由疥癣螨虫寄生引起的牛的一种皮肤病,主要表现为皮炎。寄生于牛体的疥癣螨有 3 种类型：吸吮疥癣虫、食皮疥癣虫和穿孔疥癣虫。

1. 特征 患牛病初出现粟粒大的丘疹，随着病情发展开始出现发痒的症状。由于发痒，病牛不断地在物体上蹭皮肤，而使皮肤增加鳞屑、脱毛，致使皮肤变得又厚又硬。如果不及时治疗，一年内会遍及全身，病牛明显消瘦。由于不同螨的生活方式不同，在牛体上发生的部位也不一样。3 种螨引起的症状分述如下：

吸吮疥癣虫（痒螨）感染：本型是牛疥癣病的常见病原，主要寄生在牛皮肤表面，特别是耳部、臀部、腹部等较严重。其发痒的程度比穿孔疥癣虫型稍差，但当口器刺入皮肤吸取淋巴液时则剧烈发痒，出现界限比较明显的脱毛斑。其中有散在的丘疹，斑的周围有渗出液渗出，脱毛斑上的痂皮呈黄褐色像贝壳似的附着在皮肤上。本型发痒的程度、痂皮的颜色及不隆起可与其他两类型相区别。

食皮疥癣虫（足螨）感染：本型以吃食屑皮及痂皮为生，主要侵害牛的尾根部、肛门、臀部及四肢、有时也发生于背部、胸腹及鼻孔周围，本型是三种类型中发痒最轻的一种。但由于大量寄生螨排泄物的刺激和变态反应，当出现皮炎和湿疹样症状时，则剧烈发痒。其脱毛程度比前者更加明显，具有大面积脱毛的特征。但大部分病牛感染后一生不再发病，这类病牛往往成为传染源。严重时皮肤像变态反应性湿疹那样渗出渗出液，同时伴有充血和出血，治疗后形成龟裂样的大块痂皮，有时可波及全身。

穿孔疥癣虫（疥螨）感染：本型主要寄生于表皮，并在其中挖掘虫路，吸取营养。最初发生在头、颈部，逐渐蔓延到肩部、背部及全身。这种类型在牛来说极少见，由于螨在皮肤的表皮挖掘了虫路，所以在 3 种类型中是发痒最剧烈的一种，与人的疥癣相似。

2. 诊断 实验室检验及诊断在皮肤的患部与健康部的交界处刮取皮屑，刮取的皮屑放入平皿内，将皿置于 40～45℃ 温水中加温 15 min 后，翻转平皿，在显微镜下检查有无疥螨虫。根据临床症状、实验室检验结果进行确诊。

3. 治疗 先用小刀或竹篾刮去痂皮，再用 1% 敌百虫溶液涂擦患部及患部周围的健部,每天一次。平时的防治也可用棉籽油500 g、硫黄500 g,混合调匀涂擦患部。口服阿维菌素或伊维菌素,每千克体重0.03 g,一周后重复用药一次。对牛舍、饲槽、围栏用溴氢菊酯或1%敌百虫溶液进行喷洒杀灭环境中的螨虫。

4. 预防　首先要改善饲养管理,保持牛舍的通风干燥,保持牛体卫生,如果发现病牛应立即进行隔离治疗;对已有虫体的牛群应采取预防性投药措施杀灭虫体。

定期药浴,主要在秋季10～11月份进行。所用药品主要是胺丙畏、螨净等。其中胺丙畏可(3～5):10 000倍稀释,也可配成2:1 000倍稀释池浴,残效期可达63 d,安全,毒性较低。

(五)牛前胃蠕动弛缓

1. 病因　主要是由于突然更换饲料或精料喂量过多,长期饲喂难消化及变质的草料,有时也可由其他病引起。病状:食欲减少或废绝,反刍减少或停止,瘤胃及肠蠕动变弱。粪便减少而先干后稀,鼻镜干燥,瘤胃有时扩张,按后有痛感。

2. 防治　主要做好预防,如合理调配饲料等。牛发病后应停食1～2 d,再给易消化的饲料,轻者可减少饲料给量。为促进瘤胃蠕动,可用5%氯化钠和5%氯化钙(每kg体重1 mL),加入安钠咖(苯甲酸钠咖啡因)2～3 g,静脉注射,为兴奋瘤胃蠕动,可用新斯的明20～60 mg,皮下注射;继发胃肠炎时,可内服小檗碱(黄连素)1～2 g,每日3次。

(六)犊牛肺炎的防治

犊牛肺炎是指由不同原因引起犊牛支气管黏膜及肺小叶发炎,以犊牛咳嗽、流鼻液、体温升高为特征。

1. 病因　畜舍卫生条件不良,饲料营养不全,缺乏维生素A,气候突然改变均为导致该病的诱因。有时犊牛肺炎也可继发于其他全身性传染病等。

2. 症状　主要见病犊咳嗽。初为干咳、短咳、痛咳,后转湿咳。病犊流鼻液,初为浆性,后转黏液性,甚者脓性。病犊呼吸疾速、呼吸困难或不敢用力吸气。精神不振,体温升高 1～2℃。

3.**诊断** 依据临床症状特征不难做出诊断。但继发性肺炎需结合全身症状综合诊断。

4.**防治** 注意科学饲养,提供全价饲料及充足的维生素 A,及时治疗能继发支气管炎和支气管肺炎的疾病。

治疗上以消炎、止咳、祛痰为原则。

常用消炎药物有青霉素、链霉素等。青霉素每次 240～300 万单位,链霉素每次 200 万单位,每日 2～3 次肌注。也可用上述剂量,而以 0.25% 盐酸普鲁卡因溶液 30～40 ml 混合后气管内注入,每天一次,连用 3 天。

二、肉牛常见传染病的防治

(一)口蹄疫

1.**症状** 病牛体温升高,精神萎靡,闭口,流涎,口腔内膜、趾间、蹄冠皮肤上出现水泡或红色溃烂,严重时蹄壳脱落。

2.**防治** 加强防疫,对常发病区要定期注射疫苗。发现病牛要立即上报有关部门,疫区封锁,对肉牛舍、病畜尸体严格消毒、清理,消毒用 1%～2% 氢氧化纳溶液喷洒,对病畜加强护理,喂易消化粥料和饲草,并多饮水。对病牛,可用清水、食醋、明矾水(1%～2%)、高锰酸钾溶液(0.1%)或硼酸水洗漱口腔。溃烂部位可涂擦甘碘油或冰硼散。

(二)牛流行热

牛流行热是由病毒引起的急性热性传染病,主要症状为高热、流泪、流泡沫涎,鼻漏,呼吸加快,后躯活动不灵活。因本病常呈良性经过,经 2～3 日多可恢复正常,故又称三日热或暂时热。

1.**病因** 本病病原为牛流行热病毒。病毒主要存在于病牛血液中。

　　本病的发生有明显的季节性,主要在蚊蝇滋生比较多的季节流行,北方于 8～10 月,南方可提前发生。本病的传染源为病牛,自然条件下传播媒介可能为吸血昆虫。潜伏期 3～7 天。

　　2. **症状**　发病前可见恶寒颤栗。因病牛只有轻度失调,不易发现。突然发高热 40℃ 以上,高热可维持 2～3 天,病牛精神委顿,皮温不均,鼻镜干而热,反刍停止。病牛不爱活动,站立不动。行走时步态不稳,后肢抬不起来,常擦地而行。有的关节肿胀疼痛,跛行。重病牛则卧地不起,呼吸促迫,呼吸次数每分钟可达 80 次以上。病畜发出苦闷的呻吟声。眼结膜充血浮肿,流泪,畏光。大多数病牛鼻腔于高热期可见有透明黏稠分泌物流出,呈线状,同时亦常有流涎现象,口边黏而有泡沫,口角流出线形黏液。发热期便秘,尿量减少,排出暗褐色混浊尿液。妊娠母牛患病时可发生流产、死胎。但本病多为良性经过,病死率一般不超过 1%。部分病例可因长期瘫痪而淘汰。

　　3. **诊断**　本病的特点是大群发生,传播快速,有明显的季节性,发病率高,病死率低。结合流行特点及症状,可作出初步诊断。确诊本病需进行实验室病原分离或血清学检查。

　　4. **防治**　加强卫生管理对本病的预防具有重要作用。管理不良时发生率高,并容易出现重症牛,死亡率也高。若在流行之前接种疫苗,可达到预防本病的目的。治疗本病尚无特效药物,病初可根据具体情况酌情用退热及强心药,对停食时间长的病牛可适当补充生理盐水及葡萄糖溶液。亦可用抗生素或磺胺药防止继发感染。同时应注意要早发现,早隔离,早治疗,消灭蚊蝇以减少疾病传染。

参考文献

[1]昝林森,刘永峰. 中国奶牛、肉牛选育改良现状及基本方略[J]. 中国畜牧杂志,2008,44(10):1-5

[2]中国畜牧业协会. 2008 年中国牛业进展[M]. 北京:中国农业出版社,2008

[3]昝林森. 牛生产学[M]. 第二版. 北京:中国农业出版社,2007

[4]曹兵海. 中国肉牛产业抗灾减灾与稳产增产综合技术措施[M]. 北京:化学工业出版社,2008

[5]昝林森,辛亚平. 新编肉牛饲料配方 600 例[M]. 化工出版社 2009,18-55.